2023

MBA MPA MPAcc MEM

管理类联考

数学高分指南

解析分册 总第15版

主编 陈剑

参编 陈剑名师团成员：

杨 晶 郑小松 韩 超 朱 曦

左菲菲 熊学政 聂凤翔

北京理工大学出版社
BEIJING INSTITUTE OF TECHNOLOGY PRESS

目　录

第一章　实数、比与比例、绝对值

重点考向例题解析

[例1] E.（A）最小的自然数应该为0.（B）最小的整数不存在.（C）自然数还包括0.（D）正整数都是自然数. 故（E）是正确的.

[例2] A. 条件(1)，由 $m=\frac{p}{q}$，说明 m 为有理数，m^2 是一个整数，m 也为整数，充分；

条件(2)，取反例，令 $p=-1$，$q=2$，$m=-\frac{1}{2}$，显然$\frac{2m+4}{3}$是一个整数，但 m 不是整数，不充分.

[点睛] 本题的关键点在于：$m=\frac{p}{q}$（p 与 q 为非零整数），说明 m 为有理数，这是有理数的定义. 也就是说，所有的有理数都可以写成分数，这是与无理数的本质区别.

[例3] D.（A）错误，三个相邻的整数之和可能为奇数；（B）错误，三个相邻的整数之积必为偶数；（C）错误，比如3，5不成立；（D）正确；（E）错误，除了2以外的质数必为奇数.

[例4] B. 因为 x，y，z 是三个连续的负整数，并且 $x>y>z$，则 $x-y=1$，$y-z=1$，则 $(x-y)(y-z)=1$.

[例5] D. 由 $m+n$ 为奇数得到 m 和 n 为一奇一偶，故 m^2 和 n^2 也为一奇一偶，从而(1)(2)(3)正确，(4)错误.

[例6] A. 210可以分解为 $2\times3\times5\times7$，故 $2+3+5+7=17$.

[例7] A. 10以内的质数有：2，3，5，7；能被5整除，个位上的数只能是5；又能被3整除，这个三位数各数位之和也必须是3的倍数，所以只能用3和7. 故可以得到 m 是375，n 是735，所以 $n-m=360$.

[例8] E. 这道题可以用列举法进行思考，从最小的质数开始试算.

$A=2$ 时，$A+6=2+6=8$，8是合数，所以 A 不是2；

$A=3$ 时，$A+6=3+6=9$，9是合数，所以 A 不是3；

$A=5$ 时，$A+6=5+6=11$，11是质数，$A+8=5+8=13$，13是质数，$A+12=5+12=17$，17是质数，$A+14=5+14=19$，19也是质数，所以 $A=5$ 是符合要求的最小质数，即 $m=5$. 故 $m^2+m+1=31$.

[例9] D.（A）两个合数有可能是互质数；（B）不一定，比如4与2；（C）两个偶数不可能为互质数；（D）正确；（E）不一定，比如9与5.

[例10] A. 新的分数，分子与分母之和是 $100+23+32$，而分子与分母之比为2:3.

因此，分子 $=(100+23+32)\times\frac{2}{2+3}=62$，分母 $=(100+23+32)\times\frac{3}{2+3}=93$.

原来的分数是$\frac{62-23}{93-32}=\frac{39}{61}$，所以分母与分子之差为22.

[例 11] A. $0.\dot{a}b\dot{c}$ 化为分数是$\frac{abc}{999}$，当化为最简分数时，因为分母大于分子，所以分母大于 $58\div2=29$，即分母是大于 29 的两位数，由 $999=3\times3\times3\times37$，推知 999 大于 29 的两位数约数只有 37，所以分母是 37，分子是 $58-37=21$.

因为$\frac{21}{37}=\frac{21\times27}{37\times27}=\frac{567}{999}$，所以这个循环小数是 $0.\dot{5}6\dot{7}$.

[例 12] A. $0.4\dot{2}\dot{7}=\frac{427-4}{990}=\frac{423}{990}=\frac{47}{110}$，故分母比分子大 $110-47=63$.

[例 13] E. （1）正确，工作总量 = 工作效率 × 工作时间，所以工作总量一定，工作效率和工作时间成反比；（2）正确，分数 = 分子 ÷ 分母；（3）正确，距离 = 车轮周长 × 圈数；（4）正确，周长 = 4 × 边长；（5）正确，容积 = 注水效率 × 时间.

[例 14] B. 根据正比，可以得到每次运 $90\div18=5$ 吨，故运完 140 吨需要 $140\div5=28$ 次.

[例 15] B. 根据题目得到 $y_1=\frac{k_1}{\frac{1}{2x^2}}=2k_1x^2$，$y_2=\frac{3k_2}{x+2}$，得到 $y=2k_1x^2-\frac{3k_2}{x+2}$，

根据过$(0,-3)$和$(1,1)$，列出方程组$\begin{cases}-3=-\frac{3}{2}k_2\\1=2k_1-\frac{3k_2}{3}\end{cases}$，

解得 $k_1=\frac{3}{2}$，$k_2=2$，从而 $y=3x^2-\frac{6}{x+2}$.

[注意] 考试时可以采用特值验证的方法求解. 可以验证当 $x=0$ 时，$y=-3$.

[例 16] A. 甲数的$\frac{4}{5}$等于乙数的$\frac{6}{7}$，得到甲:乙 $=30:28=15:14$.

[例 17] C. 因为外项之积等于内项之积，所以内项也互为倒数，故另一个内项为 0.4.

[例 18] D. 由$\frac{1}{a}:\frac{1}{b}:\frac{1}{c}=2:3:4$ 得到 $a:b:c=\frac{1}{2}:\frac{1}{3}:\frac{1}{4}=6:4:3$，

故$(a+b):(b+c):(c+a)=(6+4):(4+3):(3+6)=10:7:9$.

[例 19] E. （A）错误，有理数的绝对值有可能为 0；（B）错误，自然数的绝对值等于其本身；（C）错误，质数的绝对值等于其本身；（D）错误，奇数有可能为负数；（E）正确.

[例 20] E. （A）错误，每个实数的绝对值是唯一的；（B）错误；比如 2 的绝对值小于 -5 的绝对值；（C）错误；（D）错误；绝对值等于其本身的数有很多；（E）正确.

[例 21] A. 条件(1)，$c<b<0<a$，则 $|b-a|+|c-b|-|c|=(a-b)+(b-c)+c=a$，充分；条件(2)，$a<0<b<c$，则 $|b-a|+|c-b|-|c|=(b-a)+(c-b)-c=-a$，不充分.

[例 22] B. $\sqrt{a^2b}$在 $b\geqslant0$ 时才有意义，条件(1)不充分；

当 $a<0$，$b>0$ 时，$\sqrt{a^2b}=|a|\sqrt{b}=-a\sqrt{b}$，条件(2)充分.

[例 23] C. $|1-x|-\sqrt{x^2-8x+16}=|x-1|-\sqrt{(x-4)^2}=|x-1|-|x-4|$，

显然要联合分析，若 $2<x<3$，则 $|x-1|-|x-4|=x-1-(4-x)=2x-5$.

[点睛] 本题巧妙地用到了$\sqrt{a^2}=|a|$这个公式，然后根据 x 的不同取值，去掉绝对值符号.

此外，$|1-x|=|x-1|$ 用到了对称性.

[例 24] A. $(\sqrt{3}-a)^2$ 与 $|b-1|$ 互为相反数，得 $(\sqrt{3}-a)^2+|b-1|=0$.
又因为 $(\sqrt{3}-a)^2\geqslant 0$，$|b-1|\geqslant 0$，则 $\sqrt{3}-a=0$，$b-1=0$，
得 $a=\sqrt{3}$，$b=1$，$\dfrac{2}{a-b}=\dfrac{2}{\sqrt{3}-1}=\sqrt{3}+1$.

[例 25] C. 要使 b 有意义，则 $\dfrac{2a+1}{4a-3}\geqslant 0$，且 $\dfrac{1+2a}{3-4a}\geqslant 0$，则 $2a+1=0$，即 $a=-\dfrac{1}{2}$，$b=1$，
故 $|a|+|b|=\dfrac{3}{2}$.

[例 26] D. 若 $-2<x<3$，则 $\dfrac{x+2}{|x+2|}+\dfrac{x-3}{|x-3|}=\dfrac{x+2}{x+2}+\dfrac{x-3}{3-x}=1-1=0$.

[例 27] B. 讨论 $\dfrac{|a|}{a}+\dfrac{|b|}{b}+\dfrac{|c|}{c}+\dfrac{|abc|}{abc}$ 的取值，实质是讨论 a，b，c 的正负，分情况讨论如下：
a，b，c 两正一负：$\dfrac{|a|}{a}+\dfrac{|b|}{b}+\dfrac{|c|}{c}+\dfrac{|abc|}{abc}=0$；
a，b，c 两负一正：$\dfrac{|a|}{a}+\dfrac{|b|}{b}+\dfrac{|c|}{c}+\dfrac{|abc|}{abc}=0$；
a，b，c 都为负时：$\dfrac{|a|}{a}+\dfrac{|b|}{b}+\dfrac{|c|}{c}+\dfrac{|abc|}{abc}=-4$；
a，b，c 都为正时，$\dfrac{|a|}{a}+\dfrac{|b|}{b}+\dfrac{|c|}{c}+\dfrac{|abc|}{abc}=4$.
所以可能的情况有 3 种. 或者对上述四种情况 a，b，c 分别取特值，也可以快速求解.

难点考向例题解析

[例 1] D. $\sqrt{4}=2$，$e^0=1$，$\dfrac{2}{7}$，$\log_2 4=2$ 是有理数，其他是无理数.

[例 2] E. (A) 已知 a 为有理数，b 为有理数，则 $a\pm b$ 必为有理数.
(B) 已知 a 为有理数，b 为无理数，则 $a\pm b$ 必为无理数.
(C) 已知 a 为无理数，b 为无理数，则 $a\pm b$ 有可能为有理数.
(D) 已知 a 为有理数，b 为无理数，则 ab 有可能为有理数. 比如当 a 取 0 的时候.
故(E)是正确的.

[例 3] B. (1) $x^2=(x+1)(x+3)-4x-3$，由于 $(x+1)(x+3)$ 为有理数，$4x$ 为无理数，3 为有理数，故 x^2 是无理数；
(2) $(x-1)(x-3)=(x+1)(x+3)-8x$，同理可得 $(x-1)(x-3)$ 是无理数；
(3) $(x+2)^2=(x+1)(x+3)+1$，可得 $(x+2)^2$ 是有理数；
(4) $(x-1)^2=(x+1)(x+3)-6x-2$，可得 $(x-1)^2$ 是无理数.

[例 4] C. $(1+2\sqrt{3})x+(1-\sqrt{3})y-2+5\sqrt{3}=(x+y-2)+(2x-y+5)\sqrt{3}=0$，
所以 $\begin{cases}x+y-2=0\\2x-y+5=0\end{cases}$，解得 $\begin{cases}x=-1\\y=3\end{cases}$.

[点睛] 将原表达式拆分成有理项$(x+y-2)$和无理项$(2x-y+5)\sqrt{3}$，等式为零时，系数要为零.

[例5] A. 由$\sqrt{a^2-4\sqrt{2}}=\sqrt{m}-\sqrt{n}$，得到$a^2-4\sqrt{2}=(\sqrt{m}-\sqrt{n})^2=m+n-2\sqrt{mn}$，从而有$\begin{cases}mn=8\\m+n=a^2\end{cases}(m>n)\Rightarrow\begin{cases}m=8,\ n=1\\a=\pm3\end{cases}$，则$a+m+n$的取值有2种.

[例6] E. 由$\sqrt{5-2\sqrt{6}}=\sqrt{(\sqrt{3}-\sqrt{2})^2}=|\sqrt{3}-\sqrt{2}|=\sqrt{3}-\sqrt{2}=a\sqrt{2}+b\sqrt{3}+c$，得$a=-1$，$b=1$，$c=0$，所以$2019a+2020b+2021c=1$.

[例7] D. $\sqrt{5}$的小数部分为$b=\sqrt{5}-2$，所以$a-\frac{1}{b}=\sqrt{5}-\frac{1}{\sqrt{5}-2}=-2$.

[例8] C. 由已知条件得$a=\frac{1}{\sqrt{5}-2}=\frac{\sqrt{5}+2}{(\sqrt{5}-2)(\sqrt{5}+2)}=\sqrt{5}+2$，

$b=\frac{1}{\sqrt{5}+2}=\frac{\sqrt{5}-2}{(\sqrt{5}-2)(\sqrt{5}+2)}=\sqrt{5}-2$，

则$\sqrt{a^2+b^2+7}=\sqrt{9+4\sqrt{5}+9-4\sqrt{5}+7}=5$.

[例9] E. $(\sqrt{3}+\sqrt{2})^{2020}(\sqrt{3}-\sqrt{2})^{2022}=(\sqrt{3}+\sqrt{2})^{2020}(\sqrt{3}-\sqrt{2})^{2020}(\sqrt{3}-\sqrt{2})^2$

$=[(\sqrt{3}+\sqrt{2})(\sqrt{3}-\sqrt{2})]^{2020}(\sqrt{3}-\sqrt{2})^2=(\sqrt{3}-\sqrt{2})^2=5-2\sqrt{6}$.

[例10] A. 因为$x+y=\frac{\sqrt{3}-\sqrt{2}}{\sqrt{3}+\sqrt{2}}+\frac{\sqrt{3}+\sqrt{2}}{\sqrt{3}-\sqrt{2}}=(\sqrt{3}-\sqrt{2})^2+(\sqrt{3}+\sqrt{2})^2=10$，

$xy=\frac{\sqrt{3}-\sqrt{2}}{\sqrt{3}+\sqrt{2}}\cdot\frac{\sqrt{3}+\sqrt{2}}{\sqrt{3}-\sqrt{2}}=1$，

所以$3x^2-5xy+3y^2=3(x+y)^2-11xy=3\times10^2-11=289$.

[例11] E. 由于三个数分别能被7，8，9整除，而且商相同，所以可设这三个数分别是$7n$，$8n$，$9n$. 又由于三个数的和是312，可得$7n+8n+9n=312$，解得$n=13$，故最大的数与最小的数相差26.

[例12] C. 不超过100的正整数，能被3整除的有33个，能被5整除的有20个，减去能被3且5整除的有6个，故共有$33+20-6=47$.

[例13] A. 两位数是17的倍数有：17，34，51，68，85. 这5个数中最大的是85，同时我们考虑到三位数能被3整除，那么可能是：852，855，858. 其中最大的是858.

[例14] E. $9N+5N=14N$，能被10除余6，说明$14N=10\times$商$+6$，得到$14N$的个位为6，得到N的个位为4或者9.

[例15] D. 将$1531-13=1518$分解得到$1518=23\times11\times6$，所以这个质数为23，商为66.

[评注] 在分解的时候，一定要分解出比13大的质数，因为余数要比除数小.

[例16] C. 每次取2颗、3颗、4颗或6颗，最终盒内都只剩下一颗糖，可得糖的数量减1后能被2，3，4，6整除. 由2，3，4，6的最小公倍数为12，则糖的数量减1能被12整除，可设糖的数量为$12k+1$. 又由每次取11颗，正好取完，说明糖的数量为11的倍数，根据$12k+1=11k+(k+1)\Rightarrow k+1=11\Rightarrow k=10$，因此共有121颗糖.

[例 17] B. 被 5 除余 4，说明这个数的个位为 4 或 9；被 2 除余 1，说明是奇数，故这个数的个位只能为 9. 经检验，119 满足被 3 除余 2，又由于 2，3，5 的最小公倍数为 30，从而介于 100 ~ 200 满足条件的数有 119，149，179，共三个数.

[例 18] B. 由于 $6+3=7+2=8+1=9$，故 9 除以 6 余 3，9 除以 7 余 2，9 除以 8 余 1. 又由 6，7，8 的最小公倍数为 168，则根据余数不变原理，得棋子数量为 $168k+9$. 由于棋子数量为 150 ~ 200，故 $k=1$，则棋子共有 $168+9=177$ 个，177 除以 11 余 1.

[评注] 余数不变原理是指被除数加上除数的倍数后，余数不变. 如 $9\div5$ 余 4，那么 $9+20$，再除以 5 还是余 4.

[例 19] A. $630=2\times3^2\times5\times7$，故约数个数为 $(1+1)(2+1)(1+1)(1+1)=24$ 个.

[评注] 上述公式的理解如下：对于 2，其约数有可能包括 2，有可能不包括 2，所以有两种情况，对于 3，其约数有可能包括 2 个 3，有可能包括 1 个 3，有可能不包括 3，所以有 3 种情况，对于 5，其约数有可能包括 5，有可能不包括 5，所以有两种情况，对于 7，其约数有可能包括 7，有可能不包括 7，所以有两种情况，从而是 $2\times3\times2\times2=24$ 个.

[例 20] B. 根据结论：两个数的最大公约数与最小公倍数的乘积等于这两数的乘积. 则它们的最大公约数与最小公倍数的乘积为 $6\times90=540$，则乙为 $540\div18=30$. 故乙的各个数位之和为 3.

[例 21] D. 因为要截成相等的小段，且无剩余，所以每段长度必是 120、180 和 300 的公约数.

$$\begin{array}{r|rrr} 30 & 120 & 180 & 300 \\ \hline 2 & 4 & 6 & 10 \\ \hline & 2 & 3 & 5 \end{array}$$

又要求每段尽可能长，故每段长度就是 120、180 和 300 的最大公约数.

$(120, 180, 300)=30\times2=60$，从而 $a=60$.

$120\div60+180\div60+300\div60=2+3+5=10$. 因此 $b=10$，故 $a+b=70$.

[例 22] B. 本题主要考查公倍数的应用，先求出 60 与 90 的最小公倍数为 180，则得到杨树和柳树相对的地点有 $3600\div180+1=21$ 处.

[例 23] C. 要使加工生产均衡，各道工序生产的零件总数应是 3、10 和 5 的公倍数. 要求三道工序"至少"多少工人，要先求 3、10 和 5 的最小公倍数.

$\begin{array}{r|rrr} 5 & 3 & 10 & 5 \\ \hline & 3 & 2 & 1 \end{array}$，$[3, 10, 5]=5\times3\times2=30$，故各道工序均应加工 30 个零件.

则每道工序安排的人分别为 $30\div3=10$ 人，$30\div10=3$ 人，$30\div5=6$ 人，
因此总共至少 $10+3+6=19$ 人.

[例 24] C. 由题意可知，参加会餐的人数应是 2，3，4 的公倍数. 因为 $[2, 3, 4]=12$，所以参加会餐的人数应是 12 的倍数. 又因为 $12\div2+12\div3+12\div4=6+4+3=13$ 瓶，可见 12 个人要用 6 瓶 A 饮料，4 瓶 B 饮料，3 瓶 C 饮料，共用 13 瓶饮料. 根据 $65\div13=5$，得到参加会餐的总人数应是 12 的 5 倍，即 $12\times5=60$ 人.

[例 25] B. 求下次相遇要多少天，即求 5，9，12 的最小公倍数，可用代入法，也可直接求. 显然 5，9，12 的最小公倍数为 $5\times3\times3\times4=180$.

[例 26] B. 由题得到：$\frac{父}{子}=\frac{母}{女}$，则 $\frac{父+子}{子}=\frac{母+女}{女}$，

设儿子体重为 x 千克，则有 $\frac{125}{x}=\frac{100}{x-10}$，解得 $x=50$.

[评注] 本题借助合比定理，大大简化了运算. 如果已知父亲与儿子体重之差，母亲与女儿体重之差，则用分比定理.

[例 27] D. 设原分数为 $\frac{b}{a}$，由题得到 $\frac{b+36}{a+54}=\frac{b}{a}$，

根据等比定理得到 $\frac{b+36}{a+54}=\frac{b}{a}=\frac{b+36-b}{a+54-a}=\frac{36}{54}=\frac{2}{3}$，故原分数为 $\frac{2}{3}$.

[例 28] D. 因为 $a+b+c$ 是否为 0 不确定，故分为两种情况：

当 $a+b+c=0$ 时，$\frac{b+c}{a}=\frac{a+c}{b}=\frac{a+b}{c}=k\Rightarrow\frac{-a}{a}=\frac{-b}{b}=\frac{-c}{c}=k=-1$；

当 $a+b+c\neq0$ 时，由等比定理得到：$\frac{b+c}{a}=\frac{a+c}{b}=\frac{a+b}{c}=k=\frac{2(a+b+c)}{a+b+c}=2$.

[例 29] E. 设 $\frac{x+2}{a-b}=\frac{y+3}{b-c}=\frac{z+4}{c-a}=k$，则 $x+2=(a-b)k$，$y+3=(b-c)k$，$z+4=(c-a)k$. 所以 $x+y+z+9=(a-b)k+(b-c)k+(c-a)k=(a-b+b-c+c-a)k=0\Rightarrow x+y+z=-9$.

[评注] 若分式的分母之和为 0，则不能用等比定理求解.

[例 30] C. 由绝对值的几何意义知 $|x-1|$ 表示 x 到 1 的距离，$|x-2|$ 表示 x 到 2 的距离.

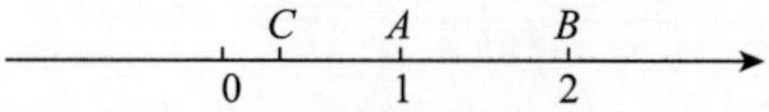

C A B
0 1 2

图 1－1

如图 1－1，设点 A、点 B 表示 1，2，点 C 表示 x，点 C 可移动.
当点 C 在 A 的左侧时，$|x-1|=CA$，$|x-2|=CB>1$；
当点 C 在 B 的右侧时，$|x-1|=CA>1$，$|x-2|=CB$；
当点 C 在 A、B 之间时，$|x-1|=CA$，$|x-2|=CB$；有 $CA+CB=AB=1$.
显然，要使 $|x-1|+|x-2|$ 最小，点 C 应在点 A 与点 B 两点之间，即 $1\leqslant x\leqslant2$.
这时，$|x-1|+|x-2|=(x-1)+[-(x-2)]=x-1+2-x=1$. 因此(1)和(4)正确.

[例 31] E. 由绝对值的几何意义知，$|x-a|+|x+2|$ 的最小值是 $|a+2|=5$，所以得到 a 为 3 或 -7.

[例 32] C. 把数轴上表示 x 的点记为 P，由绝对值的几何意义知，当 $-2\leqslant x\leqslant1$ 时，$|x-1|+|x+2|$ 恒有最小值 3，所以要使 $|x-1|+|x+2|=4$ 成立，则点 P 必在 -2 的左边或 1 的右边，且到 -2 或 1 的点的距离均为 $\frac{1}{2}$ 个单位，故方程 $|x-1|+|x+2|=4$ 的解为：$x_1=-2-\frac{1}{2}=-\frac{5}{2}$ 和 $x_2=1+\frac{1}{2}=\frac{3}{2}$.

[评注] 本题可以总结为：

$$|x-a|+|x-b|=c\begin{cases}c<|a-b|,\text{无实根}\\c=|a-b|,\text{无数根（根 } x \text{ 在 } a,b \text{ 之间）}\\c>|a-b|,\text{两实根（根 } x \text{ 在 } a,b \text{ 之外）}\end{cases}$$

[例 33] D. 由绝对值的几何意义知，$|x+2|+|x-4|$ 的最小值为 6，而对于任意数 x，$|x+2|+|x-4|>c$ 恒成立，所以 c 的取值范围是 $c<6$.

[评注] 本题可以总结为：$|x-a|+|x-b|\begin{cases}>c\text{ 恒成立，则 } c<|a-b|\\ \geqslant c\text{ 恒成立，则 } c\leqslant|a-b|\\ <c\text{ 恒成立，则 } c\text{ 为空集}\end{cases}$

[例34] C. 根据绝对值的几何意义知，$|x-1|$，$|x-2|$，$|x-3|$分别表示x到1，x到2，x到3的距离. $|x-1|+|x-2|+|x-3|$在x处于1和3之间（包括1和3）时有最小值，即当$1\leqslant x\leqslant 3$时有最小值. 又因为2处于1和3之间，所以$|x-1|+|x-2|+|x-3|$的最小值是在$|x-1|+|x-3|$取最小值的基础上，$|x-2|$取最小值，即$|x-2|=0$，则$x=2$. 这时，$|x-1|+|x-2|+|x-3|=|2-1|+|2-2|+|2-3|=2$.

[例35] C. 当$x=-1$时，$|x+1|+|x+3|+|x-2|$有最小值5，当x无论向左还是向右远离-1，其数值会慢慢增大，当x向左移到-3时，$|x+1|+|x+3|+|x-2|$为7，当x向右移到2时，$|x+1|+|x+3|+|x-2|$为8，均小于12，故$|x+1|+|x+3|+|x-2|=12$的两根分别在-3的左侧和2的右侧. 从而方程有2个解.

[扩展] 本题改成$|x+1|+|x+3|+|x-2|=7.5$，又如何思考？

[评注] 本题可以总结为：

$$a>b>c,\ |x-a|+|x-b|+|x-c|=d\begin{cases}d<|a-c|\text{，无实根}\\ d=|a-c|\text{，一个根（根为 } b\text{）}\\ d>|a-c|\text{，两实根}\end{cases}$$

[例36] E. 根据绝对值的几何意义知，$|x-1|$，$|x-2|$，$|x-3|$，$|x-4|$分别表示x到1，x到2，x到3，x到4的距离. $|x-1|+|x-4|$是在$1\leqslant x\leqslant 4$之间有最小值，$|x-2|+|x-3|$是在$2\leqslant x\leqslant 3$之间有最小值.

所以$|x-1|+|x-2|+|x-3|+|x-4|$是在$2\leqslant x\leqslant 3$之间有最小值.

这时，$|x-1|+|x-2|+|x-3|+|x-4|=x-1+x-2+[-(x-3)]+[-(x-4)]=4$.

[评注] 本题可以总结为：偶数个绝对值相加时，当x在中间两个零点之间时，表达式有最小值；奇数个绝对值相加时，当x在中间一个零点时，表达式有最小值.

[例37] E. 把数轴上x的点记为P. 由绝对值的几何意义知，$|x-2|-|x-5|$表示数轴上的一点到数2和5两点的距离的差，当P点在2的左边时，其差恒为-3；当P点在5的右边时，其差恒为3；当P点在$2\sim5$之间（包括这两个端点）时，其差在$-3\sim3$之间（包括这两个端点），因此，$|x-2|-|x-5|$的最大值和最小值分别为3和-3.

[例38] E. 原式可化为$|x-3|-|x-(-1)|=4$，它表示在数轴上点x到点3的距离与到点-1的距离的差为4，由图1-2可知，小于等于-1的范围内的x的所有值都满足这一要求.

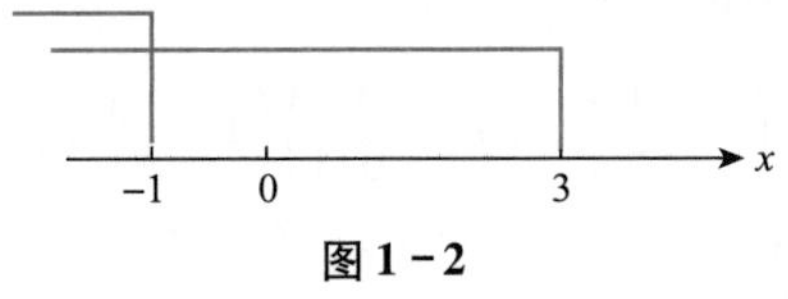

图1-2

所以原式的解为$x\leqslant-1$.

[例39] C. 根据题意，去掉绝对值后变成了相反数，故绝对值内部$\frac{5x-3}{2x+5}\leqslant0$，

即$(5x-3)(2x+5)\leqslant0\left(x\neq-\frac{5}{2}\right)$，解得$-\frac{5}{2}<x\leqslant\frac{3}{5}$. 包含$-2$，$-1$，0共3个整数.

[例40] A. 由条件(1) $\frac{3x-1}{x^2+1}>0$，得$x>\frac{1}{3}$，充分. 由条件(2) $\frac{x+1}{3}\geqslant0$，得$x\geqslant-1$，不充分.

[例 41] C. 由题干 $|2x-3|-|x+2|=|3x-1|$，等价转化为 $|3x-1|+|x+2|=|2x-3|$，然后根据 $|a|+|b|=|a-b|$，成立条件为 $ab\leqslant 0$，则有 $(3x-1)(x+2)\leqslant 0$，得到 $-2\leqslant x\leqslant \frac{1}{3}$，两个条件联合充分.

[评注] 在三角不等式中，遇到减号时，先移项转化为加法再分析求解，这样不容易出错.

[例 42] E. 由题干 $|2x+\lg x|<|2x|+|\lg x|$，根据 $|a+b|<|a|+|b|$，成立条件为 $ab<0$，则有 $2x\cdot\lg x<0$，根据对数的定义域知 $x>0$，故 $\lg x<0$，得到 $0<x<1$，两个条件单独不充分，联合也不充分.

基础自测题解析

一、问题求解题

1. E. A 中零的意义不仅仅表示没有，还表示绝对值中最小的数，还表示正负数的分界点；B 中缺少一个 0；C 中 0.9 是有限小数，是有理数；D 中 -1 的倒数也为它本身.
2. C.（1）自然数已经包含了 0，所以是错误的，改成整数包括自然数和负整数就对了；（2）正确；（3）正确；（4）整数按照奇偶性只能分为奇数和偶数.
3. D. A 中小数分为有限小数和无限小数，其中无限不循环小数为无理数，所以是错误的；B 中无限小数中无限循环小数属于有理数，所以是错误的；C 中无理数是无限不循环小数，所以该选项说法是错误的；E 中对数有可能为有理数，如 $\log_2 2=1$.
4. B. 根据无理数和有理数的定义即可判断出：$(\sqrt{3})^3$，e，π 是无理数.
5. C. $(-1)^{2024}+(\sqrt{3}+2)^0-\left(\frac{1}{2}\right)^{-2}=1+1-4=-2$.
6. A. 由题意得：$a^3b^9<0$，即得 a，b 异号.
7. C. **方法一**：因为 $-1<b<a<0$，所以 $a+b<a-b$，因为 $b>-1$，所以 $a-1<a+b$，又因为 $-b<1$，所以 $a-b<a+1$，综上得 $a-1<a+b<a-b<a+1$.

   方法二：取 $b=-0.8$，$a=-0.2$.
8. B. 利用 $a=2019^2-2020\times 2018=2019^2-(2019+1)(2019-1)=1$，

   代入求出 $a^{2021}+\frac{1}{a^{2021}}=2$.
9. C. $\left(1-\frac{1}{2}\right)\left(1-\frac{1}{3}\right)\left(1-\frac{1}{4}\right)\left(1-\frac{1}{5}\right)\cdots\left(1-\frac{1}{2021}\right)\left(1-\frac{1}{2022}\right)=\frac{1}{2}\times\frac{2}{3}\times\frac{3}{4}\times\cdots\times\frac{2021}{2022}=\frac{1}{2022}$.
10. E. 因为 $a=1$，$b=-3$，$c=-6$，所以 $2(a-2b^2)-5c=2[1-2\times(-3)^2]-5\times(-6)=2(1-18)+30=-34+30=-4$.
11. D. **方法一**：由 $y=k_1(x-1)$①及 $y=\frac{k_2}{x+1}$②，用①除以②，$1=\frac{k_1}{k_2}(x-1)(x+1)$，

    即 $x^2-1=\frac{3}{2}$，$x^2=\frac{5}{2}\Rightarrow x=\pm\frac{\sqrt{10}}{2}$.

    方法二：可令 $k_1=2$，$k_2=3$，则有 $y=2(x-1)=\frac{3}{x+1}$，所以得 $x=\pm\frac{\sqrt{10}}{2}$.

12. C. 因为$\frac{1}{8}<x<\frac{1}{7}$得$7x<1$和$8x>1$，从而

原式$=(1-2x)+(1-3x)+\cdots+(1-7x)+(8x-1)+(9x-1)+(10x-1)=6-3=3$.

13. B. 根据绝对值的定义得：$|1-\sqrt{2}|+|\sqrt{2}-\sqrt{3}|+|\sqrt{3}-2|+|2-\sqrt{5}|+\cdots+|\sqrt{99}-10|=(\sqrt{2}-1)+(\sqrt{3}-\sqrt{2})+\cdots+(10-\sqrt{99})=10-1=9$.

14. A. 由$(x-y-2)^2+|xy-3|=0$可知$x-y=2$，$xy=3$，

故$\left(\frac{3x}{x-y}-\frac{2x}{x-y}\right)\div\frac{1}{y}=\frac{xy}{x-y}=\frac{3}{2}$.

15. A. 因为$x^2-6x+|y-3|=2x-16$，所以$(x-4)^2+|y-3|=0$，根据非负性，$x=4$，$y=3$.

从而$\frac{x}{x^2+xy+y^2}=\frac{4}{37}$.

16. A. 因为两个正数$\frac{m}{n}=t$$(t>1)$，$m+n=s$，可得$m>n$且$nt+n=s$，因此较小的数可表示为

$n=\frac{s}{1+t}$.

17. B. 令$x=2k$，$y=3k$，$m=4k$，代入$\frac{x^2+y^2+m^2}{xy+ym+mx}=\frac{4k^2+9k^2+16k^2}{6k^2+12k^2+8k^2}=\frac{29}{26}$.

[评注] 本题也可以取特值求解，可令$x=2$，$y=3$，$m=4$代入求解.

18. C. **方法一**：设原分数为$\frac{a}{b}$，由题得到新分数为$\frac{0.75a}{1.25b}$，从而$\left(\frac{a}{b}-\frac{0.75a}{1.25b}\right)\div\frac{a}{b}=40\%$.

方法二：（特值法）假定原分数为某一特值，可设原分数为$1=\frac{100}{100}$，

由题得到新分数为$\frac{75}{125}=0.6$，从而$\frac{1-0.6}{1}\times100\%=40\%$.

19. A. 设这三个人的年龄分别为a，b，c，由题目可知：

$$\begin{cases}\frac{a+b}{2}+c=47\\ \frac{a+c}{2}+b=61\\ \frac{b+c}{2}+a=60\end{cases}\quad 故\begin{cases}a+b+2c=94①\\ a+c+2b=122②\\ b+c+2a=120③\end{cases}\quad ②-①，故\ b-c=28.$$

[评注] 或者让三式两两相减取差距最大的即可，得到：$b-c=28$.

20. C. 由$|a-b|+ab=1$且a，b为非负整数，

观察得$\begin{cases}|a-b|=1\\ ab=0\end{cases}$或$\begin{cases}|a-b|=0\\ ab=1\end{cases}$，

解得$\begin{cases}a=1\\ b=0\end{cases}$或$\begin{cases}a=0\\ b=1\end{cases}$或$\begin{cases}a=1\\ b=1\end{cases}$，

从而(a, b)的非负整数对为$(1, 0)$，$(0, 1)$，$(1, 1)$，共3对.

21. D. 根据纯循环小数的化简方法得到，$0.\dot{1}4\dot{4}=\frac{144}{999}=\frac{16}{111}$，分母比分子大95.

22. A. 题目是繁分数化简，可是分子、分母中又有循环小数，可以先将循环小数转化为分数，然后化简.

$$0.10\dot{7}\times\frac{1}{0.0\dot{7}+\frac{1}{0.\dot{8}+\frac{1}{9}}}=0.10\dot{7}\times\frac{1}{0.0\dot{7}+\frac{1}{\frac{8}{9}+\frac{1}{9}}}=0.10\dot{7}\times\frac{1}{0.0\dot{7}+1}$$

$$=0.10\dot{7}\times\frac{1}{\frac{7}{90}+1}=0.10\dot{7}\times\frac{90}{97}=\frac{97}{900}\times\frac{90}{97}=\frac{1}{10}.$$

23\. **E**. 由 $0.4\dot{5}\dot{7}\times1000=457.\dot{5}\dot{7}$ ①，$0.4\dot{5}\dot{7}\times10=4.\dot{5}\dot{7}$ ②，

由① − ②得 $0.4\dot{5}\dot{7}\times(1000-10)=453$，

故 $0.4\dot{5}\dot{7}\times990=453$，从而 $0.4\dot{5}\dot{7}=\frac{453}{990}=\frac{151}{330}$，分母比分子大 179.

［评注］也可以用公式得到 $0.4\dot{5}\dot{7}=\frac{457-4}{990}=\frac{453}{990}=\frac{151}{330}$. 分母有两个循环就写两个 9. 一个不循环，再添一个 0；分子用整个数减去不循环的数字.

二、条件充分性判断题

1\. **E**. 条件(1)由偶数 + 奇数 = 奇数，知 m 是奇数，但无法确定 n 的情况，故不充分；条件(2)由偶数 + 偶数 = 偶数，偶数 × 奇数(偶数) = 偶数，知 n 为偶数，但无法确定 m 为奇数或偶数；两个条件联合得到 n 偶数、m 为奇数，也不充分.

2\. **E**. 显然两个条件需要联合分析，可以得到 $b=17$，$c=19$，而 $a=11$ 或 13，得到 $a+b=28$ 或 30，也不充分.

3\. **E**. 条件(1)中，令 $\begin{cases}x=0\\y=-1\end{cases}$，$\begin{cases}x=1\\y=-2\end{cases}$，$\begin{cases}x=2\\y=-3\end{cases}$，则 $x^{101}+y^{101}$ 可取 3 个不同的值，所以条件(1)不充分；条件(2)中，令 $\begin{cases}x=0\\y=1\end{cases}$，$\begin{cases}x=1\\y=2\end{cases}$，$\begin{cases}x=2\\y=3\end{cases}$，则 $x^{101}+y^{101}$ 可取 3 个不同的值，条件(2)不充分；将条件(1)和条件(2)联合起来，$\begin{cases}x+y=-1\\x-y=\pm1\end{cases}$，得 $\begin{cases}x=0\\y=-1\end{cases}$ 或 $\begin{cases}x=-1\\y=0\end{cases}$，此时 $x^{101}+y^{101}$ 只有一个值，所以联合起来也不充分.

4\. **B**. 由条件(1) $m=\frac{\sqrt{3}-3}{2+\sqrt{3}}=\frac{(\sqrt{3}-3)(2-\sqrt{3})}{(2+\sqrt{3})(2-\sqrt{3})}=5\sqrt{3}-9$，不充分；

由条件(2) $m=\frac{1-\sqrt{3}}{1+\sqrt{3}}=\frac{(1-\sqrt{3})(1-\sqrt{3})}{(1+\sqrt{3})(1-\sqrt{3})}=\sqrt{3}-2$，充分.

5\. **E**. 由题，$x-3\geqslant0$ 且 $5-x\geqslant0$，得到 $3\leqslant x\leqslant5$，两个条件单独均不充分，联合起来也不充分.

6\. **B**. 先将题干化简：

$$\frac{\sqrt{x+1}-\sqrt{x-1}}{\sqrt{x+1}+\sqrt{x-1}}+\frac{\sqrt{x+1}+\sqrt{x-1}}{\sqrt{x+1}-\sqrt{x-1}}=\frac{(\sqrt{x+1}-\sqrt{x-1})^2+(\sqrt{x+1}+\sqrt{x-1})^2}{(\sqrt{x+1}+\sqrt{x-1})(\sqrt{x+1}-\sqrt{x-1})}=\frac{4x}{2}=2x,$$

从而可以看出条件(2)充分.

7\. **B**. 题干只需 $x>2$ 即可，所以条件(2)充分.

8\. **A**. 由条件(1)可得，分子 $\sqrt{a^2-1}\geqslant0$ 且 $\sqrt{1-a^2}\geqslant0\Rightarrow a=\pm1$，又分母不能为零，故 $a=1$，$b=0$，充分；同理由条件(2)可得：$a=-1$，$b=0$，不充分.

9. **D**. 由于根号里面要保证非负和分母有意义，故两个条件都要求 $x>2$.

由条件(1)$m=\dfrac{|x-2|}{x-2}+\dfrac{|2-x|}{2-x}+\dfrac{\sqrt{x-2}}{\sqrt{|x-2|}}=1-1+1=1$，充分；

由条件(2)$m=\dfrac{|x-2|}{x-2}-\dfrac{|2-x|}{2-x}-\dfrac{\sqrt{x-2}}{\sqrt{|x-2|}}=1-(-1)-1=1$，充分.

10. **A**. 当 $1<x<2$ 时，$x-1>0$，$x-2<0$，所以$\dfrac{|x-1|}{1-x}+\dfrac{|x-2|}{x-2}=-1-1=-2$，故条件(1)充分，同理，条件(2)不充分.

11. **B**. 由$\dfrac{|a|}{a+a^2}=-\dfrac{1}{a+1}\Rightarrow\dfrac{|a|}{a(1+a)}=-\dfrac{1}{a+1}\Rightarrow a<0$ 且 $a\neq-1$，故条件(2)充分.

12. **D**. 由条件(1)，因为要使根号里面非负，可得：$y=2$，又 $|x+3|=0$，得到 $x=-3$，从而 $2x+y=2\times(-3)+2=-4$，充分；同理，条件(2)也充分.

13. **D**. **方法一**：由条件(1)$x<0<z$，$xy>0$，$|y|>|z|>|x|$，故 $x+z>0$，$y+z<0$，$x-y>0$. 所以 $|x+z|+|y+z|-|x-y|=0$，充分；同理，条件(2)也充分.

方法二：利用数轴画图：$x<0<z$，$xy>0$，$|y|>|z|>|x|$，如图1－3可知：$x+z>0$，$y+z<0$，$x-y>0$，所以 $|x+z|+|y+z|-|x-y|=x+z-y-z-x+y=0$；同理，条件(2)也充分.

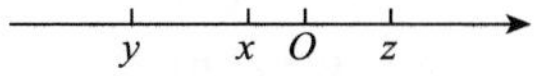

y　x　O　z

图1－3

14. **D**. 直接用循环小数作四则运算不方便，可将其先转化为分数，然后再化为小数.

由条件(1)得到

$0.\dot{3}+0.\dot{6}+0.\dot{3}\times0.\dot{6}+0.\dot{3}\div0.\dot{6}=\dfrac{1}{3}+\dfrac{2}{3}+\dfrac{1}{3}\times\dfrac{2}{3}+\dfrac{1}{3}\div\dfrac{2}{3}=1+\dfrac{2}{9}+\dfrac{1}{2}=1.5+0.\dot{2}=1.7\dot{2}$.

同理条件(2)也充分.

综合提高题解析

一、问题求解题

1. **D**. 对于正分数而言，分母变小比分子变大对分数的值有更大的作用，

所以有$\begin{cases}x+y=1+2=3\\a-b=10-3=7\end{cases}$，于是$\dfrac{a-b}{x+y}=\dfrac{7}{3}=2\dfrac{1}{3}$.

2. **C**. **方法一**：将$\dfrac{a}{b}=\dfrac{c}{d}$平方，得$\dfrac{a^2}{b^2}=\dfrac{c^2}{d^2}$，由合比定理：$\dfrac{a^2+b^2}{b^2}=\dfrac{c^2+d^2}{d^2}$，

交换两内项：$\dfrac{a^2+b^2}{c^2+d^2}=\dfrac{b^2}{d^2}$，开平方根：$\dfrac{\sqrt{a^2+b^2}}{\sqrt{c^2+d^2}}=\dfrac{b}{d}$.

研究C选项：$\dfrac{a}{b}=\dfrac{c}{d}$，由合比定理：$\dfrac{a+b}{b}=\dfrac{c+d}{d}$，交换两内项：$\dfrac{a+b}{c+d}=\dfrac{b}{d}$，

从而有$\dfrac{\sqrt{a^2+b^2}}{\sqrt{c^2+d^2}}=\dfrac{b}{d}=\dfrac{a+b}{c+d}$.

方法二：令$\dfrac{a}{b}=\dfrac{c}{d}=k(k\neq0)\Rightarrow\begin{cases}a=bk\\c=dk\end{cases}$，代入所求式中，

$\dfrac{\sqrt{a^2+b^2}}{\sqrt{c^2+d^2}}=\dfrac{\sqrt{b^2k^2+b^2}}{\sqrt{d^2k^2+d^2}}=\dfrac{\sqrt{1+k^2}\cdot b}{\sqrt{1+k^2}\cdot d}=\dfrac{b}{d}$，$\dfrac{a+b}{c+d}=\dfrac{bk+b}{dk+d}=\dfrac{(1+k)b}{(1+k)d}=\dfrac{b}{d}$.

3. D. 设“无暇质数”为$\overline{xy}$. 根据题意，$\overline{xy}$与$\overline{yx}$均为质数，并且$\overline{yx}$也是“无暇质数”，且50以内的无暇质数分别是11，13，17，31，37，共计5个. 它们的和是$11+13+17+31+37=109$.

4. E. 因为20，40都是合数，而$a+20$，$a+40$又都是质数，所以$a\neq 2$.

又因为$20\div 3=6$（余2），所以a不是被3除余1的数，否则$a+20$能被3整除，即为合数，与题意不符. 同理，a不能是被3除余2的数，否则$a+40$为合数，与题意不符.

因此a必是能被3整除的数，且a又是质数，所以$a=3$. 等边三角形面积为$\frac{9\sqrt{3}}{4}$.

5. A. $a(a+1)=\frac{\sqrt{5}-1}{2}\cdot\frac{\sqrt{5}+1}{2}=1$，故$a^2+a=1$，

$$\frac{a^5+a^4-2a^3-a^2-a+2}{a^3-a}=\frac{a^3(a^2+a)-2a^3-(a^2+a)+2}{a(a^2-1)}=\frac{a^3-2a^3-1+2}{-a^2}$$

$$=\frac{1-a^3}{-a^2}=-\frac{1-a^3}{1-a}=-(1+a+a^2)=-(1+1)=-2.$$

6. B. 在所有的质数中，只有质数2是偶数. 这样，根据数的奇偶运算规律可知$a\times b+c=53$具有$a\times 2+c=53$或$a\times b+2=53$两种组合形式.

当$a\times 2+c=53$时，c的值是3，5或7，则a的值应是25，24，23，因为25，24不是质数，所以不合题意舍去. 此时满足的是23，2，7，有$a+b+c=23+2+7=32$.

当$a\times b+2=53$时，c的值是2，$a\times b=51$，$51=3\times 17$，a的值是3（或是17），b的值是17（或是3）. 2，3，17均为质数，符合题意，这样$a+b+c=2+3+17=22$.

7. E. $360=2\times 2\times 2\times 3\times 3\times 5=3\times 4\times 5\times 6$. 由于逐个大一岁，所以四个小朋友的年龄分别是3岁，4岁，5岁，6岁，所以四人年龄之和为18岁.

8. D. 根据题意，可知将n个同样大小的正方形拼成长宽不一的各种长方形，其面积不变，可应用分解质因数的原理分解组合两个数的乘积形式.

分解：$210=1\times 210=2\times 105=3\times 70=5\times 42=6\times 35=7\times 30=15\times 14=21\times 10$. 因此，共有8种拼法.

[注意] 此题可用210的约数个数除以2，即为所得. 因为$210=3\times 5\times 7\times 2$，所以，210的约数个数为$C_4^0+C_4^1+C_4^2+C_4^3+C_4^4=2^4=16$，则$16\div 2=8$.

9. A. 因为$600=2^3\times 3\times 5^2$，所以$2^3\times 3\times 5^2\times a=b^4$，$b^4$的各个质因数的指数都应为4的倍数，故$a=2\times 3^3\times 5^2=1350$为最小值.

10. A. 依题意知，种树总数=每人种树棵数×师生总人数，即572=每人种树棵数×(1+学生数)，而学生数恰好平均分成三组，即学生数是3的倍数，再加上王老师一人，则师生总数被3除余1.

下面先将572分解质因数：$572=2\times 2\times 11\times 13$，然后按照题意进行组合使之为两数之积.

若$572=44\times(1+12)$，$1+12=13$为师生总人数，则每人种44棵，这不符合题意.

若$572=11\times(1+51)$，$1+51=52$为师生总人数，则每人种树11棵.

若$572=2\times(285+1)$，$285+1=286$为师生总人数，则每人种树2棵，这不符合题意.

因此，这个班共有学生51人，每人种树11棵.

11. B. 因为$2\times 5=10$，这样含有质因数一个2和一个5，乘积末尾就有一个0. 同时在这100个因数中，含有质因数2的个数一定多于质因数5的个数，所以只需知道乘积中含质因数5的个数就可知积的末尾连续0的个数. 这100个数中是5的倍数有5，10，15，…，100共有20个，其中25，50，75，100又是25的倍数，它们各含有两个质因数5. 所以，乘积中共有质因数5的个数是$20+4=24$个. 因此，乘积末尾共有24个连续的零.

12. **D.** 因为 $2\times5=10$，说明乘数中只要含有质因数 2 和 5 各一个，乘积的末尾就出现一个零. 根据乘积末尾五位都是零的条件，可知乘积中应该含有质因数 2 和 5 至少各 5 个，所以运用分解质因数解答. $195\times86\times72\times380=5\times39\times2\times43\times2\times2\times2\times9\times2\times2\times5\times19=9\times19\times39\times43\times2^6\times5^2$. 这样，可知还缺 5^3，那么符合条件的自然数是 $125k(k\in\mathbf{N}_+)$，所以最小的 a 值是 125.
13. **E.** 因为一个自然数末尾零的个数是由这个数的约数中 2 的个数及 5 的个数决定的，所以要使乘积值末尾有 13 个零，就必须有 13 个因数 2 和 13 个因数 5. 显然，在若干个连续自然数中，2 的倍数比 5 的倍数多，因此只要凑够 5 的个数就行了.
在 5，10，15，20 中各含有一个因数 5；25 中含有两个因数 5；30，35，40，45 中各含有一个因数 5；50 中含两个因数 5；55 中含有一个因数 5. 此时恰好有 13 个 5，因而最后出现的自然数最小应是 55.
14. **D.** 设两数分别为 a 和 b，由题意可知：$750=(a\times b)\cdot n$（n 为整数）. 这样，运用分解质因数的原理进行分解，再根据 $a+b=31$ 进行组合. $750=3\times5\times5\times5\times2=(6\times25)\times5$.
故这两个数分别为 25 和 6，它们之差是：$25-6=19$.
15. **C.** 因为 $|3x-4|+|3x+2|=6$，所以 $\left|x-\frac{4}{3}\right|+\left|x+\frac{2}{3}\right|=2$，由绝对值的几何意义，$-\frac{2}{3}\leqslant x\leqslant\frac{4}{3}$，因为 x 是整数，所以 $x=0$ 或 1.
16. **E.** 原方程变形得 $|x+2|+|x-1|+|y-5|+|y+1|=9$.
因为 $|x+2|+|x-1|\geqslant3$，$|y-5|+|y+1|\geqslant6$，而 $|x+2|+|x-1|+|y-5|+|y+1|=9$，
故 $|x+2|+|x-1|=3$，$|y-5|+|y+1|=6$，$-2\leqslant x\leqslant1$，$-1\leqslant y\leqslant5$，
故 $x+y$ 的最大值与最小值分别为 6 和 -3.
17. **C.** 设 $A(1)$，$B(2)$，$C(3)$，$P(x)$，如图 1－4，求 $|x-1|+|x-2|+|x-3|$ 的最小值，即是在数轴上求一点 P，使 $AP+BP+PC$ 为最小，显然，当 P 与 B 重合，即 $x=2$ 时，其和有最小值 2.

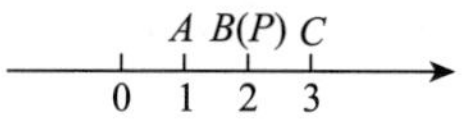

图 1－4

18. **A.** 由题可得书的数量减 1 后能被 6、8、9 整除，由 6、8、9 的最小公倍数为 72，则书最少为 73 本，各个数位之和为 10.
19. **D.** 由题，全体学生人数减 1 能被 2、3、4、5、6、7、8、9 整除，所以求出最小公倍数 $[2,3,4,5,6,7,8,9]=2520$，得到全校至少有 $m=2520+1=2521$ 名学生.
20. **C.** 自然数 A 是 5，6，7 的公倍数，5，6，7 的最小公倍数是 210，而 A 小于 400，所以 $A=210$，$B=A\div5-1=41$，同理得出 $C=34$，$D=29$，$210+41+34+29=314$.
21. **D.** 根据最大公约数与最小公倍数定义来解决. 这两个数的最大公约数是 $91\div(12+1)=7$，最小公倍数是 $7\times12=84$，故两数应为 21 和 28.
22. **B.** 这道题中隐含了最小公倍数的关系. “除以 24 或 36 都有余数 16”，说明此数减去 16，即为 24 和 36 的公倍数. 介于 100～200 之间的整数中，24 和 36 的公倍数为 144，则此数应为 $144+16=160$.
23. **B.** 因为所求的数去除 30、60、75 都能整除，所以所求的数是 30、60、75 的公约数. 又因为要求符合条件的最大的数，所以就是求 30、60、75 的最大公约数.

$$\begin{array}{r|rrr} 5 & 30 & 60 & 75 \\ \hline 3 & 6 & 12 & 15 \\ \hline & 2 & 4 & 5 \end{array}$$

，$(30,60,75)=5\times3=15$，所以 $m=15$.

另一个数是3、4、5的公倍数，且是最小的公倍数，因为$[3,4,5]=3\times4\times5=60$，所以用3、4、5除都能整除的最小的数是60，故$n=60$. 所以$m+n=75$.

24. C. 此题解题的关键点是要确定多少枚1分、2分、5分的硬币叠成的圆柱体高度相同.
根据“6枚1分硬币叠在一起与5枚2分硬币一样高，6枚2分硬币叠在一起与5枚5分硬币一样高”，其中5、6的最小公倍数为30，则36枚1分硬币、30枚2分硬币、25枚5分硬币叠成的圆柱体一样高；此时这些硬币的币值之和为221分，恰好为2元2角1分，是4元4角2分的一半，故4元4角2分由72枚1分硬币、60枚2分硬币和50枚5分硬币组成，即共有硬币$72+60+50=182$(枚).

25. A. 先求最大公约数$(12,18,24)=6$(分米)，则可以截成$12\div6\times12+18\div6\times9+24\div6\times10=91$（根），故$m=6$，$n=91$，则$m+n=97$.

26. A. 设花生总粒数为单位“1”，由题意可知，第一、二、三群猴子的只数分别相当于花生总数的$\frac{1}{12}$、$\frac{1}{15}$、$\frac{1}{20}$. 于是把所有花生分给这三群猴子，平均每只猴子可得花生$1\div\left(\frac{1}{12}+\frac{1}{15}+\frac{1}{20}\right)=5$.

二、条件充分性判断题

1. B. 由条件(1)$m=4\sqrt{24}-6\sqrt{54}+3\sqrt{96}-2\sqrt{150}=4\cdot2\sqrt{6}-6\cdot3\sqrt{6}+3\cdot4\sqrt{6}-2\cdot5\sqrt{6}=-8\sqrt{6}$，不充分；由条件(2)$m=4\sqrt{24}-6\sqrt{54}+2\sqrt{96}=4\cdot2\sqrt{6}-6\cdot3\sqrt{6}+2\cdot4\sqrt{6}=-2\sqrt{6}$，充分.

2. B. 条件(1)$m+\frac{1}{m}=\sqrt{5}+2+\frac{1}{\sqrt{5}+2}=\sqrt{5}+2+\sqrt{5}-2=2\sqrt{5}$，由于$2<\sqrt{5}<2.5$，故整数部分$n=4$，不充分；条件(2)$\frac{13n}{10}$为整数，所以$n$应该为10的倍数，充分.

3. D. 条件(1)中，由$|a|=a$，$|b|=b$，得$a\geqslant0$，$b\geqslant0$，且$\left(\frac{1}{2}\right)^{a+b}=1=\left(\frac{1}{2}\right)^0\Rightarrow a=b=0$，充分；条件(2)中，若$b\neq0$，则$a+bm$仍为无理数，不可能等于0，故$b=0$，此时$a=0$，也充分.

4. B. 把60拆成10个质数之和，最大质数要尽可能小，则质数最好在6附近，即可拆成$60=7+7+7+7+7+7+7+7+2+2$. 条件(1)$m=3$，不充分；条件(2)，显然充分.

5. B. 根据题干，该数为$\frac{168\times4}{24}=28$. 条件（1），$x^2-kx+\frac{169}{4}=\left(x-\frac{13}{2}\right)^2\Rightarrow k=13$，不充分；条件（2）显然充分.

6. E. 最大公约数为4，最小公倍数为120，这两个数可能是(4，120)，(8，60)，(12，40)，(20，24)，和有4个值，条件(1)，$m=23$，不充分；条件(2)，$m=43$，也不充分.

7. B. 由条件（1），当$a+b+c\neq0$时，根据等比定理得：

$$\frac{a+b+c}{a}=\frac{a+b+c}{b}=\frac{a+b+c}{c}=\frac{3(a+b+c)}{a+b+c}=k=3,$$

当$a+b+c=0$时，代入原分式得到：$k=0$，故k的值不能唯一确定，不充分.
由条件(2)，显然$a+b+c\neq0$，故根据等比定理得：

$$\frac{a}{a+b+c}=\frac{b}{a+b+c}=\frac{c}{a+b+c}=\frac{a+b+c}{3(a+b+c)}=\frac{1}{k}=\frac{1}{3},$$

因此k的值为3，充分.

8. **D.** 条件(1)，原来2件的价格是现在5件的价格，则现在一件的价格是原来一件价格的$\frac{2}{5}$，价格下降了60%，充分.

条件(2)，原来的价格是现在价格的2.5倍，即现在一件的价格是原来一件价格的$\frac{2}{5}$，也充分.

9. **A.** $\frac{\overbrace{1\cdots11}^{2000位}\overbrace{2\cdots22}^{2000位}\overbrace{3\cdots33}^{2000位}}{\underbrace{3\cdots33}_{2000位}}=\frac{1\overbrace{0\cdots02}^{2000位}\overbrace{0\cdots03}^{2000位}}{3}=\overbrace{3\cdots34}^{2000位}\overbrace{0\cdots01}^{2000位}$，各数位数字之和为$3\times1999+4+1=6002$，条件(1)充分，条件(2)不充分.

10. **E.** 只有$7850=25\times314$满足，即$x=2$，$y=1$，即$xy=2$，显然两条件均不充分.

11. **D.** 条件(1)，a，b，c不全相等，则$x+y+z=\frac{1}{2}(a-b)^2+\frac{1}{2}(b-c)^2+\frac{1}{2}(c-a)^2>0$，$x$，$y$，$z$至少有一个大于0，充分.

条件(2)，$a-b+b-c+c-a=xyz(x+y+z)=0$，又$xyz<0$，则$x+y+z=0$，所以x，y，z至少有一个大于0，充分.

12. **C.** 显然单独条件(1)、条件(2)均不充分，联合后，$\frac{1}{a+b}+\frac{1}{a-b}=\frac{2a}{a^2-b^2}=\frac{2\sqrt{5}}{2\sqrt{6}}=\frac{\sqrt{30}}{6}$，故选C.

13. **A.** $\frac{a+c}{2a+c}-\frac{a+b}{2a+b}=\frac{(a+c)(2a+b)-(a+b)(2a+c)}{(2a+c)(2a+b)}=\frac{a(c-b)}{(2a+c)(2a+b)}$，则条件(1)充分，而条件(2)不充分，故选A.

14. **A.** 由绝对值的几何意义，条件(1)，$|x+1|+|x-3|$表示x到-1与3的距离之和，故当$-1\leqslant x\leqslant3$时，$|x+1|+|x-3|=4$，所以整数解有5个，充分；

条件(2)，$|x+1|-|x-3|$表示x到-1与3的距离之差，故当$x\geqslant3$时，$|x+1|-|x-3|=4$，整数解有无数个，不充分.

15. **C.** $|x-2|+|x+1|=3$的几何意义为：在数轴上x到2的距离与到-1的距离之和为3的点，因为点-1与点2的距离为3，所以点x在$[-1,2]$，因此联合起来充分.

16. **A.** 根据绝对值的性质，对不等式两边同时平方，

$(2x-1)^2\leqslant(2-x)^2\Rightarrow x^2\leqslant1\Rightarrow-1\leqslant x\leqslant1$，

可知条件(1)充分，条件(2)不充分.

17. **A.** 根据绝对值的性质，可知$2x-1<0\Rightarrow x<\frac{1}{2}$，所以条件(1)充分，条件(2)不充分.

18. **A.** 设这两个正整数为m和n. 因为$(m,n)=15$，故可设$m=15a$，$n=15b$，且$(a,b)=1$. 又因为$3m+2n=225$，所以$3a+2b=15$. 因为a，b是正整数，所以可得$a=1$，$b=6$或$a=b=3$，但$(a,b)=1$，所以取$a=1$，$b=6$，从而$m+n=15(a+b)=15\times7=105$.

[评注] 遇到这类问题常设$m=15a$，$n=15b$，且$(a,b)=1$，这样可把问题转化为两个互质数的求值问题.

19. **B.** 设这堆苹果最少有m个，依题意得：$m-1$是2，3，4，5，6的最小公倍数，因为$[2,3,4,5,6]=60$，所以$m-1=60$，即$m=61$.

20. **B**. 这三根木棒长度不同，但要求把它们截成同样长的小棒，不许剩余，实际上就求它们的最大公约数，8、12、20 的最大公约数是 4，所以每根小棒最长能有 4 厘米.

21. **E**. 显然单独不充分，联合起来，最大公约数$(8,12,18)=2$，故 $m=2$；最小公倍数 $[8,12,18]=72$，故 $n=72$，得到 $m+n=74$，也不充分.

22. **A**. 最大公约数$(301,215,86)=43$，所以全班共有 43 人. 每人拿到笔记本：$301\div43=7$(本)，每人拿到铅笔：$215\div43=5$(支)，每人拿到橡皮：$86\div43=2$(块)，则 $k=7+5+2=14$.

23. **A**. 根据两个正整数之积 = 最大公约数 × 最小公倍数，可知：条件(1)另一个数为 $504\times6\div42=72$，各个数位之和为 9，充分；条件(2)另一个数为 $504\times7\div42=84$，各个数位之和为 12，不充分.

第二章　应用题

重点考向例题解析

[例 1] D. 根据题意，有甲∶乙∶丙 $=\frac{1}{2}:\frac{1}{3}:\frac{1}{9}=9:6:2$，所以甲应得 $34\times\frac{9}{9+6+2}=18$ 万元.

[点睛] 本题的关键是要找到甲占总数的真正份额，甲、乙、丙之比为 $\frac{1}{2}:\frac{1}{3}:\frac{1}{9}$，甲并不占 $\frac{1}{2}$，因为 $\frac{1}{2}+\frac{1}{3}+\frac{1}{9}\neq1$，甲实际上占总数的 $\frac{9}{17}$.

[陷阱] 误认为甲占 $\frac{1}{2}$，得到甲为 17 万元，误选 A.

[例 2] C. 根据题意，买甲商品用了 $\frac{5}{8}$，买乙商品用了 $\frac{2}{5}\times\frac{3}{8}=\frac{3}{20}$，则剩余 $1-\frac{5}{8}-\frac{3}{20}=\frac{9}{40}$，所以总额是 $\frac{900}{\frac{9}{40}}=4000$ 元.

[点睛] 此题的关键是找到 900 元所占的比例，再用公式：总量 $=\frac{\text{部分量}}{\text{对应的比例}}$.

[例 3] D. 根据题意，发给丙的是 $\left(\frac{1}{3}-\frac{1}{5}\right)\times3=\frac{2}{5}$，则发给丁的是 $1-\frac{1}{5}-\frac{2}{5}-\frac{1}{3}=\frac{1}{15}$，则奖金总数是 $\frac{200}{\frac{1}{15}}=3000$ 元.

[点睛] 此题关键是找到发给丁的奖金所占的比例，就可以求出总量了.

[例 4] C. 设工龄在 10 年以下者人数为 x，由男职工人数是女职工人数的 $1\frac{1}{3}$ 倍，可得女职工人数为 $420\div1\frac{1}{3}=315$ 人，总人数为 $420+315=735$ 人. 由题可得，工龄 10 ~ 20 年者和工龄 10 年以下者占 80%：$x+0.5x=735\times0.8$，得到 $x=392$.

[点睛] 当无法直接求解某部分的数量时，可以求出某两部分的数量，再根据这两部分数量的关系，得到所求的数量.

[例 5] C. 设原来甲、乙两仓库粮食分别为 $4t$，$3t$，则根据题意有 $\frac{4t-10}{3t}=\frac{7}{6}\Rightarrow t=20$，则甲原有粮食 $4\times20=80$.

[技巧] 由于乙的粮食没有变化，故 $\begin{cases}\text{甲}:\text{乙}=8:6\\\text{甲}:\text{乙}=7:6\end{cases}\Rightarrow$ 甲减少了 1 份，对应 10 万吨粮食，故甲原来 8 份，对应 80 万吨粮食.

[点睛] 遇到其中一个对象数量没有变化的比例问题，通过最小公倍数，将不变对象的份额统一，分析变化对象的份额与数量的关系.

[例 6] D. 设后来又来了 x 名女生，根据题意原来有女生 $108\times\frac{2}{9}=24$ 人，

则男生有 $108-24=84$ 人，故 $\frac{x+24}{84}=\frac{3}{7}$，解得 $x=12$.

[例 7] B. 设最初男运动员为 $19t$，女运动员为 $12t$，增加女运动员为 x，则增加男运动员为 $x+3$，则根据题意有 $\begin{cases}\frac{19t}{12t+x}=\frac{20}{13}\\ \frac{19t+x+3}{12t+x}=\frac{30}{19}\end{cases}$，解得 $\begin{cases}x=7\\ t=20\end{cases}$，

所以总人数是 $(19t+x+3)+(12t+x)=637$.

[技巧] 借助比例变换技巧求解. 原来男:女 $=19:12$；增加女运动员后，男:女 $=20:13$，该过程中男运动员数量不变，故男运动员能被 20 和 19 整除；再增加男运动员后，男:女 $=30:19$，在该过程中女运动员数量不变，故女运动员能被 13 和 19 整除，最小公倍数 $13\times19=247$，又男:女 $=30:19$，所以男运动员为 $13\times30=390$，总数量为 $390+247=637$.

[点睛] 对于每次只有一个对象数量变化的问题，可以借助统一比例的技巧求解. 此外，本题在解方程组时，可以采用合分比定理帮助化简. 本题根据男女运动员比例最终为 30:19，所以要保证答案能被 49 整除，可以排除 C、D、E.

[例 8] B. 设这本书共有 x 页，第一次已读 $\frac{3}{7}x$，后来又读了 33 页，已读的变为 $\frac{5}{8}x$，

可以建立等式：$\frac{3}{7}x+33=\frac{5}{8}x$，解得 $x=168$.

[例 9] D. 设原来甲、乙两仓库粮食分别为 $4x$，$3x$，则根据题意有 $\frac{4x-10}{3x-10}=\frac{11}{8}\Rightarrow x=30$，则甲原有粮食 $4\times30=120$ 万吨.

[技巧] 由于甲乙的差值没有变化，原来甲乙相差 1 份，后来甲乙相差 3 份，扩大倍数，使之都是 3 份，故 $\begin{cases}\text{甲:乙}=12:9\\ \text{甲:乙}=11:8\end{cases}\Rightarrow$ 甲减少了 1 份，对应 10 万吨粮食，故甲原来 12 份，对应 120 万吨粮食.

[评注] 本题如果改成甲乙都增加 10 万吨，其差值也是固定的，可用同样的方法求解.

[例 10] E. 设小明和小强原有的图画纸数量分别是 $4x$ 和 $3x$，则有 $\frac{4x+15}{3x-8}=\frac{5}{2}$，解得 $x=10$，故小明和小强原有图画纸的数量分别为 40 和 30.

[例 11] B. $20\times(1+25\%)-20\times60\%=13$.

[点睛] 先求出全月的总额，再利用等式下半月 = 全月 − 上半月求解.

[例 12] D. 设去年总成本为 a，总人数为 b. 条件(1)，$\frac{a(1-25\%)}{b(1+25\%)}=\frac{a}{b}\times60\%$，充分；条件(2)，$\frac{a(1-28\%)}{b(1+20\%)}=\frac{a}{b}\times60\%$，也充分.

[点睛] 人均成本等于总成本除以人数，所以必须抓住总成本和人数这两个要素来分析. 此外，本题也可以将去年的总成本和人数都看成 1 来分析.

[例 13] D. 本息共计 $10000\times(1+10\%)^3=13310$ 元.

[点睛] 可记住结论，若本金为 a，年利率为 p，那么 n 年后，本息共 $a\times(1+p)^n$.

[例 14] E. 设2005年产值为 x，则2009年产值为 $x(1+q)^4$，因为2009年末至2013年末产值增长率为 $0.6\times q$，所以2013年产值为 $x(1+q)^4(1+0.6\times q)^4$，由题意，2013年的产值约为2005年产值的14.46倍，故 $\frac{x(1+q)^4(1+0.6q)^4}{x}=(1+q)^4(1+0.6q)^4=1.95^4$，所以 $(1+q)(1+0.6q)=1.95$，化简该方程得 $12q^2+32q-19=0$，即 $(2q-1)(6q+19)=0$，因为 q 为正数，故 $q=\frac{1}{2}$.

[点睛] 本题是两个等比数列，前一个的公比为 $1+q$，后一个的公比为 $1+0.6\times q$.

[例 15] C. 设标价为 x，则 $0.8x=240\times(1+15\%)$，解得 $x=345$.

[点睛] 本题主要用公式售价 = 进价 ×(1 + 利润率)进行计算.

[例 16] E. 设乙店的进货价为1，则甲店的进货价为 $1-10\%=0.9$.
甲店定价为 $0.9\times(1+30\%)=1.17$；乙店定价为 $1\times(1+20\%)=1.2$.
由此可得：乙店进货价为 $6\div(1.20-1.17)=200$ 元.
乙店的定价为 $200\times1.2=240$ 元.

[例 17] D. 设甲店售出 x 件，则甲的利润为 $200\times0.2x-200\times1.2x\times5\%=28x$，乙的利润为 $200\times0.15\times2x-200\times1.15\times2x\times5\%=37x$，即 $37x-28x=5400$，解得 $x=600$. 故甲店销售600件，乙店销售1200件.

[点睛] 本题首先求出单个商品的利润，然后再乘以销量，最后再扣除税，得到净利润.

[例 18] C. 设原价为 x，售价 = 成本 + 盈利 = 2000 + 625 = 2625 元，
$x\cdot(1+50\%)\times0.7=2625\Rightarrow x=2625\div0.7\div1.5=2500$ 元，
故多赚 $2625-2500=125$ 元.

[点睛] 本题的关键点有两个，一个是成本、利润、售价的关系式：售价 = 成本 + 利润；另一个是通过原价提高50%后再做七折，来找到前后售价的关系.

[例 19] B. 设标价为 x，利润 $=0.9x-21=21\cdot20\%\Rightarrow x=28$.

[例 20] B. 设原价是 x，现价是 y，则 $8x=10y\Rightarrow y=\frac{8}{10}x$，

所以降价百分比为 $\frac{x-\frac{8}{10}x}{x}=\frac{2}{10}=20\%$.

[技巧] 采用特值法求解，设原价为每件10元，则现价每件8元，所以降价百分比为 $\frac{2}{10}=20\%$.

[点睛] 关于变化率（可以分为增长率和下降率），掌握其核心公式并注意灵活应用：

$$变化率=\frac{变化量}{变前量}\times100\%=\frac{|现值-原值|}{原值}\times100\%=\left|\frac{现值}{原值}-1\right|\times100\%.$$

[例 21] A. 设进价为 x 元，定价为 y 元.

由题意，得：$\begin{cases}y-x=45\\8\times(0.85y-x)=12\times(y-35-x)\end{cases}\Rightarrow x=155$，即商品进价为155元.

[例 22] E. 设商店折扣为 x，则 $10000\times0.3\times1.25+10000\times0.7\times1.25x=9000\Rightarrow x=0.6$.

[例 23] C. 盈利那一套的成本是 $\frac{210}{1+25\%}=168$，亏损那一套的成本是 $\frac{210}{1-25\%}=280$，所以最终盈利是 $210\times2-168-280=-28$，即亏损28元.

[例 24] B. 设原价为 1，应提价为 x，则有 $1\cdot(1-20\%)(1+x)=1\Rightarrow x=25\%$.

[例 25] C. 甲比乙多行的路程：$32\times2=64$ 千米（注：离中点 32 千米，也就是甲超过中点 32 千米，乙还有 32 千米才到中点）；甲、乙的速度差：$56-48=8$ 千米/小时.
两车相遇的时间：$64\div8=8$ 小时（路程差 ÷ 速度差 = 相遇时间）.
相遇路程：$(56+48)\times8=832$ 千米.

[例 26] E. 乙行到全程的 $\frac{5}{8}$ 时，用了 $\frac{5}{8}\div10\%=\frac{25}{4}$ 小时；
此时，甲也行了 $\frac{25}{4}$ 小时，行驶路程为 $\frac{25}{4}\times80=500$ 千米，是全程的 $\frac{5}{6}$；
则 AB 两地相距 $500\div\frac{5}{6}=600$ 千米.

[例 27] A. 当甲乙相遇时，甲比乙多行的路程：$31.5\times2=63$ 千米.
相遇时间：$63\div12=5.25$ 小时.
$5.25-4.5=0.75$ 小时（注：这是甲到西站后再行 31.5 千米所用的时间）
甲的速度：$31.5\div0.75=42$ 千米/小时.

[例 28] D. 根据题意画图：

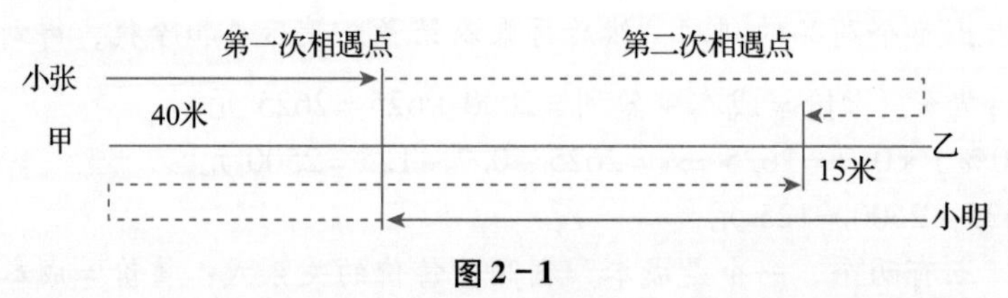

图 2－1

从图 2－1 可知，小张、小明两人第一次相遇时，共行的路程即是甲、乙两地之间的距离，这时，小张行了 40 米. 当他们第二次相遇时，小张行了甲、乙间距离还多 15 米，小明行了两个甲、乙间距离少 15 米，合起来两个人共行了甲、乙间距离的 3 倍. 因此小张从出发到第二次相遇所行的路程应是他从出发到第一次相遇所行的路程的 3 倍，即可求出他从出发到第二次相遇所行的路程.
小张从出发到第二次相遇所行的路程为 $40\times3=120$ 米. 又知这段路程比甲、乙间距离多 15 米，甲、乙间距离为 $120-15=105$ 米.

[例 29] C. ① 劣马先走 12 天能走 $75\times12=900$ 千米.
②好马追上劣马的时间 $900\div(120-75)=20$ 天.
列成综合算式 $75\times12\div(120-75)=900\div45=20$ 天.

[例 30] B. 敌人逃跑时间与士兵追击时间的时差是 $(22-6)$ 小时，这段时间敌人逃跑的路程是 $[10\times(22-6)]$ 千米，甲、乙两地相距 60 千米.
由此推知，追及时间 $=[10\times(22-6)+60]\div(30-10)=220\div20=11$ 小时.

[例 31] E. 设原来车速为 v 千米/小时，则有 $\frac{50}{v(1-40\%)}-\frac{50}{v}=\frac{4}{3}$；$v=25$ 千米/小时. 再设原来需要 t 小时到达，由已知有 $25t=25+(t+3-1)\times25\times(1-40\%)$；得到 $t=5.5$ 小时，所以 $25\times5.5=137.5$ 千米.

［例 32］D．**方法一**：设两地距离为 s，计划的平均速度为 v，

则 $\begin{cases}\dfrac{0.5s}{0.8v}=\dfrac{0.5s}{v}+\dfrac{45}{60}\\\dfrac{0.5s}{120}=\dfrac{0.5s}{v}-\dfrac{45}{60}\end{cases}\Rightarrow\begin{cases}s=540\\v=90\end{cases}$.

方法二：80% 的速度走了路程一半，比计划多 $\dfrac{3}{4}$ 小时，可得到全程的计划时间为 6 小时，也就是说后一半路程以速度 120 千米/小时用了 $\left(3-\dfrac{3}{4}\right)$ 小时，所以全程为 $120\times\left(3-\dfrac{3}{4}\right)\times2=540$.

［技巧］对于 $\begin{cases}\dfrac{0.5s}{0.8v}=\dfrac{0.5s}{v}+\dfrac{45}{60}\\\dfrac{0.5s}{120}=\dfrac{0.5s}{v}-\dfrac{45}{60}\end{cases}$ 方程的求解，要先将 $\dfrac{s}{v}$ 放到一边，

即 $\begin{cases}\dfrac{0.5s}{0.8v}-\dfrac{0.5s}{v}=\dfrac{45}{60}\\\dfrac{0.5s}{v}=\dfrac{0.5s}{120}+\dfrac{45}{60}\end{cases}$ 两式相除即可把 $\dfrac{s}{v}$ 消除，直接化为一元一次方程.

［点睛］对于路程中的比例问题，可采用速度和时间的反比关系快速确定某一个具体的量，本题利用“80% 的速度走了路程一半，比计划多 $\dfrac{3}{4}$ 小时”，很容易得到走一半路程的计划时间是 3 小时.

［例 33］B．设 v 代表船速，v_0 代表水速，s 代表路程，t 代表往返所用的时间.

方法一：$t=\dfrac{s}{v+v_0}+\dfrac{s}{v-v_0}=\dfrac{78}{30}+\dfrac{78}{26}=5.6$ 小时.

方法二：利用推导公式：$t=\dfrac{2vs}{v^2-v_0^2}=\dfrac{2\times28\times78}{28^2-2^2}=5.6$ 小时.

［点睛］考查顺水和逆水问题，顺水速度 = 船速 + 水速，逆水速度 = 船速 − 水速. 以后也可以记住推导好的公式 $t=\dfrac{2vs}{v^2-v_0^2}$.

［例 34］C．两游艇相向而行的时候，速度和等于他们在静水中的速度和，所以他们从出发到相遇的时间为 $\dfrac{27}{3.3+2.1}=5$ 小时，相遇又经过 4 小时甲艇到达乙艇的出发地，说明甲艇逆水行驶 27 千米需要 $5+4=9$ 小时，那么甲艇逆水行驶的速度为 $\dfrac{27}{9}=3$ 千米/小时，则水流速度为 $3.3-3=0.3$ 千米/小时.

［例 35］A．两船速度和：$v_甲+v_乙=90\div3=30$；两船速度差：$v_甲-v_乙=90\div15=6$. 解得 $v_甲=18$.

［例 36］D．设水速为 $v_水$，船速为 $v_船$，起航后 t 分钟木板丢失. 从木板掉水到船员发现，用了 $50-t$ 分钟，此时木板走了 $(50-t)v_水$ 的距离，船反方向走了 $(50-t)(v_船-v_水)$.
从 8:50 开始追，用了半小时追上，则有关系 $(v_船+v_水)\times30=(50-t)(v_船-v_水)+(50-t)v_水+30v_水$，解得 $t=20$，即 8:20 时木板落水.

［技巧］可将水速看作零，即水是静止的，那么木板落入水中，原地不动. 从 8:50 到 9:20 追上木板，用了 30 分钟，那么说明木板是 30 分钟前落入水中的，即 8:20.

[点睛] 此题的关键是找木板所漂流的时间、速度，船反方向所走时间，船追及时间，船在不同时间段内的速度等量之间的关系．当然，也可假定水速为零，寻找到解题的捷径．

[例 37] D．通讯员由队首跑到队尾时，相向运动，所用时间为$\frac{800}{240+80}$；通讯员由队尾回到队首，同向运动，所用时间为$\frac{800}{240-80}$，故共用时间$\frac{800}{320}+\frac{800}{160}+1=8.5$．

[点睛] 本题可以将队伍看作参照物，用相对速度求解．记住规律，相向运动的相对速度为两个速度之和，同向运动的相对速度为两个速度之差．

[陷阱] 此题容易把传达命令的 1 分钟丢掉，会误选 B．

[例 38] D．设火车的速度为 v，车长为 l，由于 3.6 千米/小时 = 1 米/秒，10.8 千米/小时 = 3 米/秒，则有$\begin{cases}\frac{l}{v-1}=22\\ \frac{l}{v-3}=26\end{cases}\Rightarrow l=286$．

[例 39] A．由于相向运动，相对速度是两列火车的速度和．坐在慢车上的人看快车行驶，路程为快车的长度，即相对速度为$\frac{160}{4}=40$米/秒，同理，坐在快车上的人看慢车行驶，路程为慢车的长度，所以快车上的人看见整列慢车驶过的时间是$\frac{120}{40}=3$秒．

[技巧] 根据生活常识，时间只与对方车长有关，与自身车长无关，故对方车长越短，所用的时间越少，所以时间应该小于 4 秒，选 A．

[点睛] 人看车驶过，其速度是快车和慢车的相对速度．不管是在快车上的人，还是在慢车上的人，相对速度不变．

[扩展] 如果本题将“相向”改为“同向”，答案还是 3 秒，可以思考为什么（因为两物体运动，无论同向还是相向，相对速度是固定的）．

[例 40] E．因为每 12 分钟就有一辆公共汽车超过小明，所以，12 分钟公共汽车比小明多走了一个两车之间的间隔；每 8 分钟就又遇到迎面开来的一辆车，说明 8 分钟小明和公共汽车共走了一个两车之间的间隔．所以可以假设公共汽车两车之间的间隔为一个特定的数值 x．

$$\begin{cases}\frac{x}{v_{车}-v_{人}}=12\\ \frac{x}{v_{车}+v_{人}}=8\end{cases}\Rightarrow\begin{cases}v_{车}=\frac{5x}{48}\\ v_{人}=\frac{x}{48}\end{cases}\Rightarrow 发车间隔\ t=\frac{x}{v_{车}}=9.6.$$

[评注] 由于本题中，公交车间隔 x 不影响答案，为了便于计算，可以取 x 特值分析，取 12 和 8 的最小公倍数 24 更简单．

[例 41] D．设火车车身长 l 米，速度为 v．则 $v=\frac{250+l}{10}=\frac{450+l}{15}\Rightarrow l=150$ 米，

所以 $v=\frac{250+150}{10}=40$ 米/秒，$t=\frac{1050+l}{v}=\frac{1050+150}{40}=30$ 秒．

[技巧] 相减比例法，设通过桥梁为 t 秒，则$\frac{450-250}{15-10}=\frac{1050-250}{t-10}\Rightarrow t=30$（相减的好处在于减去了车长）．

［例 42］A．由于两人同时同向跑步，当第二次追上乙时，甲比乙多跑两圈，故所用时间为 $800 \div (6-4) = 400$ 秒，故甲总共跑了 $6 \times 400 = 2400$ 米．

［扩展］如果改成两人反向跑步，又如何思考？答案为 480 米．

［例 43］A．如图 2－2，在出发的时候，甲、乙两人相距半个周长，根据路程差 ÷ 速度差 = 追及时间，就可求出甲第一次追上乙的时间．当甲追上乙后，两人就可以看作同时同地出发，同向而行．甲要追上乙，就要比乙多骑一圈 400 米，从而可求出甲第二次追上乙的时间．

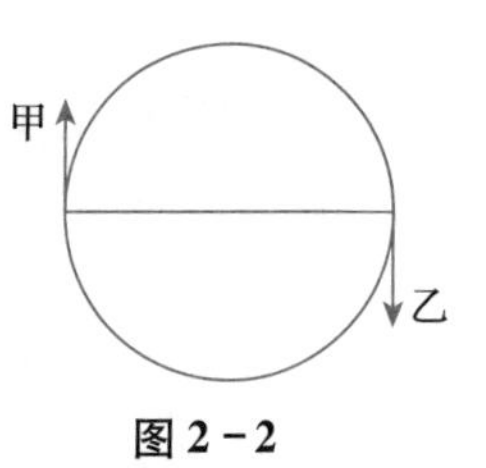

图 2－2

甲第一次追上乙的时间：$400 \div 2 \div (6-4) = 100$ 秒，

甲第二次追上乙的时间：$400 \div (6-4) = 200$ 秒，

一共所用的时间为 $100 + 200 = 300$ 秒．

［扩展］如果改成两人反向跑步，又如何思考？答案为 60 秒．

［例 44］B．设乙跑 x 圈，甲跑 y 圈，因为两人相遇时间是一样的，所以 $\frac{x \cdot 300}{4} = \frac{y \cdot 300}{6}$；得到 $\frac{y}{x} = \frac{3}{2}$；就是说乙跑 2 圈到起跑线，甲正好跑 3 圈也到起跑线，根据这个比例的关系，所以第二次在起跑线追上乙时，甲只要跑 6 圈就可以了．

［评注］本题与两人的运动方向无关，所以题目中并未提及是同向还是反向．

［例 45］D．AB 段的速度为 1 米/秒，是匀速运动，(1) 正确；BC 段速度由 1 米/秒提高到 3 米/秒，所以是加速运动，(2) 正确；AB 段的时间 $t = \frac{2}{1} = 2$ 秒，(3) 正确；CD 段的时间 $t = \frac{1}{3}$ 秒，(4) 错误．

［例 46］D．对于 $s-t$ 图像，直线的斜率 $\frac{s}{t}$ 表示速度 v，所以 $v_{甲} = \frac{8}{12} = \frac{2}{3}$，$v_{乙} = \frac{12}{6} = 2$，从而 $v_{甲} < v_{乙}$，AB 之间的距离为 $s = (v_{甲} + v_{乙}) \times 6 = \left(\frac{2}{3} + 2\right) \times 6 = 16$ 米．

［例 47］B．由题干的图可知，因为 A 的 s 不变，所以速度为 0，B 的路程 s 是 t 的一次函数，所以 B 是匀速运动．从而对应的 B 选项是正确的．

［例 48］C．对于 $s-t$ 图，斜率等于 s/t，表示运动速度，故由图像可以看出，物体在 CD 段的斜率绝对值最大，所以速度最大，故 A 错误；AB 段的斜率为零，即速度为零，所以 B 错误；CD 段物体离起点的路程减小，所以运动方向与开始相反，故 C 正确；OA 段行驶的路程应该是 15 千米，所以 D 错误；OA 段的路程应该等于 OB 段的路程，所以 E 错误．

［例 49］C．由于甲、乙都是斜率不为零的直线，所以都是匀变速运动，(1) 正确；两物体的交点只表示两者的速度相同，不确定是否相遇，所以 (2) 错误；在 $t = 2$ 秒之前，甲的图像高于乙的图像，所以甲的速度大于乙，但无法确定甲、乙的位置，所以 (3) 错误；甲的初速度为 3 米/秒，当 $t = 3$ 秒时，甲的速度为零，所以 (4) 正确．

［例 50］C．横、纵坐标分别为时间和速度，所以路程 72 即为梯形面积，上底为 0.6，下底为 1，高为 v_0，所以 $\frac{0.6+1}{2} v_0 = 72$，解得 $v_0 = 90$．

［点睛］对于速度与时间的坐标系，围成的图形面积表示路程．

［例 51］D. 甲、乙共同做了 6 天后，这件工作还剩 $1-6\times\frac{1}{30}=\frac{4}{5}$.

因此，乙的工作效率为 $\frac{4}{5}\div40=\frac{1}{50}$；则甲的工作效率为 $\frac{1}{30}-\frac{1}{50}=\frac{1}{75}$.

即这件工作由甲单独做需要 75 天.

［例 52］E. 必须先求出各人每小时的工作效率. 如果能把效率用整数表示，就会给计算带来方便，因此，我们设总工作量为 12、10 和 15 的某一公倍数，例如最小公倍数 60，则甲、乙、丙三人的工作效率分别是 $60\div12=5$，$60\div10=6$，$60\div15=4$.
因此余下的工作量由乙、丙合做还需要 $(60-5\times2)\div(6+4)=5$.

［例 53］A. 由题意得：甲队每个月能完成工程的 $\frac{1}{10}$，乙队每个月能完成工程的 $\frac{1}{15}$.

乙队调走前，甲、乙两队已经完成了工程的 $3\times\left(\frac{1}{10}+\frac{1}{15}\right)=\frac{1}{2}$.

乙队调回前，甲队完成了工程的 $2\times\frac{1}{10}=\frac{1}{5}$.

乙队调回后，还需 $\left(1-\frac{1}{2}-\frac{1}{5}\right)\div\left(\frac{1}{10}+\frac{1}{15}\right)=\frac{9}{5}$ 个月.

因此，前后共用了 $3+2+\frac{9}{5}=6\frac{4}{5}$ 个月完成此工程.

［例 54］A. 设完成任务时，用时 x 分钟. 则师傅完成 $\frac{x}{5}$ 个，徒弟完成 $\frac{x}{9}$ 个，即 $\frac{x}{5}+\frac{x}{9}=168$，解得 $x=540$，所以师傅完成 108 个，徒弟完成 60 个.

［例 55］D. 设总工作量为 1 份，则甲每小时完成 $\frac{1}{6}$ 份，乙每小时完成 $\frac{1}{8}$ 份，

甲比乙每小时多完成 $\left(\frac{1}{6}-\frac{1}{8}\right)$ 份，两人合做时每小时完成 $\left(\frac{1}{6}+\frac{1}{8}\right)$ 份.

因为两人合做需要 $\frac{1}{\frac{1}{6}+\frac{1}{8}}=\frac{24}{7}$ 小时，这个时间内，甲比乙多做 24 个零件，

所以每小时甲比乙多做 $24\div\frac{1}{\frac{1}{6}+\frac{1}{8}}=7$ 个零件.

则这批零件共有 $7\div\left(\frac{1}{6}-\frac{1}{8}\right)=168$ 个.

［例 56］C. 先求一个周期（每人工作一天）完成的工作量：$\frac{1}{4}+\frac{1}{5}+\frac{1}{6}=\frac{15+12+10}{60}=\frac{37}{60}>\frac{1}{2}$，故不到两个周期就可以完成工程，接下来逐一分析：

甲如果再做一天，还剩下 $1-\frac{37}{60}-\frac{1}{4}=\frac{8}{60}<\frac{1}{5}$；故最后乙收尾，乙还需要 $\frac{\frac{8}{60}}{\frac{1}{5}}=\frac{2}{3}$ 天.

所以得到甲做 2 天，乙做 $1\frac{2}{3}$ 天，丙做 1 天，共 $4\frac{2}{3}$ 天.

[例 57] C. 设计划每天铺 x 米，则实际每天铺 $(x+50)$ 米.

由题意得：$9x=7(x+50)\Rightarrow x=175$. 则输油管道的长度为 $175\times 9=1575$ 米.

[例 58] D. 设原来计划每天掘进 x 米，则根据题意可列方程：

$\frac{2400}{x}-50=\frac{400}{x}+\frac{2000}{x+2}$，解得 $x=8$，则 $\frac{2400}{x}=300$ 天.

[点睛] 考查工程问题，主要涉及效率的变化对工期的影响，其关键点在于求出效率变化前后所用工期的关系.

[例 59] D. 由题得到甲、乙、丙的效率分别为 $\frac{1}{5}$、$\frac{1}{30}$ 和 $\frac{1}{15}$.

甲管共开 $\dfrac{1-\left(\frac{1}{5}+\frac{1}{30}-\frac{1}{15}\right)\times 2}{\frac{1}{5}-\frac{1}{15}}+2=\dfrac{15-(6+1-2)}{3-1}+2=7$ 分钟.

[例 60] C. 设一个进水管的效率为 x，排水管的效率为 y.

由题意得：$\begin{cases}4\cdot 4\cdot x-4\cdot y=1\\3\cdot 8\cdot x-8\cdot y=1\end{cases}\Rightarrow\begin{cases}x=\frac{1}{8}\\y=\frac{1}{4}\end{cases}$.

若要 2 小时注满水，设至少打开 n 个进水管，则 $n\cdot 2\cdot\frac{1}{8}-2\cdot\frac{1}{4}=1$，得 $n=6$.

[例 61] A. 设甲、乙、丙单独完成各需的天数为 x，y，z，

则 $\begin{cases}\frac{1}{x}+\frac{1}{y}=\frac{1}{6}\\\frac{1}{y}+\frac{1}{z}=\frac{1}{10}\\\frac{1}{z}+\frac{1}{x}=\frac{1}{7.5}\end{cases}$，解得 $\begin{cases}x=10\\y=15\\z=30\end{cases}$. 再设每天付给甲、乙、丙三队的费用分别是 a，b，c，

则 $\begin{cases}6a+6b=8700\\10b+10c=9500\\7.5a+7.5c=8250\end{cases}$，解得 $\begin{cases}a=800\\b=650\\c=300\end{cases}$，则若要甲做，需付 $10\times 800=8000$ 元；若要乙做，需付 $15\times 650=9750$ 元；若要丙做，需付 $30\times 300=9000$ 元，所以用甲队公司付钱最少且工期不超过 15 天.

[例 62] A. 利用交叉法

优秀	90		6	
		81		$=\frac{2}{3}$
非优秀	75		9	

所以，非优秀职工的人数是 $50\times\frac{3}{5}=30$.

[例 63] A. 由于股票和基金的比例是固定的，利用交叉法得到股票和基金的比例：

10%		3%	
	8%		$=\frac{3}{2}$，说明股票占 $\frac{3}{5}$，基金占 $\frac{2}{5}$.
5%		2%	

第二次总投资额减少$\frac{3}{5}\times15\%+\frac{2}{5}\times10\%=13\%$，所以总投资额为$\frac{130}{13\%}=1000$万元.

[点睛] 根据股市和基金对总投资额的影响，采用交叉法得到两者的比例，再利用此比例求出总投资额.

[例 64] B. **方法一**：利用交叉法，设女同学平均成绩为 x.

$$\begin{array}{lcccc} \text{男} & \frac{x}{1.2} & & x-75 & 1.8 \\ & & \searrow\ \swarrow & & \\ & & 75 & & \\ & & \swarrow\ \searrow & & \\ \text{女} & x & & 75-\frac{x}{1.2} & 1 \end{array}$$

，解方程$\frac{x-75}{75-\frac{x}{1.2}}=\frac{1.8}{1}$，得 $x=84$.

方法二：可以根据总分列式. 设女生为 1 人，男生为 1.8 人，

$1\times x+1.8\times\frac{x}{1.2}=2.8\times75$，得 $x=84$.

[例 65] C. **方法一**：设总平均成绩是 x 分，甲组平均成绩为 $171.6\div(1+30\%)=132$ 环.

根据交叉法：

$$\begin{array}{lccc} \text{甲}:132 & & 171.6-x & 1.2 \\ & \searrow\ \swarrow & & \\ & x & & \\ & \swarrow\ \searrow & & \\ \text{乙}:171.6 & & x-132 & 1 \end{array}$$

即$\frac{171.6-x}{x-132}=\frac{1.2}{1}$，得 $x=150$.

方法二：甲组平均成绩是$\frac{171.6}{(1+30\%)}=132$ 环，设乙组有 1 人，则甲组有 1.2 人，所以总平均成绩是$\frac{132\times1.2+171.6\times1}{1.2+1}=150$ 环.

[点睛] 此题有两个量未知，一个是人数，一个是甲组的平均成绩，但人数对解题影响不是很大.

[注意] 乙比甲多 30% ≠ 甲比乙少 30%.

[例 66] E. 设蒸发掉水的质量为 x 千克，根据溶质不变，列方程：

$40\times12.5\%=(40-x)\times20\%$，得 $x=15$.

[点睛] 对于蒸发问题，只是溶剂减少，溶质不变，以不变的溶质作为等量关系求解.

[例 67] E. 利用交叉法，

$$\begin{array}{ccc} 30\% & & 4\% \\ & \searrow\ \swarrow & \\ & 24\% & \\ & \swarrow\ \searrow & \\ 20\% & & 6\% \end{array}$$

$=\frac{2}{3}$，所以甲为 200 克，乙为 300 克.

[例 68] B. 设容器的体积为 v 升.

则第一次倒出 1 升后溶液的溶质为 $0.9v-0.9\times1=0.9(v-1)$，此时浓度为$\frac{0.9(v-1)}{v}$.

第二次倒出 1 升后溶液的溶质为$\frac{0.9(v-1)}{v}\cdot(v-1)=\frac{0.9(v-1)^2}{v}$，此时溶液的浓度为$\frac{0.9(v-1)^2}{v^2}$，故$\frac{0.9(v-1)^2}{v^2}=0.4$，得 $v=3$ 或$\frac{3}{5}$（舍去）.

[技巧] 设体积为 v，根据公式法可得，$90\%\times\frac{v-1}{v}\times\frac{v-1}{v}=40\%$，解得 $v=3$. 或者使用比例法，

设每次倒出 1 升占总体的比例为 x，从而有 $90\% \times (1-x)^2=40\%$，解得 $x=\frac{1}{3}$. 故总体积为 3 升.

［例 69］A. 一瓶浓度为 20% 的消毒液倒出 $\frac{2}{5}$ 后，加满清水，说明溶液跟原来一样多，溶质减少了 $\frac{2}{5}$，故浓度为原来的 $\frac{3}{5}$，再操作一次，浓度又为上次的 $\frac{3}{5}$，故最后浓度变为 $20\% \times \frac{3}{5} \times \frac{3}{5}=7.2\%$.

［例 70］C. A 试管中：水为 10 克（浓度由 12% 变为 6%）；B 试管中：水为 20 克（浓度由 6% 变为 2%）；C 试管中：水为 30 克（浓度由 2% 变为 0.5%）.

［点睛］对于溶液配比问题，始终抓住浓度 $=\frac{\text{溶质}}{\text{溶液}}=\frac{\text{溶质}}{\text{溶质}+\text{溶剂}}$ 即可.

［例 71］B. **方法一**：设第一次从甲杯中倒入乙杯的酒精是 x 克，则 $\frac{x}{15+x}=25\%$，解得 $x=5$ 克，此时，乙杯中有混合溶液 $15+5=20$ 克，甲杯中有纯酒精 7 克.
设第二次从乙杯中倒入甲杯的混合溶液是 y 克，则 $\frac{25\% \cdot y+7}{7+y}=50\%$，解得 $y=14$ 克.
方法二：第一次甲倒入乙以后，乙的浓度就是 25%.
甲倒入乙的酒精为 $15 \div (1-25\%)-15=5$ 克，甲中剩余纯酒精为 $12-5=7$ 克.
第二次从乙倒入甲的溶液与甲中剩余 7 克纯酒精的比为 $(100-50):(50-25)=2:1$，
则第二次从乙倒入甲的溶液有 $7 \times 2=14$ 克.

［例 72］D. 设酒精溶液的质量为 m，由题意知一个瓶中酒精溶液的浓度为 $\frac{3}{4}$，另一个瓶中酒精溶液的浓度为 $\frac{4}{5}$，则混合液中酒精的含量为 $\frac{\frac{3}{4}m+\frac{4}{5}m}{m+m}=\frac{31}{40}$，故混合液酒精和水的质量之比是 31:9.

［例 73］D. 混合后甲容器中盐的质量为 $(120+480) \times 13\%=78$ 克.
混合前甲容器中盐的质量为 $120 \times 5\%=6$ 克.
则乙的 480 克盐水中盐的质量为 $78-6=72$ 克.
则乙容器中的盐水浓度为 $\frac{72}{480}=15\%$.

［例 74］D. 设原酒精溶液质量为 x，$x \times 40\%=(4+x) \times 30\% \Rightarrow x=12$. 现在总质量为 $12+4=16$ 千克，加入 M 千克纯酒精后，$16 \times 30\%+M=(16+M) \times 50\%$，得 $M=6.4$.

［例 75］C. 浓度 5% 的盐水 60 克与浓度 20% 的盐水 40 克混合在一起后，浓度为 $\frac{5\% \cdot 60+20\% \cdot 40}{100} \times 100\%=11\%$，倒掉 10 克，再加入 10 克的水后，盐水浓度为 $\frac{11\% \cdot 90}{100} \times 100\%=9.9\%$.

难点考向例题解析

[例 1] E. 如图 2－3，根据文氏图得到，参加计算机培训而未参加英语培训的人数是 $72-(65-8)=15$ 人.

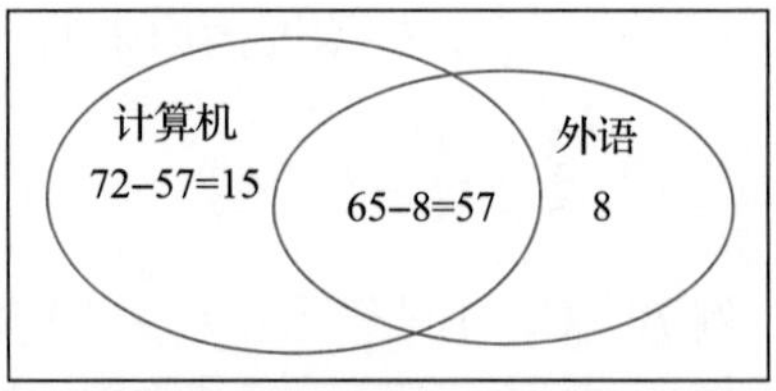

[点睛] 单位的 90 人可以分为四部分，只参加计算机培训的，只参加外语培训的，两个培训都参加的以及两个培训都没参加的.

图 2－3

[例 2] D. 先根据公式 $A\cup B=A+B-A\cap B=\Omega-\overline{A}\cap\overline{B}$，求出两个都参加的人数：

$$A\cup B=72+65-A\cap B=90-5\Rightarrow A\cap B=52.$$

再得到恰参加一项的人数为 $72+65-52\times 2=33$ 人.

[点睛] 单位的 90 人可以分为四部分，只参加计算机培训的，只参加外语培训的，两个培训都参加的以及两个培训都没参加的.

[例 3] D. 画文氏图，如图 2－4：

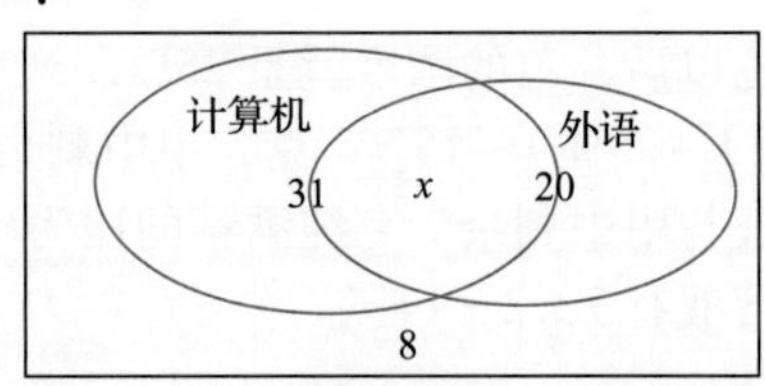

图 2－4

令同时参加两项考核的职工为 x 人，则有 $31+20-x=40-8$，可解得 $x=19$.

[例 4] B. **方法一**：设 $A=\{$数学小组的同学$\}$，$B=\{$语文小组的同学$\}$，$C=\{$外语小组的同学$\}$，$A\cap B=\{$参加数学、语文小组的同学$\}$，$A\cap C=\{$参加数学、外语小组的同学$\}$，$B\cap C=\{$参加语文、外语小组的同学$\}$，$A\cap B\cap C=\{$三个小组都参加的同学$\}$.

由题意知：$A=23$，$B=27$，$C=18$，$A\cap B=4$，$A\cap C=7$，$B\cap C=5$，$A\cap B\cap C=2$，

则 $A\cup B\cup C=A+B+C-A\cap B-A\cap C-B\cap C+A\cap B\cap C=23+27+18-(4+5+7)+2=54$ 人.

方法二：如图 2－5，利用图示法逐个填写各区域所表示的集合的元素个数，然后求出最后结果.

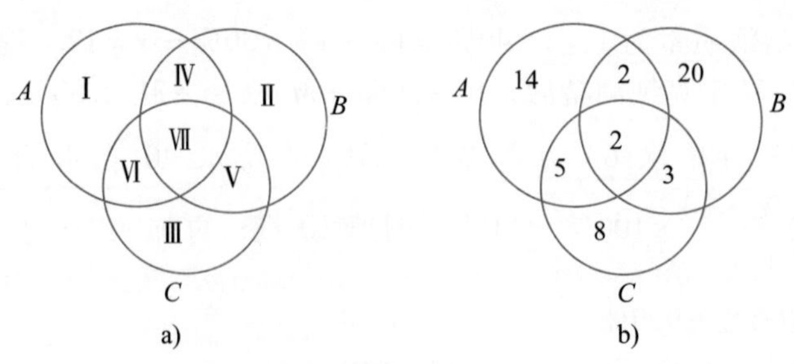

图 2－5

设 A，B，C 分别表示参加数学、语文、外语小组的同学的集合，其图分割成七个互不相交的区域，区域Ⅶ（即 $A\cap B\cap C$）表示三个小组都参加的同学的集合，由题意，

应填2. 区域Ⅳ表示仅参加数学与语文小组的同学的集合，其人数为$4-2=2$. 区域Ⅵ表示仅参加数学与外语小组的同学的集合，其人数为$7-2=5$. 区域Ⅴ表示仅参加语文、外语小组的同学的集合，其人数为$5-2=3$. 区域Ⅰ表示只参加数学小组的同学的集合，其人数为$23-2-2-5=14$. 同理可把区域Ⅱ、Ⅲ所表示的集合的人数逐个算出，分别填入相应的区域内，则参加课外小组的人数为$14+20+8+2+5+3+2=54$.

[例5] E. **方法一**：设$A=\{$喜欢看球赛的人$\}$，$B=\{$喜欢看戏剧的人$\}$，$C=\{$喜欢看电影的人$\}$，依题目的条件有$A\cup B\cup C=100$，$A\cap B=6+12=18$（这里加12是因为三种都喜欢的人当然喜欢其中的两种），$B\cap C=4+12=16$，$A\cap B\cap C=12$，再设$A\cap C=12+x$，则$A\cup B\cup C=A+B+C-A\cap B-A\cap C-B\cap C+A\cap B\cap C$，得$100=58+38+52-(18+16+x+12)+12$，解得$x=14$，故$52-12-4-14=22$. 所以只喜欢看电影的人数为22.

方法二：画三个圆圈使它们两两相交，彼此分成7部分（如图2-6），这三个圆圈分别表示三种不同爱好的同学的集合，由于三种都喜欢的有12人，把12填在三个圆圈的公共部分内（图中阴影部分），其他6部分填上题目中所给出的不同爱好的同学的人数（注意，有的部分的人数要经过简单的计算）. 其中设既喜欢看电影又喜欢看球赛（但不喜欢看戏剧）的人数为x，这样，全班同学人数就是这7部分人数的和，

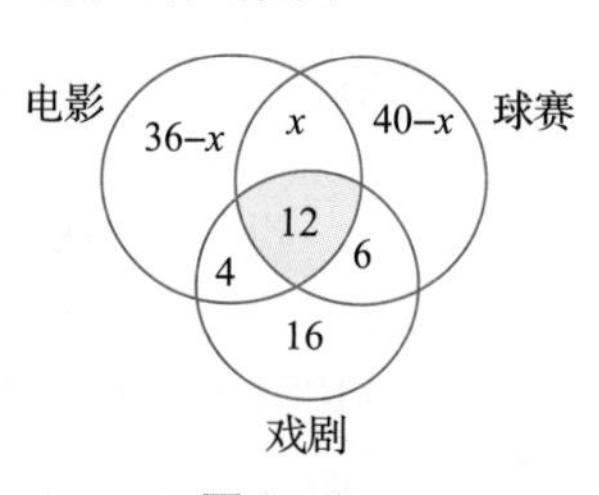

图2-6

即$16+4+6+(40-x)+(36-x)+x+12=100$，解得$x=14$，只喜欢看电影的人数为$36-14=22$.

[评注] 方法二没有用容斥原理公式，而是先分别计算出（未知部分设为x）各个部分的数目，然后把它们加起来等于总数，这就是下面要讲的“区域计数法”，它是利用图示的方法来解决有关问题，希望同学们能逐步掌握此类方法，它比直接用容斥原理公式更直观、更具体.

[例6] B. 恰有双证的人数为$\dfrac{130+110+90-140-30\times3}{2}=50$.

[例7] A. **方法一**：答对A的有x人(即A题被答对了x次，以此类推)，答对B的有y人，答对C的有z人. 可得出方程组：$x+y=29$，$x+z=25$，$y+z=20$. 解得：$x=17$，$y=12$，$z=8$.

那么被答对的题目总次数是$x+y+z=37$，已知1人答对3题，15人答对2题，则答对1题的人数为$37-(1\times3+15\times2)=4$，所以该班人数为$1+15+4=20$.

方法二：由题得$A+B+C=\dfrac{(A+B)+(B+C)+(A+C)}{2}=\dfrac{29+20+25}{2}=37$，

$A\cap B+B\cap C+A\cap C=15+1+1+1=18$，$A\cap B\cap C=1$，故代入公式

$A\cup B\cup C=A+B+C-(A\cap B+B\cap C+A\cap C)+A\cap B\cap C=37-18+1=20$.

[点睛] 方法一是从题目被答对的次数来分析，方法二主要套集合的公式求解. 应注意的是，$A\cap B+B\cap C+A\cap C$并不是15，因为$A\cap B$，$B\cap C$，$A\cap C$的区域都包括$A\cap B\cap C$.

[例8] D. 由题，先计算每段最多的提成：10000～15000最多提成$5000\times2.5\%=125$元；15000～20000最多提成$5000\times3\%=150$元；20000～30000最多提成$10000\times3.5\%=350$元，此时总和为$125+150+350=625$元，剩下的2500元是按照4%计算的，可以得到$2500\times4\%=100$元，因此提成为725元.

[例 9] E. 不超过 1500 元时，纳税最多为 $1500\times3\%=45$，超过 1500 元至 4500 元部分，纳税最多为 $(4500-1500)\times10\%=300$，超过 4500 元至 9000 元的部分，纳税最多为 $(9000-4500)\times20\%=900$，此时所有税加起来为 $45+300+900=1245>1045$，所以她最后以 20% 税率缴税的部分应为 $(1045-45-300)\div20\%=3500$，即她当月工资为 $3500+4500+3500=11500$ 元.

[例 10] A. 用电量为 210 度时，需要交纳 $210\times0.5=105$ 元.
用电量为 350 度时，需要交纳 $210\times0.5+(350-210)\times(0.5+0.1)=189$ 元，
故可得小华家 5 月份的用电量在第二档.
设小华家 5 月份的用电量为 x 度，
则 $210\times0.5+(x-210)\times(0.5+0.1)=135\Rightarrow x=260$.

[例 11] C. 设该同学做对了 x 题，做错了 y 题，所以有 $8x-5y=13\Rightarrow8x=13+5y$，由于 $8x$ 为偶数，13 为奇数，故 y 为奇数，又 $x+y<20$，讨论可得 $\begin{cases}x=6\\y=7\end{cases}$，则没做的题有 $20-6-7=7$.

[例 12] A. 设捐款 100 元的有 x 人，500 元的有 y 人，2000 元的有 z 人.
$\begin{cases}x+y+z=100\\100x+500y+2000z=19000\end{cases}\Rightarrow\begin{cases}x+y+z=100\\x+5y+20z=190\end{cases}\Rightarrow4y+19z=90$，
由于 $4y$ 和 90 都为偶数，故 z 为偶数，讨论可得 $\begin{cases}y=13\\z=2\end{cases}$.

[例 13] D. $\dfrac{1}{m}+\dfrac{3}{n}=1\Rightarrow3m+n=mn\Rightarrow(m-1)(n-3)=3\Rightarrow\begin{cases}m-1=1\\n-3=3\end{cases}$ 或 $\begin{cases}m-1=3\\n-3=1\end{cases}$
$\Rightarrow\begin{cases}m=2\\n=6\end{cases}$ 或 $\begin{cases}m=4\\n=4\end{cases}\Rightarrow m+n=8$.

[点睛] 本题的核心是因式分解，记住分解公式 $xy+ax+by+ab=(x+b)(y+a)$，此外根据正整数结合不定方程来讨论.

[例 14] C. 因为完全平方数较多，两条件明显单独不充分，联合分析.
设小明的年龄为 m^2，20 年后小明的年龄是 n^2，得到 $n^2=m^2+20$，
整理后得到：$(n+m)(n-m)=20$，所以 $\begin{cases}n+m=10\\n-m=2\end{cases}\Rightarrow\begin{cases}n=6\\m=4\end{cases}$，
故小明的年龄为 16. 两个条件联合充分.

[点睛] 本题考查完全平方数的概念，根据表达式转化为不定方程来分析讨论.

[例 15] B. 设甲、乙、丙三个班的人数分别为 x，y，z.
则三个班的总分为 $80x+81y+81.5z=6952$，将系数调整得到

$$\begin{cases}80x+80y+80z<6952\\81.5x+81.5y+81.5z>6952\end{cases}\Rightarrow\begin{cases}x+y+z<\dfrac{6952}{80}\\x+y+z>\dfrac{6952}{81.5}\end{cases}\Rightarrow85.3<x+y+z<86.9,$$

所以三个班共有 86 人.

[例 16] **B.** 设公司在甲电视台和乙电视台做广告的时间分别为 x 分钟和 y 分钟，总收益为 z 元，

由题意得 $\begin{cases} x+y\leqslant 300 \\ 500x+200y\leqslant 90000, \\ x\geqslant 0,\ y\geqslant 0 \end{cases}$

目标函数为 $z=3000x+2000y$.

二元一次不等式组等价于 $\begin{cases} x+y\leqslant 300 \\ 5x+2y\leqslant 900, \\ x\geqslant 0,\ y\geqslant 0 \end{cases}$

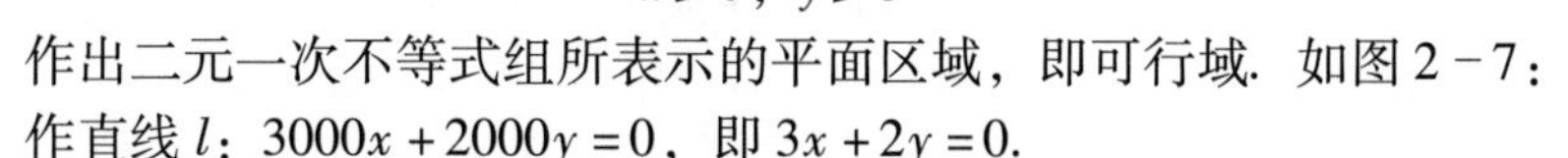

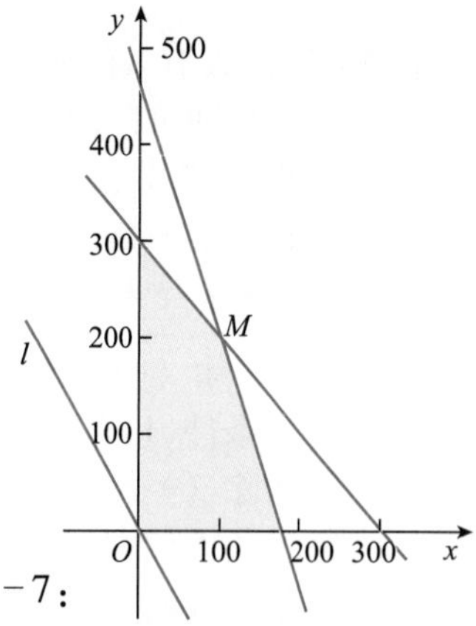

作出二元一次不等式组所表示的平面区域，即可行域. 如图 2－7：

作直线 l：$3000x+2000y=0$，即 $3x+2y=0$.

图 2－7

平移直线 l，从图中可知，当直线 l 过 M 点时，目标函数取得最大值.

联立 $\begin{cases} x+y=300 \\ 5x+2y=900 \end{cases}$，　解得 $x=100$，$y=200$.

故点 M 的坐标为(100，200). $z_{max}=3000x+2000y=700000$（元）. 即该公司在甲电视台做 100 分钟广告，在乙电视台做 200 分钟广告，公司的收益最大，最大收益是 70 万元.

[例 17] **D.** 设生产甲产品 x 吨，生产乙产品 y 吨，总利润为 z，则有关系：

	A 原料	B 原料
甲产品 x 吨	$3x$	$2x$
乙产品 y 吨	y	$3y$

则 $\begin{cases} x>0 \\ y>0 \\ 3x+y\leqslant 13 \\ 2x+3y\leqslant 18 \end{cases}$.

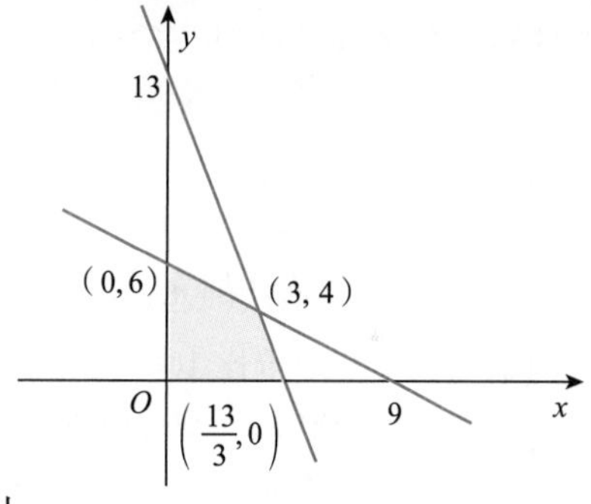

图 2－8

目标函数 $z=5x+3y$，作出可行域后（如图 2－8）求出可行域边界上各端点的坐标，经验证知：

当 $x=3$，$y=4$ 时可获得最大利润为 27 万元.

[例 18] **B.** 设甲车 x 辆，乙车 y 辆，由题意可得：

$\begin{cases} 40x+20y\geqslant 180 \\ 10x+20y\geqslant 110 \end{cases}\Rightarrow\begin{cases} 2x+y\geqslant 9 \\ x+2y\geqslant 11 \end{cases}$，解得两直线交点为 $\left(\frac{7}{3},\ \frac{13}{3}\right)$，

此时讨论 $x=2$ 或 3，当 $x=2$ 时，满足上述两个不等式的 $y=5$，

当 $x=3$ 时，满足上述两个不等式的 $y=4$，然后再代入所求费用表达式进行比较得到：当甲 2 辆，乙 5 辆的时候费用最少，费用为 2600 元.

[例 19] **E.** 设 A，B 两种车各用 x，y 辆，花费总金额 $z=1600x+2400y$，求 z 的最小值.

由题，约束条件为 $\begin{cases} 36x+60y\geqslant 900 \\ x\geqslant y \end{cases}\Rightarrow\begin{cases} 3x+5y\geqslant 75 \\ x\geqslant y \end{cases}$，解得两直线交点为 $\left(\frac{75}{8},\ \frac{75}{8}\right)$，

此时讨论 $x=9$ 或 10，当 $x=9$ 时，满足上述两个不等式的 y 不存在，当 $x=10$ 时，满足上述两个不等式的 $y=9$ 或 10，然后再代入所求费用表达式进行比较得到：当 $x=10$，$y=9$ 时，z 可取最小值，$z=37600$.

［例 20］E. 设五人的成绩为 $A>B>C>D>E$，为让 E 选手得分最多，则让其他四名选手得分最少即可，设 E 选手最多 x 分，则 D 选手最少 $x+1$ 分，C 选手最少 $x+2$ 分，B 选手最少 $x+3$ 分，A 选手为 90 分，从而有 $x+x+1+x+2+x+3+90=404$，解得 $x=77$ 分.

［扩展］如果解得 x 不是整数，又如何思考？比如 $x=77.8$ 时，x 仍然取 77 分.
本题若改为得分最少的选手至少得多少分？那么答案为 $404-90-89-88-87=50$ 分.

［例 21］D. 除（一）班外，只要其他 7 个班不及格人数至多 20 人就充分.
由条件(1)可得，不及格人数（二）班最多 3 人，（三）班最多 2 人，其他班最多 3 人，故除（一）班外，其他 7 个班最多 20 人，故（一）班至少 1 人不及格.
由条件(2)，除（一）班外，其他 7 个班最多 20 人不及格，故（一）班至少 1 人不及格. 故两个条件均充分.

［例 22］D. 由题干三种水果的平均价格为 10 元/千克，得到三种水果的价格之和为 30 元/千克. 由条件(1)，最低为 6，则其他两种价格和为 24，若其中一种水果也为 6，则另一种价格为最高价 $24-6=18$，条件(1)充分.
由条件(2)，设三种水果价格分别为 x，y，z，则有 $x+y+z=30$；$x+y+2z=42$，两式相减得到，$z=12$，$x+y=18$，显然不会超过 18，条件(2)也充分.

［例 23］E. 共答对 $81+91+85+79+74=410$，根据最少原则，应考虑尽量多的人只答对 2 题. 100 人每人答对 2 题剩余 $410-200=210$，余下 210 题由 70 人每人答对 3 题，答案是 70.

［评注］本题先假设 100 个人每个人都答对 2 题，然后将多出来的题数分给答对 3 题的人，这样就可以求出合格的至少有多少人了.

［例 24］D. 设一等奖、二等奖、三等奖的人数分别为 x，y，z 人，则根据题干有 $1.5x+y+0.5z=(x+y+z)+0.5(x-z)=100$，若该单位人数 $x+y+z\geqslant 100$ 人，则要求 $x-z\leqslant 0$，从而两个条件都充分.

［例 25］B. 设定价比 100 元高 x 元，利润为 y 元，则根据题意，利润为
$y=(100+x-90)(500-10x)=10(10+x)(50-x)=-10[(x-20)^2-400-500]$，
即 $x=20$ 时利润最大，定价为 120 元.

［点睛］利润 = 单个获利 × 销量，根据常识，单个获利和销量这两个因素一般是矛盾的，即单个获利大（定价高），销量就会少；单个获利小，销量就会大（薄利多销）.

［例 26］C. 平均成本为：$\overline{C}=\frac{C}{x}=\frac{25000}{x}+\frac{1}{40}x+200\geqslant 2\sqrt{\frac{25000}{x}\cdot\frac{1}{40}x}+200=250$，当 $\frac{25000}{x}=\frac{1}{40}x$ 时，即 $x=1000$ 时，平均成本最小.

［例 27］B. 设每 n 天购买一次原料，总费用包含购买费用、保管费（每天都有保管费）、运费.

$$\text{总费用}=6n\times 1800+6\times 3[n+(n-1)+\cdots+1]+900=6\times 1800n+18\times\frac{n(n+1)}{2}+900$$

$$\text{平均每天费用}=\frac{6\times 1800n+18\times\frac{n(n+1)}{2}+900}{n}=6\times 1800+9+9n+\frac{900}{n}$$

根据平均值定理，当 $9n=\frac{900}{n}$，即 $n=10$ 时，总费用最少.

［点睛］对于经济生产和安排问题，一般要列出函数表达式，通过解最值来解决问题. 对于此题，总费用 $=6n\times 1800+6\times 3[(n-1)+\cdots+1]+900=6\times 1800n+18\times\frac{n(n-1)}{2}+900$，也可

以，并不影响结果．本题根据平均值定理的“乘积为定值，和有最小值”的结论求解．

［例 28］D．只有在 40 和 60 最小公倍数的倍数处，坑才是重叠的，也就是说此处不需要重新挖坑．40 和 60 的最小公倍数为 120，那么重复的坑有$\frac{3600}{120}+1=31$ 个．对于原来间隔 40 米，有$\frac{3600}{40}+1=91$ 个坑，以后改为间隔 60 米，有$\frac{3600}{60}+1=61$ 个坑．需要重挖的坑，也就是不重复的坑的个数为改后需要的坑减去重复的坑，即 $61-31=30$．要填的坑为原来挖的坑减去重复的坑，即 $91-31=60$．

［例 29］C．先求出三角形周长：$156+186+234=576$．所以共种 $\frac{576}{6}=96$ 棵．

［例 30］D．根据题意可知，将正方形土地分割为四块小的正方形土地后，共有 9 个顶点，12 条边，则种树总数可表示为 $12n+9$（n 为四块小正方形土地每边所种植的果树棵树，其取值为 $n=0$，1，2，…），当 $n=4$ 时，种树总数为 57，最接近 60，故至少多买了 3 棵树．

［例 31］B．① 母亲比女儿的年龄大 $37-7=30$ 岁．
② $30\div(4-1)-7=3$ 年，故 3 年后母亲的年龄是女儿的 4 倍．

［例 32］E．今年父子的年龄和应该比 3 年前增加（3×2）岁，今年二人的年龄和为 $49+3\times2=55$ 岁，把今年儿子的年龄作为 1 倍量，则今年父子年龄和相当于（$4+1$）倍，因此，今年儿子的年龄为 $55\div(4+1)=11$ 岁，今年父亲的年龄为 $11\times4=44$ 岁．

［例 33］D．这里涉及三个年份：过去某一年、今年、将来某一年．列表分析：

	过去某一年	今年	将来某一年
甲	□岁	△岁	61 岁
乙	4 岁	□岁	△岁

表中两个“□”表示同一个数，两个“△”表示同一个数．
因为两个人的年龄差总相等：□ − 4 = △ − □ = 61 − △，也就是 4，□，△，61 成等差数列，所以，61 应该比 4 大 3 个年龄差，因此二人年龄差为（$61-4$）$\div3=19$ 岁，甲今年的岁数为△ $=61-19=42$ 岁．

［例 34］A．假设 35 只全为兔，则鸡数 $=(4\times35-94)\div(4-2)=23$ 只．
兔数 $=35-23=12$ 只．$23-12=11$ 只．
也可以先假设 35 只全为鸡，则兔数 $=(94-2\times35)\div(4-2)=12$ 只，
鸡数 $=35-12=23$ 只．

［例 35］C．此题实际上是改头换面的“鸡兔同笼”问题．“每亩菠菜施肥（$1\div2$）千克”与“每只鸡有 2 只脚”相对应，“每亩白菜施肥（$3\div5$）千克”与“每只兔有 4 只脚”相对应，“16 亩”与“鸡兔总数”相对应，“9 千克”与“鸡兔总脚数”相对应．假设 16 亩全都是菠菜，则有白菜亩数 $=(9-1\div2\times16)\div(3\div5-1\div2)=10$ 亩．

［例 36］E．此题可以变通为“鸡兔同笼”问题．假设 45 本全都是日记本，则有作业本数 $=(69-0.7\times45)\div(3.2-0.7)=15$ 本．日记本数 $=45-15=30$ 本．

［例 37］D．假设全为大和尚，则共吃馍（3×100）个，比实际多吃（$3\times100-100$）个，这是因为把小和尚也算成了大和尚，因此我们在保证和尚总数 100 不变的情况下，以“小”

换“大”，一个小和尚换掉一个大和尚可减少馍$\left(3-\frac{1}{3}\right)$个.

因此，共有小和尚$(3\times100-100)\div\left(3-\frac{1}{3}\right)=75$人.

［例 38］ E. 假设 100 只全都是鸡，则有兔数$=(2\times100-80)\div(4+2)=20$只.
鸡数$=100-20=80$只，$80-20=60$只.

基础自测题解析

一、问题求解题

1. D. $(1-20\%)(1-25\%)(1-40\%)=0.8\times\frac{3}{4}\times0.6=0.36$，总零件有$\frac{3600}{36\%}=10000$个.
2. E. 先求最小公倍数［5，6］=30，则道路长为$30\times(5-1)=120$(米).
3. B. 求出最小公倍数［45，60］=180，道路的长度为$45\times52=2340$(米)，所以除两端的两根不需要移动外，不需移动的为$2340\div180-1=12$(根)(减 1 的原因是除两端的两根不需要移动外).
4. B. 最小公倍数［54，72］=216，两人重合的脚印个数为$60\div(216\div54+216\div72-1)=10$，所以周长为$216\times10=2160$(厘米).
5. D. 不能用$(15+30)\div2$来计算平均速度，因为往返的时间不相等. 只能用“总路程除以往返总时间”的方法求平均速度. 设甲乙两地全长为 1，则去时所用时间为$\frac{1}{15}$，返回时间为$\frac{1}{30}$；所以，往返的平均速度是$\frac{1+1}{\frac{1}{15}+\frac{1}{30}}=20$(千米/小时).
6. E. 设王老师步行的速度为x千米/小时，则骑自行车的速度为$3x$千米/小时；得$\frac{3+3+0.5}{3x}-\frac{0.5}{x}=\frac{20}{60}$，解得$x=5$，王老师步行的速度及骑自行车的速度分别为 5 千米/小时和 15 千米/小时.
7. C. 5 年后母女俩年龄共$35+10=45$，5 年后母亲的年龄为$45\times\frac{4}{5}=36$岁. 即现在母亲年龄为 31 岁，女儿年龄为 4 岁，从而选 C.
8. C. 首先求出 30 与 25 的最小公倍数为 150，则有$\frac{1200}{150}+1=9$.
9. C. 设预计的速度是x，结果是按$\frac{6}{5}x$的速度行军的，那么有$\frac{60}{x}=\frac{60}{\frac{6}{5}x}+1$，解得$x=10$，所以后来的速度是$\frac{6}{5}x=12$(千米/小时).
10. C. 设第五次提速后的速度为x，则第六次提速后的速度为$(1+20\%)x=1.2x$，则根据题意列方程得$\frac{2208}{x}=\frac{2208}{1.2x}+2$，解得$x=184$，所以第六次提速后的速度是 220.8 千米/小时.

11. **C.** **方法一**：由题可以得到甲和乙的工作效率分别为$\frac{1}{9}$和$\frac{1}{6}$，则乙需要的天数为$\left(1-3\times\frac{1}{9}\right)\Big/\frac{1}{6}=4$，故乙需要做 4 天可完成全部工作.

方法二：9 与 6 的最小公倍数是 18．设全部工作量是 18 份．甲每天完成 2 份，乙每天完成 3 份．乙完成余下工作所需时间是$(18-2\times3)\div3=4$(天).

方法三：甲与乙的工作效率之比是 6:9 = 2:3．甲做了 3 天，相当于乙做了 2 天．乙完成余下工作所需时间是$6-2=4$(天).

12. **D.** 共做了 6 天后，原来，甲做 24 天，乙做 24 天；现在，甲做 0 天，乙做$40=(24+16)$天．这说明原来甲 24 天做的工作，可由乙做 16 天来代替．因此甲乙的工作效率之比为2:3；如果乙独做，所需时间是 50 天，如果甲独做，所需时间是 75 天，故相差 25 天.

13. **A.** 先对比如下：甲做 63 天，乙做 28 天；甲做 48 天，乙做 48 天．就知道甲少做$63-48=15$(天)，乙要多做$48-28=20$(天)，由此得出甲 3 天相当于乙 4 天．所以甲先单独做 42 天，比 63 天少做了$63-42=21$(天)，相当于乙要做，因此乙还要做$28+28=56$(天).

14. **C.** **方法一**：设全部工作量为 30 份．甲每天完成 3 份，乙每天完成 1 份．在甲队单独做 8 天，乙队单独做 2 天之后，还需两队合作$(30-3\times8-1\times2)\div(3+1)=1$(天)．所以总共需要的天数是$2+8+1=11$.

方法二：甲队做 1 天相当于乙队做 3 天．在甲队单独做 8 天后，还余下(甲队)$10-8=2$(天)工作量．相当于乙队要做$2\times3=6$(天)．乙队单独做 2 天后，还余下(乙队)$6-2=4$(天)工作量．剩余的两队只需再合作 1 天即可，所以总共需要的天数是$8+2+1=11$(天).

15. **A.** **方法一**：如果 16 天两队都不休息，可以完成的工作量是$16\left(\frac{1}{20}+\frac{1}{30}\right)=\frac{4}{3}$，

由于两队休息期间未做的工作量是$\frac{4}{3}-1=\frac{1}{3}$，甲休息了 3 天，故乙队休息期间未做的工作量是$\frac{1}{3}-\frac{3}{20}=\frac{11}{60}$，从而得到乙队休息的天数是$\frac{11}{60}\div\frac{1}{30}=5.5$.

方法二：设全部工作量为 60 份．甲每天完成 3 份，乙每天完成 2 份．两队休息期间未做的工作量是$(3+2)\times16-60=20$(份)．因此乙休息天数是$(20-3\times3)\div2=5.5$.

方法三：甲队做 2 天，相当于乙队做 3 天．甲队休息 3 天，相当于乙队休息 4.5 天．如果甲队 16 天都不休息，只余下甲队 4 天工作量，相当于乙队 6 天工作量，乙休息天数是$16-6-4.5=5.5$.

16. **A.** 很明显，李做甲工作的工作效率高，张做乙工作的工作效率高．因此让李先做甲，张先做乙．设乙的工作量为 60 份(15 与 20 的最小公倍数)，张每天完成 4 份，李每天完成 3 份．8 天，李就能完成甲工作．此时张还余下乙工作$(60-4\times8)$份．由张、李合作需要$(60-4\times8)\div(4+3)=4$(天)．从而总共需要$8+4=12$(天).

17. **D.** **方法一**：设甲用了 x 天，乙用了 $3x$ 天，丙用了 $6x$ 天.

由题可得$\frac{1}{12}x+\frac{1}{18}\cdot3x+\frac{1}{24}\cdot6x=1\Rightarrow x=2$，所以总共用了$2+6+12=20$(天).

方法二：可设总工作量为 72 份(12，18，24 的最小公倍数)，甲每天做 6 份，乙每天做 4 份，丙每天做 3 份．如果甲做 1 天，乙就做 3 天，丙就做$3\times2=6$(天)．此时完成了$6+12+18=36$(份)，相当于一半工作量；从而说明甲做了 2 天，乙做了$2\times3=6$(天)，丙做了$2\times6=12$(天)，三人一共做了$2+6+12=20$(天).

[评注] 本题整数化会带来计算上的方便．12，18，24 这三个数易求出它们的最小公倍数为 72．故可设全部工作量为 72．

18. C. 变化前溶剂的质量为 $600\times(1-7\%)=558$（克），变化后溶液的质量为 $558\div(1-10\%)=620$（克），于是，需加盐 $620-600=20$（克）．

19. E. 将配制后的溶液看成两部分，一部分为 100 千克，相当于原来 50% 的硫酸溶液 100 千克变化而来，另一部分为其余溶液，相当于由添加的 5% 的溶液变化而来．100 千克 50% 的溶液比 100 千克 25% 的溶液多含溶质：$100\times(50\%-25\%)=25$（千克）．溶质的质量不变，故这 25 千克溶质加到 5% 的溶液中使得浓度由 5% 变为 25%，当然，这 25 千克溶质只是"换取"了 5% 溶液中 25 千克的溶剂．由此可得添加 5% 的溶液：$25\div(25\%-5\%)=125$（千克）．

20. C. 要求混合后的溶液浓度，需要知道混合后溶液的总质量及所含纯酒精的质量．$(500\times70\%+300\times50\%)\div(500+300)=62.5\%$．

21. C. 将水果看成"溶液"，其中的水看成"溶质"，果看成"溶剂"，含水量看成"浓度"．变化前"溶剂"的质量为 $400\times(1-90\%)=40$（千克），变化后"溶液"的质量为 $40\div(1-80\%)=200$（千克）．

22. D. 假设原有清水质量为 x 克，根据题意列方程：$(10+200\times5\%)\div(x+10+200)=2.5\%$，解得 $x=590$．

23. A. 设甲硫酸的浓度为 x，乙硫酸的浓度为 y，则 $300x+250y=(300+250+200)\times50\%$ 和 $200x+150y+200=(200+150+200)\times80\%$，解得 $x=75\%$，$y=60\%$．

二、条件充分性判断题

1. E. 根据条件(1)可推知甲数与丙数之比为 16:21，但因为不知道数的正负，所以并不能确定两数的大小关系（可举反例）．同理，条件(2)也不充分．

2. D. 设这个桶的容量为 a 杯，则桶中的沙子为 $\frac{3}{4}a$，根据条件(1)可得 $\frac{3}{4}a+1=\frac{7}{8}a\Rightarrow a=8$，从而可以求出桶中的沙子是 6 杯，所以条件(1)充分；根据条件(2)可得 $\frac{3}{4}a-2=\frac{1}{2}a\Rightarrow a=8$，从而可以求出桶中的沙子是 6 杯，所以条件(2)也充分．

3. C. 根据增加比例和增加的绝对数额可以求出增加之前的薪水，再加上 40 即是目前的薪水．

4. B. 设币值为 a $(a\neq0)$，由条件(1) $a(1-10\%)(1+10\%)=0.99a$，由条件(2) $a(1-20\%)\cdot(1+25\%)=a$．

5. E. 可先求出当爸爸年龄是小明年龄的 3 倍时，小明的年龄是多少岁：$(5\times7-5)\div(3-1)=15$（岁），故再过 10 年，爸爸的年龄是小明年龄的 3 倍．

6. C. 设获得冰淇淋的客人数为 x，获得水果沙拉的客人数为 y，根据条件(1)可得 $60\%(x+y)=x$，根据条件(2)可得 $x+y=120$，所以，只有两个条件联立才能求出各自的值．这种题一般是不用解出来的，两个未知数，两个方程就可以说明问题了．

7. C. 由条件(1)并不能得出结论，由条件(2)也不能，但是由条件(1)和条件(2)联立可知上涨前的价格为 6.5 元，上涨了 0.5 元，所以百分比也是可以求出的．

8. D. 设赵宏的打字速度为每小时 x 字，由条件(1)可得到 $\frac{1}{2}x+x=9000$，由条件(2)可得 $3000+x=9000$，所以两个条件都是充分的．

9. E. 条件(1)和条件(2)和题目都无关，所以都是不充分的．

10. D. 由条件(1)和条件(2)都能确定出放映的时间，所以两个条件都是充分的．

综合提高题解析

一、问题求解题

1. **A.** 设甲的年龄为 x，则乙、丙的年龄分别为 $2x$ 和$\frac{x}{3}$，所以丙的年龄为甲乙之和的$\frac{1}{9}$，所以丙出的钱应为$\frac{225}{9}=25$ 元，故物品的售价为 250 元.

2. **D.** 选 A 方案的人数为 $100\times\frac{3}{5}=60$；选 B 方案的人数为 $60+6=66$；设 A、B 都选的人数为 x，则 $66+60-x=100-\left(\frac{x}{3}+2\right)$，$x=42$；A、B 都不选者有 $42\times\frac{1}{3}+2=16$ 人.

3. **A.** 甲乙两人速度比为甲:乙 $=9:7$，无论在 A 点第几次相遇，甲乙两人均沿环路跑了若干整圈，又因为两人跑步的用时相同，所以两人所跑的圈数之比，就是两人速度之比，第一次甲于 A 点追及乙，甲跑 9 圈，乙跑 7 圈，第二次甲于 A 点追及乙，甲跑 18 圈，乙跑 14 圈.

4. **C.** 两人同时出发，无论第几次追及，两人用时相同，所距距离之差为 400 米的整数倍. 两人第一次追及，甲跑的距离:乙跑的距离 $=2200:1800$，乙离起点尚有 200 米，实际上偶数次追及于起点，奇数次追及位置在中点(即离 A 点 200 米处).

5. **B.** 余下的工程，计划用 $8-2=6$ 天完成.

   现在的工作量为 $60\%=\frac{3}{5}$，一天的进度为$\frac{40\%}{2}=20\%=\frac{1}{5}$.

   需要天数为$\frac{\frac{3}{5}}{\frac{1}{5}}=3$，故可提前 $6-3=3$(天)完工.

6. **C.** 设最低定价为 x 元，已知：$x\leqslant 21(1+20\%)$；$(x-21)(350-10x)\geqslant 400$；
   由以上分析可知：$x\leqslant 25.2$；$(x-25)(x-31)\leqslant 0$；所以 $x\leqslant 25.2$，同时 $25\leqslant x\leqslant 31$；
   故 $25\leqslant x\leqslant 25.2$，最低定价为 25 元.

7. **B.** 因为两对角线交叉处共用一块黑色瓷砖，所以正方形地板的一条对角线上共铺$\frac{101+1}{2}=51$ 块瓷砖，因此该地板的一条边上应铺 51 块瓷砖，则整个地板铺满时，共需要瓷砖总数为 $51\times 51=2601$，故需白色瓷砖为 $2601-101=2500$(块).

8. **E.** 整个比赛共有 20 分，A、B、C、D、E 可能得分结果是 6，6，4，2，2，故 C 队得 4 分.

9. **A.** 设若干年前，妹妹的年龄为 x 岁，则现在妹妹为 $2x$ 岁；姐姐在“若干年前”那一年的年龄也为 $2x$ 岁，则姐姐现在的年龄为 $3x$ 岁. 由 $2x+3x=55$，可知，$x=11$，所以今年姐姐的年龄是 $3\times 11=33$(岁). 故姐姐是 1961 年出生的.

10. **E.** 本题属于盈亏问题，提前 6 分钟和迟到 3 分钟所相差的距离，是由于每分钟相差 30 米而造成的；故 $(80\times 6+50\times 3)\div(80-50)=21$（分钟）；$80\times(21-6)=1200$(米)即小玲家到学校有 1200 米.

11. **B.** 设该商品原价为 a，$a-10\%a=90\%a$，设平均回升率为 x，则 $0.9a(1+x)^3=a$，解得 $x=\sqrt[3]{\frac{10}{9}}-1$，所以选 B.

12. **D**. 本题属于不定方程问题. 设考察队到生态区用了 x 天，回程用了 y 天，考察了 $(60-x-y)$天.
根据往返的路程相等得 $17x=25(y-1)+24\Rightarrow 25y=17x+1$,
由于 $25y$ 的个位为 0 或 5，从而 $17x$ 的个位为 9 或 4，得到 x 的个位为 7 或 2，
尝试 $x=17$，12，27，22，经检验：$x=22$，$y=15$ 成立，故考察了 $60-22-15=23$(天).
13. **C**. 由题，每小时发车 10 辆，到上午 9 时 01 分，共发车 31 辆(整点发了一辆). 到上午 9 时 01 分，共进车 23 辆. 故停车场内有 $15+23-31=7$(辆).
14. **B**. 因为两人合作天数要尽可能少，独做的应是工作效率较高的甲. 故设两人合作了 x 天，甲单独做了$(8-x)$天. 由题，所列方程如下$\frac{1}{10}(8-x)+\left(\frac{1}{10}+\frac{1}{15}\right)x=1\Rightarrow x=3$.
15. **B**. 丙 2 天的工作量，相当于乙 4 天的工作量. 丙的工作效率是乙的工作效率的 $4\div 2=2$(倍)，甲、乙合作 1 天，与乙做 4 天一样. 也就是甲做 1 天，相当于乙做 3 天，甲的工作效率是乙的工作效率的 3 倍. 他们共同做 13 天的工作量，由乙单独完成，乙需要 78 天.
[评注] 事实上，当算出甲、乙、丙三人工作效率之比是 3:1:2，就知甲做 1 天，相当于乙、丙合作 1 天，三人合作需 13 天，其中甲、丙两人完成的工作量，可转化为乙再做 65 天来完成.
16. **B**. 设这项工作的工作量是 1. 甲组每人每天能完成$\frac{1}{24}$；乙组每人每天能完成$\frac{1}{28}$，甲组 2 人和乙组 7 人每天能完成$\frac{1}{24}\times 2+\frac{1}{28}\times 7=\frac{1}{3}$，故合作 3 天能完成这项工作.
17. **D**. **方法一**：设总工作量为 1. 甲的效率为$\frac{1}{10}$，乙的效率为$\frac{1}{6}-\frac{1}{10}=\frac{1}{15}$；丙的效率为$\frac{1}{8}-\frac{1}{15}=\frac{7}{120}$. 甲每天比乙多完成$\frac{1}{10}-\frac{1}{15}=\frac{1}{30}$，因此这批零件的总数是 $2400\times 30=72000$(个)，丙车间制作的零件数目是 $72000\times\frac{7}{120}=4200$(个).
方法二：10 与 6 最小公倍数是 30. 设制作零件全部工作量为 30 份. 甲每天完成 3 份，甲、乙一起每天完成 5 份，由此得出乙每天完成 2 份. 乙、丙一起，8 天完成. 乙完成 $8\times 2=16$ 份，丙完成 $30-16=14$ 份，就知乙、丙工作效率之比是 16:14 = 8:7. 已知甲、乙工作效率之比是 3:2 = 12:8. 综合一起，甲、乙、丙三人工作效率之比是 12:8:7. 所以丙制作的零件个数是 $2400\div(12-8)\times 7=4200$.
18. **B**. 设搬运一个仓库的货物的工作量是 1. 现在相当于三人共同完成工作量 2. 解本题的关键是先算出三人共同搬运两个仓库的时间. 本题计算当然也可以整数化，设搬运一个仓库全部工作量为 60 份. 甲每小时搬运 6 份，乙每小时搬运 5 份，丙每小时搬运 4 份. 三人共同搬完，需要 $60\times 2\div(6+5+4)=8$(小时). 从而甲需丙帮助搬运$(60-6\times 8)\div 4=3$(小时).
19. **A**. 两个水管合作的效率为$\frac{1}{9}$，在第二种方式下，甲前 10 分钟的注水量为 $1-\frac{1}{9}\times 3=\frac{2}{3}$，从而得到甲每分钟注入水量是$\frac{2}{3}\div 10=\frac{1}{15}$，乙每分钟注入水量是$\frac{1}{9}-\frac{1}{15}=\frac{2}{45}$，因此水池容积是 $0.6\div\left(\frac{1}{15}-\frac{2}{45}\right)=27$(立方米).
20. **D**. 增开水管后，有原来 2 倍的水管，注水时间是预定时间的 $1-\frac{1}{3}=\frac{2}{3}$，$\frac{2}{3}$是$\frac{1}{3}$的 2 倍，因此增开水管后的这段时间的注水量，是前一段时间注水量的 4 倍. 设水池容量是 1，前后

两段时间的注水量之比为1:4，那么预定时间的$\frac{1}{3}$(即前一段时间)的注水量是$\frac{1}{5}$. 10 根水管同时打开，能按预定时间注满水，每根水管的注水量是$\frac{1}{10}$. 预定时间的$\frac{1}{3}$，每根水管的注水量是$\frac{1}{10}\times\frac{1}{3}=\frac{1}{30}$，要注满水池的$\frac{1}{5}$，需要水管$\frac{1}{5}\div\frac{1}{30}=6$(根).

21. **E**. 先求出一个周期(甲、乙、丙各工作 1 个小时)的工作量$\frac{1}{8}+\frac{1}{12}+\frac{1}{24}=\frac{1}{4}$，3 个周期后，剩余工作量为$\frac{5}{6}-\frac{3}{4}=\frac{1}{12}<\frac{1}{8}$. 从而得到甲再需$\frac{1}{12}\div\frac{1}{8}=\frac{2}{3}$小时就可以把水池注满. 因此总共需要$9\frac{2}{3}$小时，水开始溢出.

22. **B**. 先计算 1 个放水管每分钟放出水量. 2.5 小时比 1.5 小时多60 分钟，多流入水 $4\times60=240$(立方米). 时间都用分钟作单位，1 个放水管每分钟放水量是 $240\div(5\times150-8\times90)=8$(立方米)，8 个放水管一个半小时放出的水量是 $8\times8\times90$ 立方米，其中 90 分钟内流入水量是 4×90 立方米，因此原来水池中存有水 $8\times8\times90-4\times90=5400$(立方米). 打开 13 个放水管每分钟可以放出水 8×13 立方米，除去每分钟流入 4 立方米，其余将放出原存的水，放空原存的5400 立方米，需要 $5400\div(8\times13-4)=54$(分钟).

[评注] 水池中的水有两部分，原存的水与新流入的水，这就需要分开考虑. 解本题的关键是先求出池中原存有的水，这在题目中却是隐含着的.

23. **B**. 设一个入场口每分钟能进入的观众为 1 个计算单位.
从 9 点至 9 点 9 分进入观众是 3×9，从 9 点至 9 点 5 分进入观众是 5×5.
因为观众多来了 $9-5=4$(分钟)，所以每分钟来的观众是$(3\times9-5\times5)\div(9-5)=0.5$.
9 点前来的观众是 $5\times5-0.5\times5=22.5$. 这些观众来到需要 $22.5\div0.5=45$(分钟).
因此第一个观众到达时间是 8 点 15 分.

24. **E**. 设满水池的水量为 1. A 管每小时排出$\frac{1}{8}$，A 管 4 小时排出$\frac{1}{2}$. 由题打开 A，B 两管，4 小时可将水排空，故 B 管每小时排出$\frac{1}{8}$. 因此，B，C 两管齐开，每小时排水量是$\frac{1}{8}+\frac{1}{12}=\frac{5}{24}$，从而 B，C 两管齐开，排光满水池的水，所需时间是 4.8 小时.

25. **D**. 在浓度为30%的酒精溶液中，溶质质量与溶液质量的比为30∶100；在浓度为24%的酒精溶液中，溶质质量与溶液质量的比为24∶100. 注意到溶质的质量不变，且 30∶100 = 120∶400，24∶100 = 120∶500. 故若溶质的质量设为 120 份，则增加了 $500-400=100$(份)的水. 若再加同样多的水，则溶质质量与溶液质量的比变为 120∶(500 + 100)，于是，此时酒精溶液的浓度为 $120\div(500+100)\times100\%=20\%$，所以最后酒精溶液的浓度为20%.

26. **B**. 原来杯中含盐 $100\times80\%=80$(克)，第一次倒出盐 $40\times80\%=32$(克)，操作一次后，盐水浓度为$(80-32)\div100=48\%$. 第二次倒出盐 $40\times48\%=19.2$(克)，操作两次后，盐水浓度为$(80-32-19.2)\div100=28.8\%$，第三次倒出盐 $40\times28.8\%=11.52$(克)，操作三次后，盐水浓度为$(80-32-19.2-11.52)\div100=17.28\%$.

27. **D**. A 管 1 分钟里流出的盐水为 $4\times60=240$(克)，B 管 1 分钟里流出的盐水为 $6\times60=360$(克)，C 管在 1 分钟里共流了 $60\div(2+5)=8$(次)余4(秒)，在余下的 4 秒里前 2 秒关闭，后 2 秒打开，故 C 管共流出水 $10\times(5\times8+2)=420$(克)，从而混合后的溶液浓度为$(240\times20\%+360\times15\%)\div(240+360+420)=10\%$. 所以这时的混合溶液中含盐浓度为10%.

28. C. 设5分为x枚，2分为$(100-x)$枚，则有$5x+2(100-x)=410\Rightarrow x=70$，故5分硬币比2分硬币多$70-30=40$(枚).

29. C. 跳一次+滑一次=1米，4次的时候恰好在4米处，再跳2米即可，故需要5次.

30. B. 由题目可知，在相同时间里，李四所在的甲部门锯了7棵树，共锯了21次；张三锯了27段，属于乙部门，锯了9棵树，锯了18次；王五所在的丙部门锯了17棵树，锯了17次；因此选B.

31. A. 先求出1~100所有的自然数之和：$1+2+3+\cdots+100=\frac{1+100}{2}\times100=5050$，然后求出能被9整除的数之和：$9+18+\cdots+99=9(1+2+3+\cdots+11)=9\times\frac{1+11}{2}\times11=594$，则两者相减就表示不能被9整除的数之和：$5050-594=4456$.

32. B. 设4个数为a，$a+1$，$a+2$，$a+3$.
由题，$a+a+1+a+2+a+3=a(a+3)\Rightarrow a_1=3$，$a_2=-2$.
最大的数为$3+3=6$或$-2+3=1$. 故有两种情况.

二、条件充分性判断题

1. A. 设原来一等奖每人平均是a分，二等奖每人平均是b分. 则有$10a+20b=6\times(a+3)+24\times(b+1)$，即$a-b=10.5$. 也就是一等奖平均分比二等奖平均分多10.5分.

2. A. 如图2-9，当乙丙在D点相遇时，甲已行至C点. 可先求出乙、丙相遇的时间，也就是乙行走距离AD的时间. 乙每分钟比甲多走10米，多少分钟就多走了CD呢？而CD的距离，就是甲、丙2分钟共行的距离$(70+50)\times2=240$(米). 于是可知，乙行走AD的时间是$240\div10=24$(分钟). 所以，AB两地相距$(70+60)\times24=3120$(米).

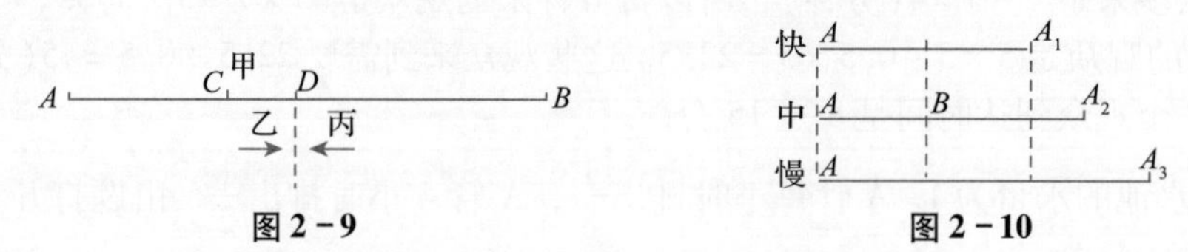

图2-9　　图2-10

3. B. 如图2-10，A点是三车的出发点，三车出发时骑车人在B点，A_1、A_2、A_3分别为三车追上骑车人的地点.

快车6分钟行$24\times\frac{6}{60}=2.4$(千米)，中车10分钟行$20\times\frac{10}{60}=3\frac{1}{3}$(千米). 所以骑车人的速度是$\left(3\frac{1}{3}-2.4\right)\div\left(\frac{10}{60}-\frac{6}{60}\right)=14$千米/小时.

骑车人在快车出发后6分钟共行$14\times\frac{6}{60}=1.4$(千米)，这段时间快车走完2.4千米追上了他. 由此可见三辆车出发时，骑车人已走的路程是$AB=2.4-1.4=1$(千米). 所以，慢车的速度是$\left(1+\frac{12}{60}\times14\right)\div\frac{12}{60}=19$千米/小时.

4. A. 首先必须考虑车速与时间的关系. 因为车速与时间成反比，当车速提高20%时，所用时间缩短为原来的$\frac{1}{1+20\%}=\frac{5}{6}$. 所以原速行驶全程需用$1\div\left(1-\frac{5}{6}\right)=6$(小时). 同理，当车速提高25%时，所用时间缩短为原来的$\frac{4}{5}$. 如果从开始就提高车速，行完全程就可提前$6\times\left(1-\frac{4}{5}\right)=1\frac{1}{5}$(小时). 现在只提前40分钟，少提前了$1\frac{1}{5}-\frac{40}{60}=\frac{8}{15}$(小时). 这是因为前

120 千米是按原速行驶．即若提高车速 25%，行 120 千米就可以提前$\frac{8}{15}$小时．所以，甲乙两地相距$120\times1\frac{1}{5}\div\frac{8}{15}=270$(千米)．

5. **E**．关键是要理解上行与下行时间各占全部上下行总时间的百分比．因为两船2 小时同时返回，则两船航程相等．又上行船速是 7 千米/小时，下行船速是 8 千米/小时，说明上行时间是下行时间的$\frac{8}{7}$．则下行时间是$2\times\frac{7}{15}=\frac{14}{15}$(小时)，上行时间是$\frac{16}{15}$小时．所以可知，甲、乙两船航行方向相同的时间是$\frac{16}{15}-\frac{14}{15}=\frac{2}{15}$(小时)．

6. **A**．如图 2－11，设两车第一次在 C 地相遇，第二次在 D 地相遇．

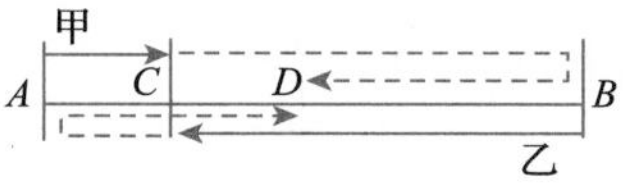

图 2－11

甲乙两车从开始到第一次 C 点相遇时，合起来行了一个全程．此时甲行了 30 千米，从第一次相遇到第二次 D 点相遇时，两车合起来行了两个全程．在这两个全程中，乙共行(30 + 42)千米，所以在合行一个全程中，乙行$(30+42)\div2=36$(千米)，即 A、B 两城的距离是 $30+36=66$(千米)．

7. **B**．如图 2－12，根据甲、乙两车的速度比为 3:7，可将 A、B 两地平均分成 10 份．因为甲、乙两车速度之比为 3:7，所以甲每走 3 份，乙就走了 7 份．于是它们第一次在 a_3 处相遇．甲再走 4.5 份，乙走 10.5 份，在 a_7 与 a_8 之中点处甲被乙追上，这是第二次相遇．

两次相遇点相距 4.5 份，距离 90 千米，所以，A、B 两地之间相距$90\div\frac{4.5}{10}=200$(千米)．

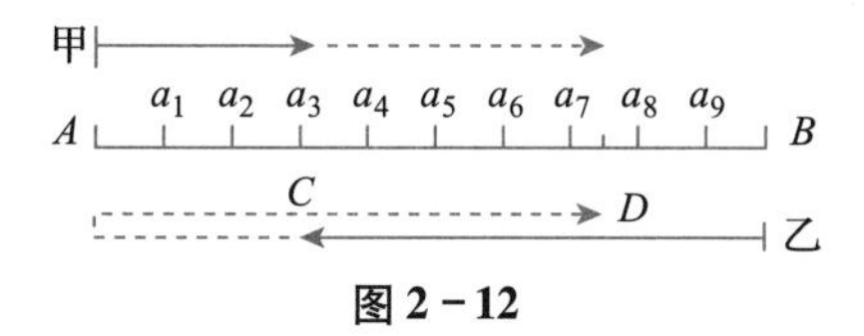

图 2－12

8. **E**．由于两人要求在起点 A 相遇，故每人跑整数圈，不妨令儿子跑 k 圈，父亲跑 m 圈，则儿子跑了 $400k$ 米，父亲跑了 $250m$ 米，根据时间相等得$\frac{400k}{5}=\frac{250m}{4}\Rightarrow32k=25m$，故当 $k=25$，$m=32$ 时两人第一次都回到起点 A，所以都不充分．

9. **A**．如图 2－13，A 点表示王经理家，B 点表示公司，C 点表示汽车接王经理之处．

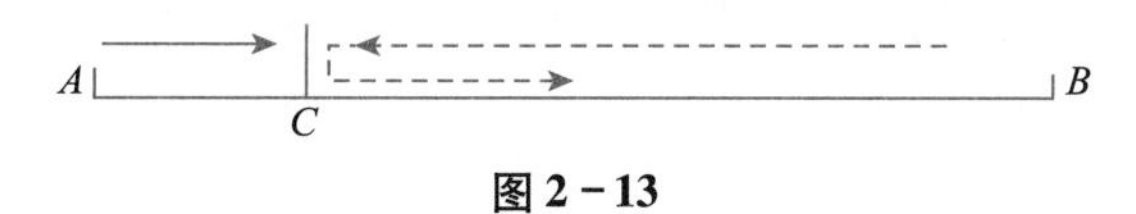

图 2－13

王经理比平时提前 16 分钟到达公司，而这 16 分钟实际上是汽车少走了 $2\cdot AC$ 而剩下的时间，则汽车行 AC 路程需要 8 分钟，所以汽车到达 C 点接到王经理的时间是 7 点 52 分．王经理步行时间是从 6 点 40 分到 7 点 52 分，共行 72 分钟．因此，汽车速度是王经理步行速度的 $72\div8=9$（倍）．

10. **A**．因为两堆货物各运走相同数量的货物之后，第一堆比第二堆货物多 2 倍．即此时第一堆货物是第二堆货物的 3 倍．所以，$78-k=3(42-k)$，解得 $k=24$，故两个货位各运走的货物是 24 箱．

11. A. 可将二等奖和三等奖都换成一等奖.

一个二等奖相当于$\frac{1}{2}$个一等奖；一个三等奖相当于$\frac{1}{4}$个一等奖. 奖金总数是 $308\times\left(2+\frac{1}{2}\times2+\frac{1}{4}\times2\right)=1078$(元).

如果评 1 个一等奖，2 个二等奖，3 个三等奖，每个一等奖的奖金为 $1078\div\left(1+\frac{1}{2}\times2+\frac{1}{4}\times3\right)=392$(元).

12. B. 甲给乙一定数量的糖之后，甲是乙的 2 倍，说明甲乙两人糖数之和是 3 的倍数；同理，乙给甲一定数量的糖后，甲是乙的 3 倍，这说明甲乙两人糖数之和又是 4 的倍数. 所以，甲、乙两人糖粒总数一定是 12 的倍数. 又每袋糖都不到 20 粒，所以甲乙两个糖数之和应为 12、24、36 中的一个数. 经检验，当总糖数是 24 时，即甲为 17 粒、乙为 7 粒时，符合要求. 即两个小朋友共有糖 24 粒.

13. A. 原来二小比一小多一辆车，各增加一人后，两校所需车一样多. 由此可见，一小增一人就要增加一辆车，所以原来汽车恰好全部坐满，即原来一小人数是 15 的倍数. 后来又增加 1 人，这时二小又要多派一辆车，所以在第二次增加人数之前，二小的车也恰好坐满，即人数是 13 的倍数. 因此，原来每校参加的人数都是 15 的倍数. 而加 1 之后，是 13 的倍数，即求 15 的某个倍数恰等于 13 的倍数减 1. 因为 $15\times6=90$，$13\times7=91$，所以，最后两校各有 92 人参加竞赛. 从而可知，两校共有 184 人参加竞赛.

14. A. 因为今年祖父年龄是小明年龄的 6 倍. 所以，年龄差是小明年龄的 5 倍，即一定是 5 的倍数. 同理，又过几年后，祖父的年龄分别是小明年龄的 5 倍和 4 倍，可知年龄差也是 4 和 3 的倍数，而年龄差是不变的. 由 3、4、5 的公倍数是 60、120、…可知，60 是比较合理的. 所以，小明今年的年龄是 $60\div(6-1)=12$(岁)；祖父今年的年龄是 $12\times6=72$(岁).

第三章 整式、分式与函数

重点考向例题解析

[例 1] E. **方法一**：$\sqrt{3}\div(3-\sqrt{3})=\dfrac{\sqrt{3}}{3-\sqrt{3}}=\dfrac{\sqrt{3}\cdot(3+\sqrt{3})}{(3-\sqrt{3})(3+\sqrt{3})}=\dfrac{3\sqrt{3}+3}{9-3}=\dfrac{\sqrt{3}+1}{2}$.

方法二：$\sqrt{3}\div(3-\sqrt{3})=\dfrac{\sqrt{3}}{3-\sqrt{3}}=\dfrac{1}{\sqrt{3}-1}=\dfrac{\sqrt{3}+1}{(\sqrt{3}-1)(\sqrt{3}+1)}=\dfrac{\sqrt{3}+1}{2}$.

[例 2] E. 由于实数 a 不为 1，故

$$(a+1)(a^2+1)(a^4+1)\cdots(a^{64}+1)=\frac{(a-1)(a+1)(a^2+1)(a^4+1)\cdots(a^{64}+1)}{a-1}$$

$$=\frac{(a^{64}-1)(a^{64}+1)}{a-1}=\frac{a^{128}-1}{a-1}.$$

[例 3] D. $(x+2y)^2=x^2+2\cdot x\cdot 2y+(2y)^2=x^2+4xy+4y^2$,
$(x-2y)^2=x^2-2\cdot x\cdot(2y)+(2y)^2=x^2-4xy+4y^2$,
所以$(x-2y)^2=(x+2y)^2-8xy=40-16=24$.

[例 4] (1)A. $x^2+\dfrac{1}{x^2}=\left(x+\dfrac{1}{x}\right)^2-2=3^2-2=7$.

(2)D. $x^4+\dfrac{1}{x^4}=\left(x^2+\dfrac{1}{x^2}\right)^2-2=7^2-2=47$.

[例 5] (1)C. $x^2+\dfrac{1}{x^2}=\left(x-\dfrac{1}{x}\right)^2+2=3^2+2=11$.

(2)D. $x^4+\dfrac{1}{x^4}=\left(x^2+\dfrac{1}{x^2}\right)^2-2=11^2-2=119$.

[例 6] A. $x^2-3x+1=0$ 两边同除以 x,
可得 $x+\dfrac{1}{x}=3$，又因为 $x^2+\dfrac{1}{x^2}=\left(x+\dfrac{1}{x}\right)^2-2=3^2-2=7$.

[例 7] C. 由 $x^4-7x^2+1=0$ 得到 $x^2+\dfrac{1}{x^2}=7$,

故 $x^2+\dfrac{1}{x^2}=\left(x+\dfrac{1}{x}\right)^2-2=7$；所以$\left(x+\dfrac{1}{x}\right)^2=9\Rightarrow x+\dfrac{1}{x}=\pm3$.

[例 8] D. $(a-b+c)^2+(a-b-c)^2=a^2+b^2+c^2-2ab-2bc+2ac+a^2+b^2+c^2-2ab+2bc-2ac$
$=2a^2+2b^2+2c^2-4ab=2(a-b)^2+2c^2$.

[例 9] D. 由$\dfrac{1}{a+2}+\dfrac{1}{b+3}+\dfrac{1}{c+4}=0$,
得$(a+2)^2+(b+3)^2+(c+4)^2=(a+2+b+3+c+4)^2=10^2=100$.

[例10] B. $(a-b)^2+(b-c)^2+(c-a)^2=2(a^2+b^2+c^2)-(2ab+2bc+2ac)$
$=18-[(a+b+c)^2-(a^2+b^2+c^2)]=27-(a+b+c)^2\leqslant 27$,
当 $a+b+c=0$ 时，有最大值27.

[点睛] 首先利用完全平方公式将代数式展开，然后再配方，利用非负性求解最值. 本题的关键在于$2ab+2bc+2ac=(a+b+c)^2-(a^2+b^2+c^2)$，然后才能利用非负性求解.

[例11] C. 根据 $a^2+b^2+c^2=ab+ac+bc$，

得 $a^2+b^2+c^2-ab-ac-bc=\frac{1}{2}[(a-b)^2+(b-c)^2+(a-c)^2]=0$，所以 $a=b=c$.

[例12] A. $A+B+C=x^2-2x+1+y^2-2y+1+z^2-2z+1+\pi-3$
$=(x-1)^2+(y-1)^2+(z-1)^2+(\pi-3)>0$,
则 A，B，C 至少有一个大于零.

[评注] 记住一个结论：若几个数之和大于零，则至少有一个数大于零；若几个数之和小于零，则至少有一个数小于零. 此外，本题也可以采用特殊值求解.

[例13] C. 先使用平方差公式，再使用立方差公式.
$(x-2)(x+2)(x^4+4x^2+16)=(x^2-4)(x^4+4x^2+16)=(x^2)^3-4^3=x^6-64$.

[例14] E. **方法一**：$(x+1)(x-1)(x^2+x+1)(x^2-x+1)=(x^2-1)[(x^2+1)^2-x^2]$
$=(x^2-1)(x^4+2x^2+1-x^2)=(x^2-1)(x^4+x^2+1)$
$=(x^2-1)[(x^2)^2+x^2+1^2]=(x^2)^3-1^3=x^6-1$

方法二：$(x+1)(x-1)(x^2+x+1)(x^2-x+1)$
$=[(x+1)(x^2-x+1)][(x-1)(x^2+x+1)]$
$=(x^3+1)(x^3-1)=(x^3)^2-1^2=x^6-1$.

[例15] E. $|a^3-b^3|=|a-b|\cdot|a^2+ab+b^2|=28$，所以 $|a^2+ab+b^2|=14$，

因为 $a^2+ab+b^2=\left(a+\frac{b}{2}\right)^2+\frac{3}{4}b^2\geqslant 0$,故$|a^2+ab+b^2|=a^2+ab+b^2=14$，

又因为 $(a-b)^2=a^2-2ab+b^2=4$，则 $a^2+b^2=\frac{32}{3}$.

[例16] B. 利用公式 $(a-b)^3=a^3-b^3-3a^2b+3ab^2$ 展开，
$f(x)=x(1-kx)^3=x[1-(kx)^3-3\cdot kx+3(kx)^2]=x-3kx^2+3k^2x^3-k^3x^4$
$=a_1x+a_2x^2+a_3x^3+a_4x^4$，由 $a_2=-9$，即 $-3k=-9$，得 $k=3$，
则 $a_1+a_2+a_3+a_4=f(1)=(1-3)^3=-8$；$a_3=3k^2=27$.

[例17] C. $a^3+b^3+c^3-3abc=(a+b)^3+c^3-3a^2b-3ab^2-3abc$
$=(a+b+c)[(a+b)^2-(a+b)c+c^2]-3ab(a+b+c)$
$=(a+b+c)[(a+b)^2-(a+b)c+c^2-3ab]$
$=(a+b+c)(a^2+b^2+c^2-ab-ac-bc)=0$.

[评注] 本题可以记住结论：$a^3+b^3+c^3-3abc=(a+b+c)(a^2+b^2+c^2-ab-ac-bc)$.

[例18] B. 由题设知，当 $x=2$ 时，$23=a\cdot 2^7+b\cdot 2^5+c\cdot 2^3+d\cdot 2+e$ ①
当 $x=-2$ 时，$-35=a\cdot(-2)^7+b\cdot(-2)^5+c\cdot(-2)^3+d\cdot(-2)+e$
即 $-35=-a\cdot 2^7-b\cdot 2^5-c\cdot 2^3-d\cdot 2+e$ ②
①+②，得 $2e=-12$，所以 $e=-6$.

[例 19] C. 可以利用多项式相等的定义，即若两个多项式相等，必有对应项的系数相等，两个多项式的项数相等.

而 $g(x)=a(x-1)^2-b(x+2)+c(x^2+x-2)=(a+c)x^2+(c-2a-b)x+a-2b-2c$，

有 $\begin{cases}a+c=0\\c-2a-b=-7\\a-2b-2c=4\end{cases}$，解得 $\begin{cases}a=2\\b=1\\c=-2\end{cases}$，$a+b+c=1$.

[例 20] E. x^2 项的系数为：$8-3p+q$；x^3 项的系数为：$-3+p$.

因为展开式中不含 x^2，x^3 项，所以 $\begin{cases}8-3p+q=0\\-3+p=0\end{cases}$，解得 $\begin{cases}p=3\\q=1\end{cases}$.

[评注] 如果全部展开，共有 9 项，项数比较多，在观察时容易出错. 而本题我们可以通过对二次项和三次项系数的分析，直接确定二次项、三次项的系数，这样解题不仅方便，也可以避免观察时出错.

[例 21] (1)B. 令 $x=1$，得 $a_0+a_1+a_2+a_3+a_4+a_5=1$.

(2)B. 令 $x=-1$，得 $a_0-a_1+a_2-a_3+a_4-a_5=-243$.

(3)A. 将上面两式相加，得 $a_0+a_2+a_4=-121$.

(4)B. 令 $x=0$，得 $a_0=(-1)^5=-1$，$a_1+a_2+a_3+a_4+a_5=1-(-1)=2$.

[例 22] E. **方法一**：利用综合除法得 $f(x)=(x-1)[x^2+(a^2+1)x+a^2+2]+a^2-3a+2$，令 $a^2-3a+2=0$，解得 $a=1$ 或 $a=2$.

方法二：根据因式定理，有 $f(1)=1+a^2+1-3a=0$，解得 $a=1$ 或 $a=2$.

[例 23] D. 设 $f(x)=x^3+x^2+ax+b$，令 $x^2-3x+2=(x-1)(x-2)=0$，当 $x=1$ 时，$f(1)=a+b+2=0$，当 $x=2$ 时，$f(2)=2a+b+12=0$. 解得 $a=-10$，$b=8$.

[技巧] 列出表达式 $a+b+2=0$ 时，可以不用解方程组，直接验证排除选项，选 D.

[点睛] 当除式的次数较高时，将除式进行因式分解后，再利用因式定理求解. 此外，遇到求解多个参数值时，只需列出方程然后验证参数就可以了.

[例 24] B. 由题，可令 $x^3+ax^2+bx-6=(x-1)(x-2)(x+p)$，根据常数项（或令 $x=0$）得 $(-1)\times(-2)\times p=-6$，$p=-3$，所以因式为 $x-3$.

[技巧] 本题也可以用特值法，令 $x=0$ 也能很快得到答案.

[点睛] 遇到多项式乘法时，要先从最高次方的系数和常数项找突破口. 此题要不知道常数项是如何乘出来的，则得找 a，b 的值，反而复杂了.

[扩展] 此题如果让求解 a 和 b 的数值，同上题，那么就要用因式定理列出方程组求解了.

[例 25] (1) $7x^2-19x-6=(7x+2)(x-3)$.

(2) $6x^2-7x-5=(2x+1)(3x-5)$.

(3) $x^2-13xy-30y^2=(x-15y)(x+2y)$.

[例 26] (1)如图 3-1，原式 $=(x-5y+2)(x+2y-1)$.

(2)如图 3-2，原式 $=(x+y+1)(x-y+4)$.

(3) 如图 3-3，原式中缺 x^2 项，可把这一项的系数看成 0 来分解.

原式 $=(y+1)(x+y-2)$.

(4) 如图 3-4，原式 $=(2x-3y+z)(3x+y-2z)$.

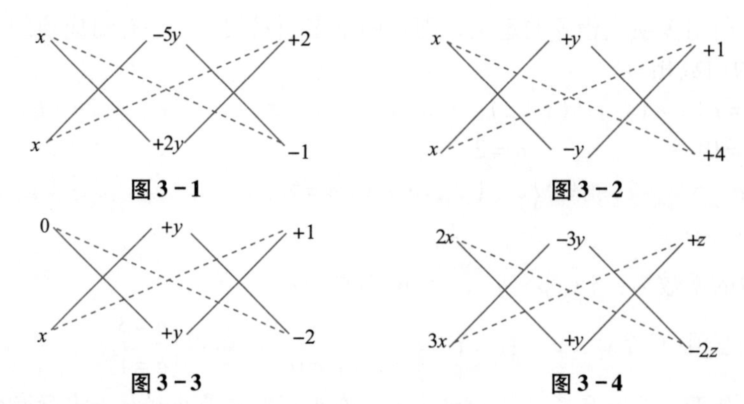

图 3-1　图 3-2

图 3-3　图 3-4

[评注] 虽然本题有三个字母，解法仍与前面的类似.

[例 27] C. 把 8 拆成 $-1+9$，则有

$x^3-9x+8=x^3-9x-1+9=(x^3-1)-(9x-9)=(x-1)(x^2+x-8)$，

把 -3 拆成 $-1-1-1$，有

$x^9+x^6+x^3-3=(x^9-1)+(x^6-1)+(x^3-1)=(x^3-1)(x^6+2x^3+3)$

$=(x-1)(x^2+x+1)(x^6+2x^3+3)$.

[例 28] A. 设 $f(x)=(x-1)(x-2)q(x)+ax+b$，已知 $f(1)=9$，$f(2)=16$，有

$\begin{cases}f(1)=a+b=9\\f(2)=2a+b=16\end{cases}\Rightarrow\begin{cases}a=7\\b=2\end{cases}$，故余式为 $7x+2$.

[例 29] E. 由 $\dfrac{a^2b^2}{a^4-2b^4}=1$，得 $a^4-a^2b^2-2b^4=0$，即 $a^2=2b^2$ 或 $a^2=-b^2$（舍），若 $a^2=2b^2$，则

$\dfrac{a^2-b^2}{19a^2+96b^2}=\dfrac{1}{134}$.

[例 30] C. **方法一**：由于 $a>b>0$，$k>0$，所以 $a+k>b+k$ 且 $b-a<0$，故 $\dfrac{b-a}{a}<\dfrac{b-a}{a+k}$，两边加 1，即 $\dfrac{b}{a}<\dfrac{b+k}{a+k}$，从而 $-\dfrac{b}{a}>-\dfrac{b+k}{a+k}$.

方法二：由于 $a>b>0$，$k>0$，所以 $ak>bk$，从而 $ak+ab>bk+ab$，即 $a(b+k)>b(a+k)$，故 $\dfrac{b}{a}<\dfrac{b+k}{a+k}$，得到 $-\dfrac{b}{a}>-\dfrac{b+k}{a+k}$.

[评注] 本题也可以取特值分析.

[例 31] B. **方法一**：可取 x 为 0，求出定值为 $\dfrac{7}{11}$.

所以 $\dfrac{ax+7}{bx+11}=\dfrac{7}{11}$，再结合等比定理得到：$\dfrac{ax+7}{bx+11}=\dfrac{ax+7-7}{bx+11-11}=\dfrac{a}{b}=\dfrac{7}{11}$，

从而有 $11a-7b=0$.

方法二：设 $\dfrac{ax+7}{bx+11}=k$，化简得 $(bk-a)x+11k-7=0$，k 为定值，

所以令 $\begin{cases}bk-a=0\\11k-7=0\end{cases}$，则 $\begin{cases}k=\dfrac{7}{11}\\7b=11a\end{cases}$.

[评注] 此题的两种解法，方法一是从取特值的角度开始考虑的，而方法二是设未知量，把 $\dfrac{ax+7}{bx+11}$ 看成一个确定的数，然后找 a 与 b 的关系.

[例 32] B. 看图时要注意特殊点. 例如顶点和图像与坐标轴的交点.
由图像知抛物线的对称轴为 $x=-1$，顶点坐标为 $(-1, 2)$，过点 $(0, 0)$ 和点 $(-2, 0)$.
设解析式为 $y=a(x+1)^2+2$，因为二次函数过原点 $(0, 0)$，所以 $a+2=0$，$a=-2$.
故解析式为 $y=-2x^2-4x$.

[例 33] B. 因为抛物线的对称轴是 $x=-1$，又图像经过点 $A(-3, 0)$，所以图像过点 $A(-3, 0)$ 关于对称轴 $x=-1$ 的对称点 $A'(1, 0)$. 可设解析式为 $y=a(x+3)(x-1)$，把抛物线的顶点 M 的坐标 $(-1, 2)$ 或 $(-1, -2)$ 分别代入解析式，解关于 a 的方程，得 $a=-\frac{1}{2}$ 或 $a=\frac{1}{2}$.

故所求函数解析式为 $y=-\frac{1}{2}x^2-x+\frac{3}{2}$ 或 $y=\frac{1}{2}x^2+x-\frac{3}{2}$. 抛物线在 y 轴上的截距为 $\pm\frac{3}{2}$.

[例 34] E. **方法一**：用二次函数求最值，$y=2x(2-x)=-2(x-1)^2+2$，$y_{\max}=2$.

方法二：用平均值定理求最值，$2x(2-x)\leqslant 2\left(\frac{x+2-x}{2}\right)^2=2$.

[点睛] 此题方法一采用二次函数求最值，在顶点处取最值；方法二采用平均值定理求解，所用公式为：$ab\leqslant\left(\frac{a+b}{2}\right)^2$.

[例 35] C. 设该商品的售价定为 x 元/件时，每天可获得 y 元的利润.
即每件提价 $x-20$ 元，每天销售量减少 $10(x-20)$ 件，
也就是每天销售量为 $[100-10(x-20)]$ 件，每件利润 $x-18$ 元.
根据题意，得 $y=(x-18)[100-(x-20)\times 10]=-10(x-24)^2+360$ $(20\leqslant x\leqslant 30)$.
因为 $a=-10<0$，$20\leqslant 24\leqslant 30$，所以当 $x=24$ 时，y 有最大值为 360.

难点考向例题解析

[例 1] C. $M=\{x\in\mathbf{N}\mid 4-x\in\mathbf{N}\}$，根据自然数 $\mathbf{N}$ 的定义得到：$M=\{0, 1, 2, 3, 4\}$，共有 5 个元素.

[例 2] E. (A) {6 的质因数} $=\{2, 3\}$，注意 1 不是质数；
(B) $\{x\mid x<4, x\in\mathbf{N}\}=\{0, 1, 2, 3\}$，注意 0 是自然数；
(C) $\{y\mid |y|<4, y\in\mathbf{Z}\}=\{-3, -2, -1, 0, 1, 2, 3\}$，注意考虑负数；
(D) {连续三个自然数}，有很多情况，无法成立；
(E) {最小的三个正整数}，正确.

[例 3] E. 4 个元素的子集有 2^4 个；4 个元素的真子集有 2^4-1 个；4 个元素的非空子集有 2^4-1 个；4 个元素的非空真子集有 2^4-2 个. 故以上均正确.

[例 4] A. 根据指数函数的概念及性质求解.

由已知得，实数 a 应满足 $\begin{cases}1-2a>0\\1-2a<1\end{cases}$，解得 $0<a<\frac{1}{2}$.

[例 5] D. $y_1=4^{0.9}=2^{1.8}$，$y_2=8^{0.48}=2^{1.44}$，$y_3=\left(\frac{1}{2}\right)^{-1.5}=2^{1.5}$.

因为 $y=2^x$ 在定义域内为增函数，且 $1.8>1.5>1.44$，故 $y_1>y_3>y_2$.

［例 6］D. 分类讨论，利用函数的单调性求出函数的最值，根据最大值比最小值大 1，求出底数 a 的值. 当 $a>1$ 时，函数 $y=a^x$ 是定义域$[-1,1]$内的增函数，

由 $a-\dfrac{1}{a}=1$，得到 $a=\dfrac{\sqrt{5}+1}{2}$，$a=\dfrac{-\sqrt{5}+1}{2}$（舍），

当 $0<a<1$ 时，函数 $y=a^x$ 是定义域$[-1,1]$内的减函数，

由 $\dfrac{1}{a}-a=1$，得到 $a=\dfrac{\sqrt{5}-1}{2}$，$a=\dfrac{-\sqrt{5}-1}{2}$（舍）. 综上，$a=\dfrac{\sqrt{5}\pm1}{2}$.

［例 7］E. 原不等式可以化为 $a^{2x-1}>a^{\frac{1}{2}}$，因为函数 $y=a^x$，当底数 $a>1$ 时，在 $\mathbf{R}$ 上是增函数；当底数 $0<a<1$ 时，在 $\mathbf{R}$ 上是减函数.

所以当 $a>1$ 时，由 $2x-1>\dfrac{1}{2}$，解得 $x>\dfrac{3}{4}$.

［例 8］C. $f(x)\leqslant 0\Rightarrow 2^{|x|}\leqslant 1=2^0\Rightarrow x=0$.

［例 9］D. 若 $0<a<1$，则指数函数单调递减，图像必经过第二象限，所以必有 $a>1$，再将 $y=a^x$ 的图像向下至少平移一个单位即可，故 $b-1\leqslant -1$，即 $b\leqslant 0$.

［例 10］B. 当 $a>1$ 时，函数 $y=\log_a x$ 单调递增，直线 $y=(1-a)x$ 的斜率为负，故根据函数图像特征易知答案.

［例 11］A. 依题意 $(a^2-1)x^2+(a+1)x+1>0$ 对一切 $x\in\mathbf{R}$ 恒成立.

当 $a^2-1\neq 0$ 时，其充要条件是：$\begin{cases}a^2-1>0\\ \Delta=(a+1)^2-4(a^2-1)<0\end{cases}$，

解得 $a<-1$ 或 $a>\dfrac{5}{3}$，又 $a=-1$ 时，$f(x)=\lg 1=0$ 满足题意，$a=1$ 时，不合题意.

所以 a 的取值范围是 $(-\infty,-1]\cup\left(\dfrac{5}{3},+\infty\right)$.

［例 12］D. 将 $\log_3 x=-3x$ 转化为两个函数：$y=\log_3 x$，$y=-3x$，然后在同一坐标系内作出其图像，如图 3－5，两个函数仅有一个公共点，即方程仅有一个根.

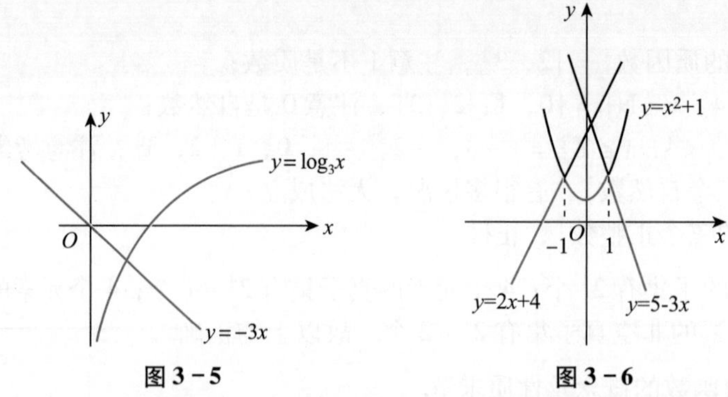

图 3－5　　图 3－6

［例 13］B. 分别画出函数 $y=2x+4$，$y=x^2+1$，$y=5-3x$ 的图像，如图 3－6，$f(x)=\min\{2x+4,x^2+1,5-3x\}$ 所表示的图像为下侧区域，故当 $x=\pm1$ 时取得最大值 2.

［例 14］C. 依题得，$y\leqslant a$，$y\leqslant\dfrac{b}{a^2+b^2}$，因此 $y^2\leqslant\dfrac{ab}{a^2+b^2}\leqslant\dfrac{ab}{2ab}=\dfrac{1}{2}$，解得 $0<y\leqslant\dfrac{\sqrt{2}}{2}$.

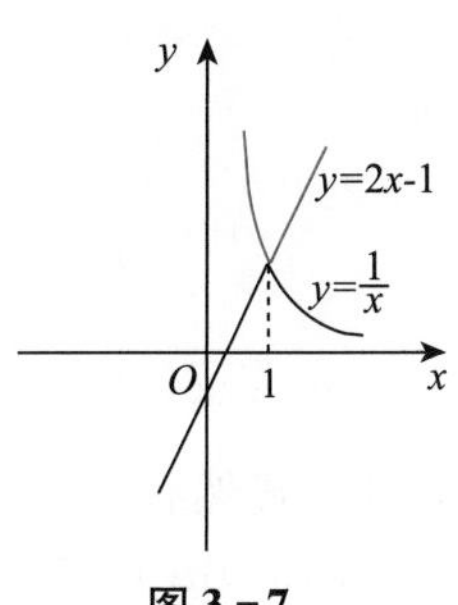

图 3－7

［例 15］A. 分别画出函数 $y=2x-1$，$y=\frac{1}{x}$的图像，如图 3－7，由于 $x>0$，所以取第一象限的部分，$f(x)=\max\left\{2x-1,\ \frac{1}{x}\right\}$所表示的图像为上方区域，故当 $x=1$ 时，取得最小值为 1.

［例 16］E. 画图可得，函数 $y=|12x^2-24x|$ 的图像与 $y=1$ 有 4 个交点，并且关于 $x=1$ 对称，故所有实根之和为 4.

［例 17］B. 两者围成的图像是边长为 $3\sqrt{2}$的正方形，故面积为 18.

［例 18］D. 两者围成的图像是边长为 $2\sqrt{2}$的正方形，故面积为 8.

［例 19］D. 曲线 $|x|+|2y|=4$ 所围成的图形为菱形，其面积为$\frac{4\times8}{2}=16$.

［例 20］E. $|xy|+6=2|x|+3|y|\Rightarrow|xy|-2|x|-3|y|+6=0\Rightarrow|x|(|y|-2)-3(|y|-2)=0\Rightarrow(|x|-3)(|y|-2)=0\Rightarrow|x|=3$ 或 $|y|=2$，故表示由 $x=\pm3$，$y=\pm2$围成的矩形，面积为 $S=6\times4=24$.

［例 21］D. 由$\begin{cases}x\leqslant1\\3^x=2\end{cases}\Rightarrow x=\log_3 2$，$\begin{cases}x>1\\-x=2\Rightarrow x=-2\end{cases}$ 无解.

［例 22］C. $f(2)=\log_3(2^2-1)=1$，故$f(f(2))=f(1)=2e^{1-1}=2$.

［例 23］C. 依题得$f(a)>f(-a)\Rightarrow\begin{cases}a>0\\\log_2 a>\log_{\frac{1}{2}}a\end{cases}$或$\begin{cases}a<0\\\log_{\frac{1}{2}}(-a)>\log_2(-a)\end{cases}$，

解得$\begin{cases}a>0\\a>\frac{1}{a}\end{cases}$或$\begin{cases}a<0\\-a<-\frac{1}{a}\end{cases}$，解得 $a>1$ 或 $-1<a<0$.

［例 24］A. 依题得 $x\in[-1,\ 1]$，故 $2^x\in\left[\frac{1}{2},\ 2\right]$，因此$\log_2 x\in\left[\frac{1}{2},\ 2\right]$，

解得 $x\in[\sqrt{2},\ 4]$，故$f(\log_2 x)$的定义域为 $x\in[\sqrt{2},\ 4]$.

［例 25］D. 令 $x-1=t$，则 $x=t+1$，故$f(t)=2(t+1)+3=2t+5$，即$f(x)=2x+5$.

［例 26］B. 依据待定系数法可得$f(x)=\frac{1}{2}x^2+\frac{1}{2}x$，故$f(10)=55$.

［例 27］B. 函数 $y=(a-2)x^{a^2-5}$是反比例函数，则$\begin{cases}a-2\neq0\\a^2-5=-1\end{cases}$，解得 $a=-2$.

［例 28］D. $y=2x-5$ 经过 $P(a,\ -3a)$，则 $a=1$，因此 $y=\frac{k}{x}$过点$(1,\ -3)$，解得 $k=-3$.

［例 29］B. 函数 $y=kx(k>0)$与函数 $y=\frac{2}{x}$的图像均关于原点对称，因此两交点也关于原点对称，所以 $x_2=-x_1$，$y_2=-y_1$，函数 $y=\frac{2}{x}$可变化为 $xy=2$，

因此 $x_1y_2+x_2y_1=x_1(-y_1)+(-x_1)y_1=-4$.

基础自测题解析

一、问题求解题

1. **C.** 显然有

$g(x)=a(x+1)^2+b(x-1)(x+1)+c(x-1)^2=(a+b+c)x^2+(2a-2c)x+(a-b+c)$.

若 $f(x)=g(x)$，则有 $\begin{cases}a+b+c=1\\2a-2c=1\\a-b+c=-1\end{cases}$，解得 $\begin{cases}a=\frac{1}{4}\\b=1\\c=-\frac{1}{4}\end{cases}$.

2. **D.** 令 $t=\frac{3x+2}{x-1}=3+\frac{5}{x-1}$，$x$，$t$ 均是整数，所以 $x-1$ 应是 5 的约数，又 $5=1\times5=(-1)\times(-5)$，则 $x-1=1$，5，-1，-5，所以 $x=2$，$x=6$，$x=0$，$x=-4$.

3. **A.** 根据题意，应有 $\begin{cases}x^2-4=0\\x+2\neq0\end{cases}$，即 $x=2$.

4. **B.** 同第 2 题，有 $\frac{2m+7}{m-1}=2+\frac{9}{m-1}$，有 $m-1=1$，9，-1，-9，3，-3，即 $m=2$，$m=10$，$m=0$，$m=-8$，$m=4$，$m=-2$，验证只有 $m=-8$，$m=2$，$m=10$，$m=4$ 时，$\frac{2m+7}{m-1}$ 的值才是正整数.

5. **A.** 同第 3 题，显然有 $\begin{cases}|a|-2=0\\a^2+a-6\neq0\end{cases}$，解得 $a=-2$.

6. **A.** $3a^2+2a+5$ 是偶数，又 $2a$ 一定是偶数，故 $3a^2+5$ 也必须是偶数，即 $3a^2$ 应是奇数，从而 a 应是奇数.

7. **D.** $M-N=(4x^2-9x+4a)-(3x^2-9x+4a)=x^2\geqslant0$，故 $M>N$ 或 $M=N$.

8. **D.** 考虑到 $1^n=1(n\in\mathbf{R})$，$(-1)^{2k}=1\ (k\in\mathbf{Z})$，$x^0=1\ (x\in\mathbf{R})$. $x=-10$ 是其一个整数解；令 $x^2-x-1=1$，解得 $x=2$ 或 $x=-1$；再令 $x^2-x-1=-1$，解得 $x=0$ 或 $x=1$，而当 $x=1$ 时有 $(x^2-x-1)^{x+10}=-1$，故原方程的整数解为 $x=-10$，$x=-1$，$x=0$，$x=2$，共 4 个.

9. **B.** 根据题意，有 $\begin{cases}b\neq0\\2a-4=0\end{cases}$，即为 $-bx^2+x-2b$，$-x^2+x-2$ 满足.

10. **D.** 根据题意，a，b，c 应该有两正一负，故 $x=0$，$ax^3+bx^2+cx+1=1$.

11. **C.** 由 $abc=1$ 知 $a=\frac{1}{bc}$，所以

$$\frac{a}{ab+a+1}+\frac{b}{bc+b+1}+\frac{c}{ca+c+1}=\frac{\frac{1}{bc}}{\frac{1}{bc}\cdot b+\frac{1}{bc}+1}+\frac{b}{bc+b+1}+\frac{c}{\frac{1}{bc}\cdot c+c+1}=$$

$$\frac{1}{bc+b+1}+\frac{b}{bc+b+1}+\frac{bc}{bc+b+1}=1.$$

12. **B.** $2bx^2-8bxy+8by^2-8b=2b[(x-2y+2)^2-4x+8y-4-4]=2b[0-4(x-2y+2)]=0$.

13. D. $a^2+b^2+c^2-ab-bc-ac=\frac{1}{2}[(a-b)^2+(b-c)^2+(c-a)^2]=\frac{1}{2}[(-1)^2+(-1)^2+2^2]=3$.

14. A. $2001x(x^2-2x-1)-2001(x^2-2x-1)-2001-7=-2008$.

二、条件充分性判断题

1. A. $f(x)=x^2+3x+2=(x+1)(x+2)$，故$f(-1)=f(-2)=0$，即有$g(x)=x^4+mx^2-px+2$，$g(-1)=g(-2)=0$，从而有$\begin{cases}(-1)^4+m\cdot(-1)^2-p\cdot(-1)+2=0\\(-2)^4+m\cdot(-2)^2-p\cdot(-2)+2=0\end{cases}$，解得 $m=-6$，$p=3$，故只有条件(1)充分.

2. B. 设$x^3-3px+2q=(x^2+2ax+a^2)(x+b)$，有 $x^3-3px+2q=x^3+(b+2a)x^2+(2ab+a^2)x+a^2b$，即$\begin{cases}b+2a=0\\-3p=2ab+a^2\\2q=a^2b\end{cases}$，消去 b，有$\begin{cases}p=a^2\\q=-a^3\end{cases}$，只有条件(2)充分.

3. A. $\frac{x^{3n}-x^{-3n}}{x^n-x^{-n}}=\frac{(x^n-x^{-n})(x^{2n}+1+x^{-2n})}{x^n-x^{-n}}=x^{2n}+1+x^{-2n}$. 条件(1)，有 $x^{-2n}=3+2\sqrt{2}$，故原式$=3-2\sqrt{2}+3+2\sqrt{2}+1=7$，充分；条件(2)，有 $x^{2n}=2-\sqrt{3}$，故 $x^{-2n}=2+\sqrt{3}$，原式$=2-\sqrt{3}+2+\sqrt{3}+1=5$，不充分.

4. B. 条件(1)，令$\frac{x}{a+b}=\frac{y}{b+c}=\frac{z}{c+a}=t$，则有 $x=(a+b)t$，$y=(b+c)t$，$z=(a+c)t$，那么 $x+y+z=2(a+b+c)t$，不一定为0，不充分；条件(2)，令$\frac{x}{a-b}=\frac{y}{b-c}=\frac{z}{c-a}=t$，则有 $x=(a-b)t$，$y=(b-c)t$，$z=(c-a)t$，有 $x+y+z=0$，充分.

5. C. 显然单独的两个条件都不充分，考虑联合. 由条件(2)$y=\frac{z-1}{z}$代入到条件(1)中有 $x+\frac{z}{z-1}=1$，即 $x+\frac{z-1+1}{z-1}=x+1+\frac{1}{z-1}=1\Rightarrow x=\frac{1}{1-z}\Rightarrow\frac{1}{x}=1-z$，故$z+\frac{1}{x}=1$，充分.

6. D. 左边$\times(1-x)=(1-x)(1+x)(1+x^2)(1+x^4)(1+x^8)=1-x^{16}$，同理
右边$\times(1-x)=(1-x)(1+x+x^2+\cdots+x^{15})=1-x^{16}=$左边$\times(1-x)$，故不论 x 的值为多少，$(1+x)(1+x^2)(1+x^4)(1+x^8)=1+x+x^2+\cdots+x^{15}$总成立，从而条件(1)和条件(2)都充分.

[评注] 记住公式$(1-x)(1+x+x^2+\cdots+x^{n-1})=1-x^n$. 可将 $1+x+x^2+\cdots+x^{n-1}$看成等比数列求和分析.

7. A. 条件(1) $x+\frac{1}{x}=3$，则 $x^2-3x=-1$，代入题干化简得2，充分；
条件(2) $x-\frac{1}{x}=3$，则 $x^2-3x=1$，代入题干化简得 $22x+8\neq2$，不充分.

8. A. $a(a+9)+(1+2a)(1-2a)=-3(a^2-3a)+1$
条件(1)$a+\frac{1}{a}=3$，则 $a^2-3a=-1$，代入原式得4；条件(2)$a-\frac{1}{a}=3$，则 $a^2-3a=1$，代入原式得-2.

9. D. 条件(1)当x，y扩大为原来的3倍，$x\rightarrow3x$，$y\rightarrow3y$，$\frac{2\times3x}{3x+3y}=2\times\frac{3x}{3(x+y)}=\frac{2x}{x+y}$；
条件(2)x，y都扩大了原来的3倍，变为$4x$和$4y$，同理，分式数值不变.

10. D. 此题可利用公式$\frac{1}{m(m+1)}=\frac{1}{m}-\frac{1}{m+1}$，化简后再进行求解.

原式$=\left(\frac{1}{x-1}-\frac{1}{x}\right)+\left(\frac{1}{x}-\frac{1}{x+1}\right)+\cdots+\left(\frac{1}{x+9}-\frac{1}{x+10}\right)=\frac{11}{12}$，即$\frac{1}{x-1}-\frac{1}{x+10}=\frac{11}{12}$，

解得$x_1=2$，$x_2=-11$.

11. D. 当$0<a<1$时，对数单调递减，$\log_a\frac{1}{2}<1=\log_a a\Rightarrow 0<a<\frac{1}{2}$. 当$a>1$时，$\log_a\frac{1}{2}<0<1$，故两个条件都充分.

12. A. $f(a^2)+f(b^2)=\lg a^2+\lg b^2=2\lg a+2\lg b=2\lg(ab)=2$. 由条件(1)，$f(x)=\lg x$及$f(ab)=1$，得到$\lg(ab)=1$，充分. 条件(2)显然不充分.

13. B. 由题$\log_7(\log_3|\log_2 x|)=0\Rightarrow\log_3|\log_2 x|=1\Rightarrow|\log_2 x|=3\Rightarrow\log_2 x=\pm 3\Rightarrow x=8$或$\frac{1}{8}$，故条件(2)充分.

综合提高题解析

一、问题求解题

1. C. 由于$2^x=3^y=6^z$，取自然对数，有$x\ln 2=y\ln 3=z\ln 6$，故$\frac{z}{x}=\frac{\ln 2}{\ln 6}$，$\frac{z}{y}=\frac{\ln 3}{\ln 6}$，从而$\frac{z}{x}+\frac{z}{y}=1$.

2. E. 设$f(x)=(x-1)(x-2)(x-3)q(x)+2x^2+x-7$，
(A)$f(x)$除以$x-1$的余式是$x-1$除$2x^2+x-7$的余式，为-4，正确；
(B)$f(x)$除以$x-2$的余式是$x-2$除$2x^2+x-7$的余式，为3，正确；
(C)$f(x)$除以$x-3$的余式是$x-3$除$2x^2+x-7$的余式，为14，正确；
(D)$f(x)$除以$(x-1)(x-2)$的余式为$2x^2+x-7$除以$(x-1)(x-2)$的余式，所以余式为$7x-11$，正确；
(E)$f(x)$除以$(x-2)(x-3)$的余式为$2x^2+x-7$除以$(x-2)(x-3)$的余式，所以余式为$11x-19$，错误，因此选E.

3. C. 设$f(x)=x^2+ax+b$，因为$f(x)$被$(x-3)$除余1，所以$f(3)=9+3a+b=1$ ①
又因为$f(x)$被$(x-1)$除和$(x-2)$除所得的余数相同，所以$f(1)=f(2)$，
即$1+a+b=4+2a+b$ ②
由②得$a=-3$，代入①得$b=1$，因此$f(x)=x^2-3x+1$.

4. D. 由$a^3+b^3=(a+b)(a^2-ab+b^2)$得，$a^3+b^3+3ab(a+b)=(a+b)^3$
a，b分别为x和$4-x$的小数部分，$a<1$，$b<1$，$x+(4-x)=4$，则$a+b=1$. $(a+b)^3=1$.

5. A. $n^3+100=n^3+1000-900=(n+10)(n^2-10n+100)-900$，
于是若$n+10\mid n^3+100$，则$n+10\mid 900$.
由于$n+10\leqslant 900$，因此为使n最大，取$n+10=900$，则$n=890$.

6. B. 原式$=x(x-y)\cdot\frac{y}{(x-y)^2}\cdot\frac{(x+y)(x-y)}{x^2}=\frac{y(x+y)}{x}$；若$x=-2$，$y=\frac{1}{2}$，

则原式$=\frac{\frac{1}{2}\left(-2+\frac{1}{2}\right)}{-2}=\frac{3}{8}$.

7. B. $x^2+y^2+z^2-xy-yz-zx=\frac{1}{2}[(x-y)^2+(y-z)^2+(z-x)^2]$，$\begin{cases}x-y=5\\z-y=10\end{cases}\Rightarrow z-x=5$，代入计算可得原式 $=75$.

8. D. 使用待定系数法，设 $2x^3-x^2-13x+k=(2x+1)(x^2+ax+k)$，

则 $2x^3-x^2-13x+k=2x^3+(2a+1)x^2+(a+2k)x+k$，

故 $\begin{cases}2a+1=-1\\a+2k=-13\end{cases}$，解得 $\begin{cases}a=-1\\k=-6\end{cases}$.

则 $2x^3-x^2-13x-6=(2x+1)(x^2-x-6)=(2x+1)(x-3)(x+2)$，故选 D.

9. A. 这道题要求 99 个括号里的数值的乘积，当然不能用常规方法去实乘. 观察其特点：每个分母是相邻奇数或偶数的积，记为 $n(n+2)$；每个括号的分子相加又都是 $n(n+2)+1=(n+1)^2$，于是，设所求式子之积为 S，则有

$$S=\frac{2^2}{1\times3}\cdot\frac{3^2}{2\times4}\cdot\frac{4^2}{3\times5}\cdot\frac{5^2}{4\times6}\cdot\cdots\cdot\frac{99^2}{98\times100}\cdot\frac{100^2}{99\times101}$$

$$=\frac{2^2\cdot3^2\cdot4^2\cdot5^2\cdot\cdots\cdot99^2\cdot100^2}{1\cdot2\cdot3^2\cdot4^2\cdot5^2\cdot\cdots\cdot99^2\times100\times101}=\frac{200}{101}$$，$1<S<2$，应选 A.

10. E. 原式 $=(abc^2+a^2cd)+(abd^2+b^2cd)=ac(bc+ad)+bd(ad+bc)$

$=(ad+bc)(ac+bd)=(ad+bc)\times0=0$

[评注] 利用因式分解，先化简代数式，上述的求值题就变得很容易了. 当然，本题也可以采用特值法求解.

11. E. 所求的代数式中含有 $c-b$，可以通过已知的 $a-b=3$ 与 $a-c=\sqrt[3]{26}$，来推得 $c-b=3-\sqrt[3]{26}$. 所以原式 $=(3-\sqrt[3]{26})[3^2+\sqrt[3]{26}\times3+(\sqrt[3]{26})^2]=3^3-(\sqrt[3]{26})^3=27-26=1$.

12. C. 将原方程左边分解因式，可得 $(x^2+4x+3)(x^2+4x-5)=0$.

$(x+1)(x+3)(x-1)(x+5)=0$，由此得 $x+1=0$ 或 $x+3=0$ 或 $x-1=0$ 或 $x+5=0$（原方程的解是 -1，-3，1，-5）.

13. C. 原方程化为 $(2x-3y)(2x+y)=5$，因为 x、y 是整数，故 $2x-3y$ 和 $2x+y$ 必是整数.

又 $5=5\times1=(-5)\times(-1)$，因此原方程可化为四个方程组：

$\begin{cases}2x-3y=1\\2x+y=5\end{cases}$ 或 $\begin{cases}2x-3y=5\\2x+y=1\end{cases}$ 或 $\begin{cases}2x-3y=-1\\2x+y=-5\end{cases}$ 或 $\begin{cases}2x-3y=-5\\2x+y=-1\end{cases}$

解这四个方程组，便可得原方程的四组解为：

$\begin{cases}x_1=2\\y_1=1\end{cases}$，$\begin{cases}x_2=1\\y_2=-1\end{cases}$，$\begin{cases}x_3=-2\\y_3=-1\end{cases}$，$\begin{cases}x_4=-1\\y_4=1\end{cases}$，所以选 C.

14. E. 去分母得 $(\lg x+\lg y)^2+[\lg(x-y)]^2=0$，故 $\begin{cases}\lg x+\lg y=0\\\lg(x-y)=0\end{cases}\Rightarrow\begin{cases}xy=1\\x-y=1\end{cases}$，

所以 x、$-y$ 是二次方程 $t^2-t-1=0$ 的两个实根，且 $x>0$，$y>0$，$x\neq1$，$y\neq1$，$x>y$，

解得 $t=\frac{1\pm\sqrt{5}}{2}$，因为 $x>0$，所以 $x=\frac{\sqrt{5}+1}{2}$，$y=\frac{\sqrt{5}-1}{2}$，$\log_5(x+y)=0.5$.

15. E. $\sqrt{a}+\frac{1}{\sqrt{a}}=3\Rightarrow\left(\sqrt{a}+\frac{1}{\sqrt{a}}\right)^2=9\Rightarrow a+\frac{1}{a}=7$，$\left(a+\frac{1}{a}\right)^2=49\Rightarrow a^2+\frac{1}{a^2}=47$，

$a\sqrt{a}+\frac{1}{a\sqrt{a}}=a^{\frac{3}{2}}+a^{-\frac{3}{2}}=(a^{\frac{1}{2}}+a^{-\frac{1}{2}})[(a^{\frac{1}{2}})^2-a^{\frac{1}{2}}\cdot a^{-\frac{1}{2}}+(a^{-\frac{1}{2}})^2]$

$=\left(\sqrt{a}+\frac{1}{\sqrt{a}}\right)\left(a-1+\frac{1}{a}\right)=3\times6=18$,

而$\sqrt[4]{a}+\frac{1}{\sqrt[4]{a}}=\sqrt{\left(\sqrt[4]{a}+\frac{1}{\sqrt[4]{a}}\right)^2}=\sqrt{\sqrt{a}+2+\frac{1}{\sqrt{a}}}=\sqrt{5}$,

故原式$=\frac{(18+2)\times(47+3)}{\sqrt{5}}=\frac{20\times50}{\sqrt{5}}=200\sqrt{5}$.

16. **B.** $f(x)=\frac{1}{4^x}-\frac{1}{2^x}+1=4^{-x}-2^{-x}+1=2^{-2x}-2^{-x}+1=\left(2^{-x}-\frac{1}{2}\right)^2+\frac{3}{4}$,

因为$x\in[-3,2]$,所以$\frac{1}{4}\leqslant2^{-x}\leqslant8$.

则当$2^{-x}=\frac{1}{2}$,即$x=1$时,$f(x)$有最小值$\frac{3}{4}$;当$2^{-x}=8$,即$x=-3$时,$f(x)$有最大值57,

故最大值与最小值之差为$56\frac{1}{4}$.

17. **E.** 当$a>1$时,对数函数单调增加,此时最大值与最小值之差为$\log_a4-\log_a2=\log_a2=2\Rightarrow a=\sqrt{2}$. 当$0<a<1$时,对数函数单调减少,此时最大值与最小值之差为$\log_a2-\log_a4=\log_a\frac{1}{2}=2\Rightarrow a=\frac{\sqrt{2}}{2}$.

18. **E.** 使用双十字相乘方法,因$4\times6-15=9$,$(-3)\times(-7)+2\times6=33$,$-28+10=-18$,所以$20x^2+9xy-18y^2-18x+33y-14=(4x-3y+2)(5x+6y-7)$.

$$\begin{matrix}4 & & -3 & & 2\\ & \times & & \times & \\ 5 & & 6 & & -7\end{matrix}$$

[评注] 在使用双十字相乘法时,不必标出x,y,只需写出x,y的系数就可以了. 即第1列是x的系数的两个因数;第2列是y的系数的两个因数;第3列是常数项的两个因数.

19. **D.** 根据因式定理,依题意$f(x)$含有因式$x-1$,故$f(1)=0$. 即$1-3+8+11+m=0$. 可得$m=-17$时$f(x)$能够被$x-1$整除.

20. **B.** 原式化为$\lg\frac{(x+y)(2x+3y)}{3}=\lg(4xy)\Rightarrow\frac{(x+y)(2x+3y)}{3}=4xy$

$\Rightarrow2x^2-7xy+3y^2=0\Rightarrow2x=y$或$x=3y$,

得$\frac{x}{y}=\frac{1}{2}$或$\frac{x}{y}=3$.

二、条件充分性判断题

1. **A.** $a\left(\frac{1}{b}+\frac{1}{c}\right)+b\left(\frac{1}{a}+\frac{1}{c}\right)+c\left(\frac{1}{a}+\frac{1}{b}\right)=\frac{a+c}{b}+\frac{b+c}{a}+\frac{a+b}{c}$. 条件(1),有$a+c=-b$,$b+c=-a$,$a+b=-c$,从而有$\frac{a+c}{b}+\frac{b+c}{a}+\frac{a+b}{c}=-3$,充分;条件(2),有$a+c=1-b$,$b+c=1-a$,$a+b=1-c$,从而$\frac{a+c}{b}+\frac{b+c}{a}+\frac{a+b}{c}=-3+\left(\frac{1}{a}+\frac{1}{b}+\frac{1}{c}\right)\neq-3$,不充分.

2. **A.** 由条件(1)知,$a=-(b+c)$,代入$\frac{1}{b^2+c^2-a^2}$中,得$\frac{1}{b^2+c^2-[-(b+c)]^2}=\frac{1}{-2bc}$,

同理有$\frac{1}{c^2+a^2-b^2}=\frac{1}{-2ac}$，$\frac{1}{a^2+b^2-c^2}=\frac{1}{-2ab}$，

故$\frac{1}{b^2+c^2-a^2}+\frac{1}{c^2+a^2-b^2}+\frac{1}{a^2+b^2-c^2}=\frac{1}{-2bc}+\frac{1}{-2ac}+\frac{1}{-2ab}=0$，充分；

根据条件(2)可以得到$\frac{1}{b^2+c^2-a^2}+\frac{1}{c^2+a^2-b^2}+\frac{1}{a^2+b^2-c^2}=\frac{1}{a^2}+\frac{1}{a^2}+\frac{1}{a^2}=\frac{3}{a^2}\neq 0$，不充分.

3. **D**. 由条件(1)和条件(2)均可以得到$x^2-19=\pm 8\sqrt{3}$，
从而$x^4-33x^2-40x+244-5(x^2-8x+15)=x^4-38x^2+169=(x^2-19)^2-192=0$.

4. **A**. 条件(1)因为实数m是方程$x^2-3x+1=0$的根，所以$m^2-3m+1=0\Rightarrow m^2+1=3m$，
则$2m^3-5m^2-3+\frac{3}{m^2+1}=2m(m^2-3m+1)+m^2-2m-3+\frac{3}{3m}=m^2-3m+1+m+\frac{3}{3m}-4=$
$m+\frac{1}{m}-4=\frac{m^2+1}{m}-4=\frac{3m}{m}-4=-1$. 条件(2)同理条件(1)，但是得不出结论，故选A.

5. **D**. 原式$=\frac{a^3-2}{a-2}-\frac{a^3+1}{a-2}=-\frac{3}{a-2}$，所以$a-2=-1$或$-3$，得$a=\pm 1$.

6. **D**. 由条件(1)$y+z=0$得$z=-y$，代入题干：$x^3+y^3+z^3+mxyz=x^3-mxy^2=x(x^2-my^2)$，能被$x+y+z=x$整除，故充分.
由条件(2)$m=-3$，$x^3+y^3+z^3-3xyz=(x+y)^3+z^3-3x^2y-3xy^2-3xyz=(x+y+z)[(x+y)^2-(x+y)z+z^2]-3xy(x+y+z)=(x+y+z)(x^2+y^2+z^2-xy-yz-xz)$，故可被$x+y+z$整除，也充分.

7. **A**. 设$\sqrt[3]{20+14\sqrt{2}}=x$，$\sqrt[3]{20-14\sqrt{2}}=y$. 那么$x^3+y^3=40$，$xy=\sqrt[3]{400-196\times 2}=2$.
因为$x^3+y^3=(x+y)^3-3xy(x+y)$，故$40=(x+y)^3-6(x+y)$. 设$x+y=u$，得$u^3-6u-40=0$.
$(u-4)(u^2+4u+10)=0$. 因为$u^2+4u+10=0$没有实数根，所以$u-4=0$，$u=4$，即$x+y=4$. 即$\sqrt[3]{20+14\sqrt{2}}+\sqrt[3]{20-14\sqrt{2}}=4$. 选A.

8. **A**. 由条件(1)，当$x=2010$时，原式$=4x^2-5x+1-4(x^2+2x+2)+3x+7=-10x=-20100$，充分. 由条件(2)，同理计算可知不充分.

9. **B**. 将条件(1)和(2)分别代入计算. 由条件(1)$3x^2-x-12=0$，解出x不存在整数根，所以不充分；由条件(2)$5x^2-7x-6=0$，解出$x=2$或$x=-\frac{3}{5}$，存在整数根，充分.

10. **D**. 条件(1)，$a=-5$时，有$2x^3+ax^2+1=2x^3-5x^2+1=2x^3-x^2-4x^2+1=(2x-1)(x^2-2x-1)=(2x-1)(x-1+\sqrt{2})(x-1-\sqrt{2})$，显然充分；条件(2)，$a=-3$时，$2x^3+ax^2+1=2x^3-3x^2+1=2x^3-2x^2-x^2+1=(2x+1)(x-1)^2$，为三个一次因式的乘积，充分.

11. **A**. 由条件(1)得到$(a-c)^2-4(b-a)(c-b)=0$，$a^2-2ac+c^2-4bc+4ac-4ab+4b^2=0$，
故$(a+c)^2-4b(a+c)+4b^2=0$，$(a+c-2b)^2=0$，$a+c-2b=0$，故充分；
由条件(2)得$(a-c)^2+4(b+a)(c+b)=0$，$a^2-2ac+c^2+4bc+4ac+4ab+4b^2=0$，
故$(a+c)^2+4b(a+c)+4b^2=0$，$(a+c+2b)^2=0$，$a+c+2b=0$，不充分.

第四章　方程与不等式

重点考向例题解析

［例1］C. 将 $x=1$ 代入看错的方程 $\frac{ax+1}{3}-\frac{x-1}{2}=1$ 中，得到 $a=2$；再将 $a=2$ 代入原方程 $\frac{ax+1}{3}-\frac{x+1}{2}=1$ 中，得到 $x=7$.

［点睛］对于将数值看错的方程问题，只需写出看错方程的表达式，将错解代入求出参数值，然后再计算正确方程的解.

［例2］A. 先由 $\begin{cases}x+3y=7\\3x-y=1\end{cases}$ 得 $\begin{cases}x=1\\y=2\end{cases}$，从而有 $\begin{cases}\beta+2\alpha=1\\\alpha+2\beta=2\end{cases}$，即 $\alpha+\beta=1$.

［例3］A. 一元二次方程 $\begin{cases}m-5\neq0\\m^2-6m+7=2\end{cases}\Rightarrow m=1$.

［例4］C. 由题意知 $\begin{cases}k\neq0\\(2k+1)^2-4k^2>0\end{cases}$，解得 $k>-\frac{1}{4}$ 且 $k\neq0$.

［例5］B. 设 $x_1=\alpha$，$x_2=2\alpha$，根据韦达定理，则有 $\begin{cases}-p=3\alpha\\q=2\alpha^2\end{cases}\Rightarrow 2p^2=9q$.

［例6］B. 根据韦达定理，有 $\frac{1}{x_1}+\frac{1}{x_2}=\frac{x_1+x_2}{x_1x_2}=\frac{-\frac{m}{3}}{\frac{5}{3}}=2\Rightarrow m=-10$.

［例7］A. $x_1+x_2=\frac{3}{2}$，$x_1\cdot x_2=-\frac{1}{2}$

$$|x_1-x_2|=\sqrt{(x_1-x_2)^2}=\sqrt{x_1^2-2x_1x_2+x_2^2}=\sqrt{x_1^2+2x_1x_2+x_2^2-4x_1x_2}$$

$$=\sqrt{(x_1+x_2)^2-4x_1x_2}=\sqrt{\frac{9}{4}-4\times\left(-\frac{1}{2}\right)}=\sqrt{\frac{9}{4}+2}=\sqrt{\frac{17}{4}}=\frac{\sqrt{17}}{2}.$$

［评注］本题也可直接套公式 $|x_1-x_2|=\frac{\sqrt{b^2-4ac}}{|a|}$ 求解.

［例8］C. $x_1+x_2=2\left(m-\frac{1}{2}\right)=2m-1$，$x_1\cdot x_2=m^2-2$，

$x_1^2-x_1x_2+x_2^2=x_1^2+2x_1x_2+x_2^2-3x_1x_2=(x_1+x_2)^2-3x_1x_2=12$，

$(2m-1)^2-3(m^2-2)-12=0$，$4m^2-4m+1-3m^2+6-12=0$，

$m^2-4m-5=0$，解得 $m_1=5$，$m_2=-1$.

但当 $m=5$ 时，原式是 $x^2-9x+23=0$，此时 $\Delta=(-9)^2-4\times23=81-92=-11<0$，方程无实根，故 $m=-1$.

[例 9] D. 由根与系数间的关系可得 $x_1+x_2=\frac{m}{2}$ ①，$x_1\cdot x_2=-15$ ②，由已知条件 $5x_1+3x_2=0$ ③，

由①与③组成的方程组 $\begin{cases}x_1+x_2=\frac{m}{2}\\5x_1+3x_2=0\end{cases}$，解得 $\begin{cases}x_1=-\frac{3}{4}m\\x_2=\frac{5}{4}m\end{cases}$，

将方程组的解代入②得 $m=\pm4$，因为 m 是正实数，所以 $m=4$.

[例 10] A. 由于 a，b，c 三个数既成等差数列，又成等比数列，故 $a=b=c\neq0$，原方程可化为 $x^2+x-1=0$，根据韦达定理得：$\alpha+\beta=-1$，$\alpha\beta=-1$，又 $\alpha>\beta$，故

$$\begin{aligned}\alpha^3\beta-\alpha\beta^3&=\alpha\beta(\alpha^2-\beta^2)=\alpha\beta(\alpha+\beta)(\alpha-\beta)=\alpha\beta(\alpha+\beta)\sqrt{(\alpha-\beta)^2}\\&=\alpha\beta(\alpha+\beta)\sqrt{(\alpha+\beta)^2-4\alpha\beta}=\sqrt{5}.\end{aligned}$$

[点睛] 记住既成等差数列又成等比数列的数列为非零的常数列；再借助韦达定理将所求表达式因式分解.

[例 11] D. 根据韦达定理，在方程 $3x^2+bx+c=0(c\neq0)$ 中有 $\alpha+\beta=-\frac{b}{3}$，$\alpha\beta=\frac{c}{3}$，

又在方程 $3x^2-bx+c=0$ 中有 $\alpha+\beta+\alpha\beta=\frac{b}{3}$，$(\alpha+\beta)\alpha\beta=\frac{c}{3}$，代入 $\alpha+\beta$，$\alpha\beta$ 得

$$\begin{cases}\frac{c}{3}-\frac{b}{3}=\frac{b}{3}\\-\frac{b}{3}\cdot\frac{c}{3}=\frac{c}{3}\end{cases}，即\begin{cases}b=-3\\c=-6\end{cases}.$$

[例 12] A. 两根之积为 $x_1x_2=2a^2-4a-2$，将它看成开口向上的抛物线，当对称轴为 $a=1$ 时，有最小值 -4. 验证当 $a=1$ 时，方程有实根，满足题干.

[点睛] 通过两根之积的表达式，借助抛物线求解最值. 注意，还要验证对应的 a 值能否满足方程有实根.

[扩展] 如果题目改成“求两根之积的最大值”，首先根据判别式 $\Delta=(2a-10)^2-4(2a^2-4a-2)\geqslant0$，得到 $-9\leqslant a\leqslant3$，当 $a=-9$ 时，离对称轴比较远，对于开口向上的抛物线 $x_1x_2=2a^2-4a-2$，故有最大值 196.

[例 13] D. 由题干 $\begin{cases}\Delta=(a-2)^2-16(a-5)>0\\x_1+x_2=\frac{2-a}{4}<0\\x_1x_2=\frac{a-5}{4}>0\end{cases}\Rightarrow\begin{cases}a<6或a>14\\a>2\\a>5\end{cases}\Rightarrow5<a<6或a>14$，

两个条件均充分.

[点睛] 此题借助韦达定理来判断两根的符号，同时不要忘记判别式. 当然，本题也可以画出抛物线图像分析.

[例 14] B. 如图 4－1，根据根的定理，只要 $\begin{cases}f(-1)f(0)=(3m-6)(m-5)<0\\f(0)f(1)=(m-5)(m-4)<0\end{cases}$，

解得 $4<m<5$.

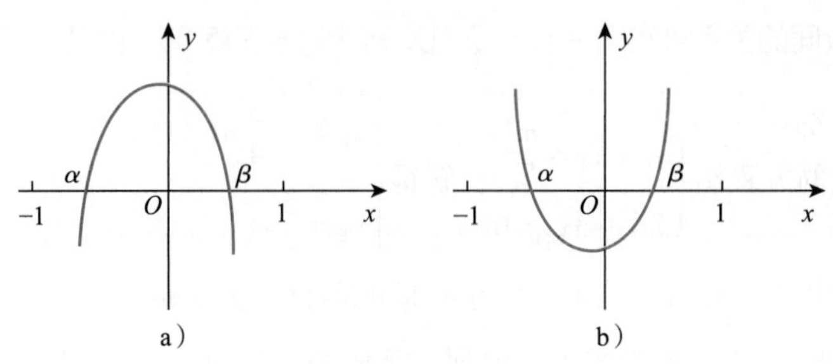

图 4－1

［点睛］对于方程 $f(x)=0$ 在区间 $\alpha<x<\beta$ 内有实根，则必有 $f(\alpha)f(\beta)<0$.

［例 15］C. 特例法. 特例原则：符合条件，尽量简单，一次不够再取一次特值.

因为 $\frac{1}{a}<\frac{1}{b}<0$，故可取 $a=-1$，$b=-2$，显然 $|a|+b=1-2=-1<0$，所以②错误；

因为 $\ln a^2=\ln(-1)^2=0$，$\ln b^2=\ln(-2)^2=\ln 4>0$，所以④错误.

综上所述，可排除 A，B，D 和 E.

［例 16］B. $\begin{cases}x-1\leqslant a^2\\x-4\geqslant 2a\end{cases}\Rightarrow\begin{cases}x\leqslant a^2+1\\x\geqslant 2a+4\end{cases}\Rightarrow 2a+4\leqslant a^2+1\Rightarrow a^2-2a-3\geqslant 0$，

所以 $a\leqslant -1$ 或 $a\geqslant 3$.

［评注］若改为无解，又如何分析？答案为 $-1<a<3$.

［例 17］C. 原不等式可变形为 $(x-1)(x-2)<0$，结合相应二次函数的图像可得，$1<x<2$. 所以不等式 $x^2-3x+2<0$ 的解集是 $\{x\mid 1<x<2\}$.

［例 18］C. 由 $3x^2-4ax+a^2<0$ 得 $(3x-a)(x-a)<0$，又 $a<0$，故解集为 $a<x<\frac{a}{3}$.

［点睛］本题求含有参数的解集，要根据 a 的数值，判断两根的大小.

［例 19］B. 由于不等式 $5x^2-bx+c<0$ 的解集为 $\{x\mid -1<x<3\}$，可得 -1，3 是方程 $5x^2-bx+c=0$ 的两个实数根，再利用根与系数的关系即可得出.

因为不等式 $5x^2-bx+c<0$ 的解集为 $\{x\mid -1<x<3\}$，$\frac{b}{5}=-1+3$，$\frac{c}{5}=(-1)\times 3$，

$b=10$，$c=-15$，故 $b+c=-5$.

［例 20］C. 由题意知，要使原不等式的解集为 $\mathbf{R}$，必须 $\begin{cases}a<0\\\Delta<0\end{cases}$，

即 $\begin{cases}a<0\\(a-1)^2-4a(a-1)<0\end{cases}\Leftrightarrow\begin{cases}a<0\\3a^2-2a-1>0\end{cases}\Leftrightarrow\begin{cases}a<0\\a>1\text{ 或 }a<-\frac{1}{3}\end{cases}\Leftrightarrow a<-\frac{1}{3}$.

［注意］本题若无“二次不等式”的条件，还应考虑 $a=0$ 的情况，但对本题 $a=0$ 时式子不恒成立.

［例 21］C. 先将本题转化为 $(a^2-1)x^2-(a-1)x-1<0$ 的解集为 $\mathbf{R}$ 分析，

若 $a^2-1=0$，即 $a=1$ 或 $a=-1$ 时，原不等式的解集分别为 $\mathbf{R}$ 和 $\left\{x\mid x<\frac{1}{2}\right\}$；

若 $a^2-1\neq 0$，即 $a\neq\pm 1$ 时，要使原不等式的解集为 $\mathbf{R}$，

必须 $\begin{cases}a^2-1<0\\\Delta<0\end{cases}\Leftrightarrow\begin{cases}a^2-1<0\\(a-1)^2-4(a^2-1)\times(-1)<0\end{cases}\Leftrightarrow -\frac{3}{5}<a<1$.

故所求实数 a 的取值范围是$\left(-\frac{3}{5}, 1\right]$，从而包含 0 和 1 两个整数.

[例 22] B. 由于分母 $4x^2+6x+3$ 恒大于 0，得到 $2x^2+2kx+k<4x^2+6x+3$.
即 $2x^2+(6-2k)x+3-k>0$，对于任意 x 恒成立，故 $\Delta<0$，
即$(6-2k)^2-4\times2(3-k)<0$，解得 $1<k<3$，包含一个整数 2.

难点考向例题解析

[例 1] A. 当 $x\geqslant-\frac{1}{2}$时，$\left|x-|2x+1|\right|=|x-(2x+1)|=|-x-1|=x+1=4$，得 $x=3$.

当 $x<-\frac{1}{2}$时，$\left|x-|2x+1|\right|=|x+(2x+1)|=|3x+1|=-3x-1=4$，得 $x=-\frac{5}{3}$.

[例 2] E. 画出 $y=|9x^2-6x|$ 和 $y=1$ 的图像，如图 4－2. 根据交点情况可以看出，只有一个负实根.

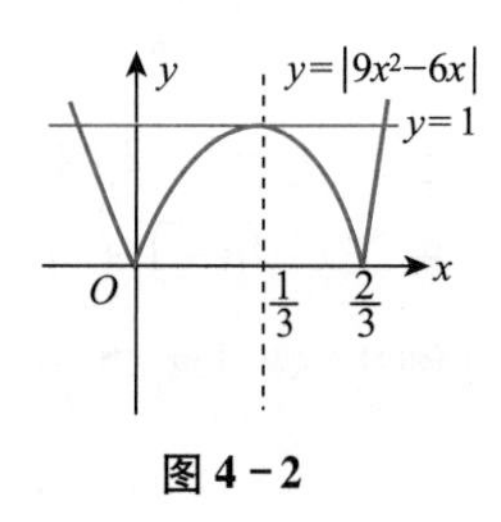

图 4－2

[例 3] B. $\frac{2(x^2-1)}{x-1}+\frac{6(x-1)}{x^2-1}=7\Rightarrow2(x+1)+\frac{6}{x+1}=7\Rightarrow2(x+1)^2-7(x+1)+6=0$，解得 $x_1=\frac{1}{2}$，$x_2=1$.

显然 $x=1$ 是增根，应舍去，故 $x=\frac{1}{2}$.

[评注] 在解分式方程时，一定要注意增根问题，所以解出转化后方程的所有解时，最后一定要进行验证.

[例 4] D. 两边同乘以 $x(x+1)(x-1)$，得 $x+1+(k-5)(x-1)=x(k-1)$，解得 $x=\frac{6-k}{3}$.

原方程的增根可能是 0、1、－1，当 $x=0$ 时，$\frac{6-k}{3}=0$，则 $k=6$；当 $x=1$ 时，$\frac{6-k}{3}=1$，则 $k=3$；当 $x=-1$ 时，$\frac{6-k}{3}=-1$，则 $k=9$. 所以当 $k=3$，6，9 时方程无解.

[评注] 解题的关键在于理解增根的意义. 无论是分式方程的根，还是分式方程的增根，均是去分母后所得到的整式方程的根. 而这个整式方程的根如果是分式方程的增根，则代入原方程的分母后，至少有一个为零.

[例 5] E. 将 $\sqrt{2x+1}-\sqrt{x-3}=2$ 移项，得 $\sqrt{2x+1}=2+\sqrt{x-3}$，两边平方，得 $2x+1=4+x-3+4\sqrt{x-3}$，化简得 $x=4\sqrt{x-3}$，两边平方，得 $x^2=16(x-3)$，解方程，得 $x_1=12$，$x_2=4$. 经检验，$x_1=12$，$x_2=4$ 都是原方程的根，则 $x_1x_2=48$.

[点睛] 含一个根式的无理方程，可将根式留在等式的一边，把不含根式的其他项全部移到等号的另一边，再将方程两边同时平方. 同样，这种方法也适用于含有两个根式的方程，只要将 $\sqrt{x-3}$移到等号的右边，然后两边平方，就可以化去一个根式，再按照只含一个根式的无理方程的解法继续运算.

[注意] 解无理方程时，经过乘方运算可能会扩大方程中的未知数的取值范围，有可能产生增根，所以解得的根必须代入原方程进行检验.

[例6] D. $4^{1-|x-1|}-9\times2^{-|x-1|}+2=0\Rightarrow4\times4^{-|x-1|}-9\times2^{-|x-1|}+2=0$,

令 $t=2^{-|x-1|}$，由于 $|x-1|\geqslant0$，得到 $-|x-1|\leqslant0$，从而 $2^{-|x-1|}\leqslant2^0=1$，所以 $0<t\leqslant1$.

原方程化为 $4t^2-9t+2=0$，解得 $t=\frac{1}{4}$ 或 $t=2$(舍)，

故 $2^{-|x-1|}=\frac{1}{4}=2^{-2}\Rightarrow|x-1|=2\Rightarrow x=3$ 或 -1.

[例7] C. $4^{x-\frac{1}{2}}+2^x=1\Rightarrow4^x\cdot4^{-\frac{1}{2}}+2^x=1\Rightarrow\frac{1}{2}\cdot4^x+2^x=1$，可令 $t=2^x(t>0)$，

则有 $\frac{1}{2}\cdot t^2+t=1\Rightarrow t^2+2t-2=0$，解得 $t=\sqrt{3}-1$(舍掉负根)，故 $x=\log_2(\sqrt{3}-1)$，

因为 $\sqrt{3}-1<1$，所以 $x<0$.

[例8] D. 令 $t=(\sqrt{2}+1)^x\Rightarrow t+\frac{1}{t}=6$，$t^2-6t+1=0$，

$t=\frac{6\pm4\sqrt{2}}{2}=3\pm2\sqrt{2}$，$t_1=3+2\sqrt{2}=(\sqrt{2}+1)^2\Rightarrow x=2$，

$t_2=3-2\sqrt{2}=(\sqrt{2}+1)^{-2}\Rightarrow x=-2$.

[评注] $\sqrt{n+1}+\sqrt{n}$ 与 $\sqrt{n+1}-\sqrt{n}$ 互为倒数，即 $(\sqrt{n+1}+\sqrt{n})(\sqrt{n+1}-\sqrt{n})=1$.

[例9] C. $\log_x25-3\log_{25}x+\log_x25-1=0$，$2\log_x25-3\log_{25}x-1=0$，

令 $t=\log_{25}x$，$\frac{2}{t}-3t-1=0$，$2-3t^2-t=0$.

$3t^2+t-2=0$，$(t+1)(3t-2)=0$，解得 $t_1=-1$，$t_2=\frac{2}{3}$.

$\log_{25}x=-1\Rightarrow x_1=25^{-1}$；$\log_{25}x=\frac{2}{3}\Rightarrow x_2=25^{\frac{2}{3}}$，

则 $x_1x_2=25^{-1}\times25^{\frac{2}{3}}=25^{-\frac{1}{3}}=\frac{1}{\sqrt[3]{25}}=\frac{\sqrt[3]{5}}{5}$.

[例10] D. $5+x+3+4=20$，解得 $x=8$.

[例11] A. $8x=16$，解得 $x=2$.

[例12] C. 已知 $\frac{x_1+x_2+x_3}{3}=5\Rightarrow x_1+x_2+x_3=15$，

则 $\frac{x_1+2+x_2-3+x_3+6+8}{4}=\frac{15+2-3+6+8}{4}=7$.

[技巧] 由 x_1，x_2，x_3 的算术平均值为5，可令 $x_1=x_2=x_3=5$ 代入求解.

[点睛] 根据算术平均值，可以求出这几个数之和的值.

[例13] D. 根据 $a+b\geqslant2\sqrt{ab}(a,\ b>0)$，若 S 为定值，则当且仅当 $x=y$ 时，P 有最大值 $\frac{S^2}{4}$.

[例14] A. $y=\frac{3x}{2}+\frac{3x}{2}+\frac{4}{x^2}\geqslant3\sqrt[3]{\frac{3x}{2}\cdot\frac{3x}{2}\cdot\frac{4}{x^2}}=3\sqrt[3]{9}$，当 $\frac{3x}{2}=\frac{3x}{2}=\frac{4}{x^2}$ 时，即 $x=\sqrt[3]{\frac{8}{3}}$ 时取到最小值.

[评注] 此题中变形拆分是解题的关键，在拆分时，为了保证取到最值，要进行平均拆分.

[例 15] B. 根据平均值定理，乘积为定值时，和有最小值. 当 a，b，c，d，e 越接近时，和越小，相反的，当 a，b，c，d，e 差别越大时，其和才会越大. 本题要求解和的最大值，那么只需差别越大越好. 由条件(1)，$abcde=2700=2\times2\times3\times3\times75$，和的最大值为 $2+2+3+3+75=85$，不充分；条件(2)，$abcde=2000=2\times2\times2\times2\times125$，和的最大值为 $2+2+2+2+125=133$，充分.

[扩展] 若改为求"$a+b+c+d+e$ 的最小值"，则分解的 a，b，c，d，e 越接近时，和越小. 那么由条件(1)，$abcde=2700=6\times6\times3\times5\times5$，和的最小值为 $6+6+3+5+5=25$；条件(2)，$abcde=2000=4\times4\times5\times5\times5$，和的最小值为 $4+4+5+5+5=23$.

[例 16] C. 两个条件单独均不充分，考虑联合.

$$\frac{1}{a}+\frac{1}{b}+\frac{1}{c}=bc+ac+ab=\frac{ab+bc}{2}+\frac{ab+ac}{2}+\frac{bc+ac}{2}$$

$\geqslant\sqrt{abbc}+\sqrt{aabc}+\sqrt{abcc}=\sqrt{a}+\sqrt{b}+\sqrt{c}$，由 a，b，c 不全相等，只能取大于号，充分.

[点睛] 此题的难点在公式的变形及条件 $abc=1$ 的应用. 若 $abc=1$，一方面可以把原式中的 1 替换为 abc，另一方面可以用 $\frac{1}{a}=bc$，$\frac{1}{ab}=c$ 等替换.

[例 17] C. 当 $x\geqslant\frac{1}{2}$ 时，原不等式变形为 $x^2-x-5>2x-1$，

即 $x^2-3x-4>0\Rightarrow x>4\left(因为\ x\geqslant\frac{1}{2}\right)$；

当 $x<\frac{1}{2}$ 时，原不等式变形为 $x^2-x-5>1-2x$，即 $x^2+x-6>0\Rightarrow x<-3\left(因为\ x<\frac{1}{2}\right)$，

综上所述，原不等式的解集为 $x<-3$ 或 $x>4$. 故包含 5 和 7 两个 10 以内的质数.

[评注] 本题由于绝对值内比较简单，故采用分段讨论法.

[例 18] 令 $y=x^2-2x-3$. $|y|>2$，即 $y>2$ 或 $y<-2$，

所以，可以把原不等式分为两个不等式：

$x^2-2x-3>2$ ①　　　$x^2-2x-3<-2$ ②

解①得 $x>1+\sqrt{6}$，$x<1-\sqrt{6}$.

解②得 $1-\sqrt{2}<x<1+\sqrt{2}$.

综合上述两个不等式的解，原不等式的解集为

$(-\infty,1-\sqrt{6})\cup(1-\sqrt{2},1+\sqrt{2})\cup(1+\sqrt{6},+\infty)$.

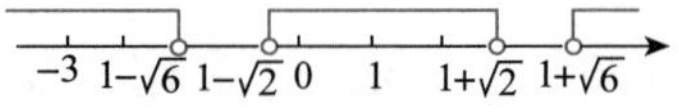

图 4－3

[评注] 本题由于绝对值内部的次方较高，故采用公式法.

[例 19] C. 采用平方法：$|x^2-x-5|>|2x-1|\Leftrightarrow(x^2-x-5)^2>(2x-1)^2$，

$(x^2-x-5)^2-(2x-1)^2>0\Leftrightarrow(x^2+x-6)(x^2-3x-4)>0$，

从而 $(x-2)(x+3)(x-4)(x+1)>0$，结合穿线法得到解集为 $x<-3$ 或 $-1<x<2$ 或 $x>4$，故包含 5 和 7 两个 10 以内的质数.

[评注] 本题由于两边都有绝对值，分段讨论比较麻烦，故采用平方法，结合平方差公式来求解分析. 记住公式：$|a|>|b|\Leftrightarrow a^2>b^2\Leftrightarrow(a+b)(a-b)>0$.

[例 20] D. 原不等式可化简为 $\frac{2x^2+x+14}{x^2+6x+8}-1\leqslant0\Leftrightarrow\frac{x^2-5x+6}{x^2+6x+8}\leqslant0\Leftrightarrow\frac{(x-2)(x-3)}{(x+2)(x+4)}\leqslant0$

$$\Leftrightarrow\begin{cases}(x+4)(x+2)(x-2)(x-3)\leqslant0\\(x+2)(x+4)\neq0\end{cases}$$

穿线法：

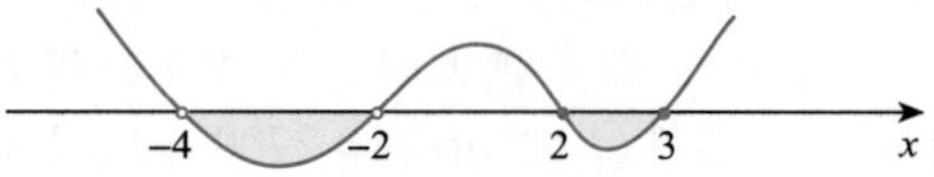

图 4-4

所以 $-4<x<-2$ 或 $2\leqslant x\leqslant 3$，从而包含 -3，2，3 三个整数.

[例 21] E. $\dfrac{3x^2-2}{x^2-1}>1\Leftrightarrow\dfrac{3x^2-2}{x^2-1}-1=\dfrac{2x^2-1}{x^2-1}>0$，即 $(\sqrt{2}x+1)(\sqrt{2}x-1)(x+1)(x-1)>0$，由穿线法解得解集为 $(-\infty,\ -1)\cup\left(-\dfrac{\sqrt{2}}{2},\ \dfrac{\sqrt{2}}{2}\right)\cup(1,\ +\infty)$.

[例 22] B. 由根号有意义 $\begin{cases}3-x\geqslant 0\\ x+1\geqslant 0\end{cases}$，得 $-1\leqslant x\leqslant 3$. 原不等式变形为 $\sqrt{3-x}>\sqrt{x+1}+1$，

由于两边均非负，故两边平方后，整理得 $1-2x>2\sqrt{x+1}$，此时要求 $1-2x>0\Rightarrow x<\dfrac{1}{2}$，

再平方可得 $(1-2x)^2>4(x+1)$，所以 $4x^2-8x-3>0$，

得到 $x>\dfrac{2+\sqrt{7}}{2}$ 或 $x<\dfrac{2-\sqrt{7}}{2}$.

综上所述，原不等式解集为 $-1\leqslant x<\dfrac{2-\sqrt{7}}{2}$，故包含 -1 一个整数解.

[例 23] D. 由 $\log_2\left(x+\dfrac{1}{x}+6\right)\leqslant 3\Leftrightarrow 0<x+\dfrac{1}{x}+6\leqslant 8$，

当 $x>0$ 时，$0<x^2+1+6x\leqslant 8x\Rightarrow(x-1)^2\leqslant 0\Rightarrow x=1$.

当 $x<0$ 时，$8x\leqslant x^2+1+6x<0\Rightarrow -3-2\sqrt{2}<x<-3+2\sqrt{2}$.

综上，不等式的解集为 $\{x\mid -3-2\sqrt{2}<x<-3+2\sqrt{2}$ 或 $x=1\}$，包含 6 个整数解.

[例 24] B. 方程化为 $a=\log_2\dfrac{x+4}{-x}$，由于 $-2<x<-1$，所以 $1<\dfrac{x+4}{-x}<3$，从而 a 的取值范围为 $(0,\ \log_2 3)$，包含一个整数解.

[评注] $\log_4 x^2=\log_{2^2}x^2=\log_2|x|=\log_2(-x)$，因为本题 $x\in(-2,\ -1)$ 为负值.

[例 25] B. **方法一**：利用二维形式柯西不等式 $(ac+bd)^2\leqslant(a^2+b^2)(c^2+d^2)=2$，当且仅当“$ad=bc$”时，等号成立. 那么 $|ac+bd|\leqslant\sqrt{2}$.

方法二：$(ac+bd)^2=a^2c^2+b^2d^2+2abcd=(a^2+b^2)(c^2+d^2)-a^2d^2-b^2c^2+2abcd$
$=2-(ad-bc)^2\leqslant 2$，则 $|ac+bd|\leqslant\sqrt{2}$.

基础自测题解析

一、问题求解题

1. B. **方法一**：首先根据 $\left(\sqrt{\dfrac{\beta}{\alpha}}+\sqrt{\dfrac{\alpha}{\beta}}\right)^2=\dfrac{\beta}{\alpha}+2+\dfrac{\alpha}{\beta}=\dfrac{(\alpha+\beta)^2-2\alpha\beta}{\alpha\beta}+2$ 和韦达定理可知 $\left(\sqrt{\dfrac{\beta}{\alpha}}+\sqrt{\dfrac{\alpha}{\beta}}\right)^2=\dfrac{25}{3}$ 且 $\sqrt{\dfrac{\beta}{\alpha}}+\sqrt{\dfrac{\alpha}{\beta}}>0\Rightarrow\sqrt{\dfrac{\beta}{\alpha}}+\sqrt{\dfrac{\alpha}{\beta}}=\dfrac{5\sqrt{3}}{3}$，所以选 B.

方法二：首先因为所求是两个根式，一定是大于0的，所以排除A，D；且$\sqrt{\frac{\beta}{\alpha}}+\sqrt{\frac{\alpha}{\beta}}$的值一定是大于1的，所以只有B大于1.

2. **B.** $(x_1-x_2)^2=16\Rightarrow(x_1+x_2)^2-4x_1x_2=4-4c=16\Rightarrow c=-3$.
3. **C.** 原方程有整数解的条件有且只有以下3种：
①$x+4=0$而$x^2+x-1\neq0$，此时$x=-4$是方程的一个整数解；
②$x^2+x-1=1$，解得$x=-2$或$x=1$，即原方程有两个整数解；
③$x^2+x-1=-1$而$x+4$为偶数．$x^2+x-1=-1$，得$x=0$或-1．显然仅当$x=0$时$x+4=4$为偶数．故原方程此时仅有一个整数解.
综上所述方程的解共有$1+2+1=4$个.
4. **D.** 原不等式即为$(a+b)x<3b-2a$，由已知，它的解集为$x<-\frac{1}{3}$，则必然$a+b>0$，从而$x<\frac{3b-2a}{a+b}$，所以$\frac{3b-2a}{a+b}=-\frac{1}{3}$，得$a=2b$.
因为$a+b>0$，所以$3b>0$，所以$b>0$．将$a=2b$代入所求解的不等式中，得$-bx-3b>0$，即$bx<-3b$．因为$b>0$，所以$x<-3$，所以所求的解集为$x\in(-\infty,-3)$.
5. **A.** 原不等式组$\Leftrightarrow\begin{cases}6x+12>x-9+3x+15\\72-3(x-2)-8>2x\end{cases}\Leftrightarrow\begin{cases}2x>-6\\-5x>-70\end{cases}\Leftrightarrow\begin{cases}x>-3\\x<14\end{cases}\Leftrightarrow-3<x<14$．所以，原不等式组的解集为$\{x\mid-3<x<14\}$．故包含16个整数.
6. **B.** 原不等式$\Leftrightarrow\frac{3x+1}{x-3}-1<0\Leftrightarrow\frac{3x+1-x+3}{x-3}<0\Leftrightarrow\frac{2x+4}{x-3}<0\Leftrightarrow\frac{x+2}{x-3}<0\Leftrightarrow(x+2)(x-3)<0$，所以原不等式的解集为$\{x\mid-2<x<3\}$．故包含4个整数.
7. **A.** 由已知a，b是方程$x^2+11x+16=0$的两根．则$\begin{cases}a+b=-11\\ab=16\end{cases}$所以$a<0$，$b<0$，
$\sqrt{\frac{b}{a}}-\sqrt{\frac{a}{b}}=\frac{a-b}{\sqrt{ab}}=\frac{1}{4}(a-b)=\pm\frac{1}{4}\sqrt{(a+b)^2-4ab}=\pm\frac{1}{4}\sqrt{121-64}=\pm\frac{1}{4}\sqrt{57}$.
8. **E.** 由题意得：$\Delta=[2(k+1)]^2-4(k^2+2)\geqslant0$，得$k\geqslant\frac{1}{2}$ ①
又$x_1+x_2=2(k+1)$，$x_1x_2=k^2+2$，
所以$(x_1+1)(x_2+1)=x_1x_2+(x_1+x_2)+1=k^2+2+2(k+1)+1=k^2+2k+5$.
由已知得$k^2+2k+5=8$，解得$k=-3$，$k=1$ ②
由①②得$k=1$.
9. **A.** 由已知$b^2-4b+m=0$ ① $b^2-8b+5m=0$ ②
①－②得：$4b-4m=0$，故$b=m$ ③
将③代入①得：$m^2-4m+m=0$，解得$m=0$或$m=3$.
10. **B.** $\Delta=a^2-4(a-2)=a^2-4a+8=(a-2)^2+4>0$，
所以对于任意实数a，原方程总有两个实数根.
由根与系数的关系得$x_1+x_2=-a$，$x_1x_2=a-2$，
所以$(x_1-2x_2)(x_2-2x_1)=-2(x_1+x_2)^2+9x_1x_2=-2a^2+9a-18=-2\left(a-\frac{9}{4}\right)^2-\frac{63}{8}$，
所以当$a=\frac{9}{4}$时原式有最大值$-\frac{63}{8}$.

11. A. $\Delta=5^2-4k\geqslant0$，得 $k\leqslant\frac{25}{4}$.

设两实根为 α，β，不妨令 $\alpha>\beta$，则 $\alpha-\beta=3$.

于是 $(\alpha-\beta)^2=(\alpha+\beta)^2-4\alpha\beta=9$，由韦达定理 $\alpha+\beta=-5$，$\alpha\beta=k$，

得 $(-5)^2-4k=9$，所以 $k=4$，验证 $4\in\left(-\infty,\ \frac{25}{4}\right]$.

12. A. $\lg(x^2+11x+8)=\lg(x+1)+\lg10=\lg10(x+1)$，

则 $x^2+11x+8=10(x+1)$，$x^2+x-2=0$，所以 $x=1$ 或 $x=-2$.

经检验，$x=-2$ 是增根，舍去，所以原方程的解为 $x=1$.

13. A. 由 $\begin{cases}5a+2b=11\\a-4b=11\end{cases}$，得 $\begin{cases}a=3\\b=-2\end{cases}$，所以 $\log_9 a^b=\log_9 3^{-2}=\log_9\frac{1}{9}=-1$.

14. C. 依题意，方程 $x^2-ax+b=0$ 的两根为 $x_1=-1$，$x_2=2$.

由 $-1+2=a$，$(-1)\times2=b$，得 $a=1$，$b=-2$，

则不等式 $x^2+bx+a>0$，即 $x^2-2x+1>0$，即 $(x-1)^2>0$.

所以 $x\in\mathbf{R}$ 且 $x\neq1$，即解集为 $x\in(-\infty,\ 1)\cup(1,\ +\infty)$.

15. B. **方法一**：与解集为 $x\leqslant1$ 或 $x\geqslant2$ 对应的不等式是 $(x-1)(x-2)\geqslant0$. 即 $x^2-3x+2\geqslant0$，亦即 $2x^2-6x+4\geqslant0$.

对比系数，得 $\begin{cases}2a-b=-6\\b=4\end{cases}$，则 $a=-1$，$b=4$，所以 $a+b=-1+4=3$.

方法二：$2x^2+(2a-b)x+b=0$，$x_1=1$，$x_2=2$，

$\begin{cases}1+2=-\dfrac{2a-b}{2}\\1\times2=\dfrac{b}{2}\end{cases}$，解得 $a=-1$，$b=4$. 所以 $a+b=3$.

16. D. 因为 $ax^2+bx+c<0$ 的解集为 $-2<x<3$，所以 $a>0$.

由于 $ax^2+bx+c=0$ 的两根为 -2 和 3，则 $-2+3=-\frac{b}{a}$，$(-2)\times3=\frac{c}{a}$，

得 $b=-a<0$，$c=-6a<0$，由 $cx^2+bx+a<0$，得 $x^2+\frac{b}{c}x+\frac{a}{c}>0$，

即 $x^2+\frac{-a}{-6a}x+\frac{a}{-6a}>0$，即 $x^2+\frac{1}{6}x-\frac{1}{6}>0$，

所以 $6x^2+x-1>0$，所以 $x<-\frac{1}{2}$ 或 $x>\frac{1}{3}$.

17. C. 解不等式组，得 $\begin{cases}x<20\\x>3-2a\end{cases}$，不等式组只有 5 个整数解，即解只能是

$x=15$、16、17、18、19，a 的取值范围是 $\begin{cases}3-2a\geqslant14\\3-2a<15\end{cases}$，故 $-6<a\leqslant-\frac{11}{2}$，包含 0 个整数.

二、条件充分性判断题

1. B. **方法一**：条件(1)中的方程 $x-y=5$ 与 $xy=-6$ 联立成二次方程组可解出 x，y 的值，但是因为 $xy=-6$ 是一个二次方程，解得 x 和 y 的值各有两个，所以值不唯一，因此条件(1)不充分；虽然条件(2)中的 $xy^2=18$ 与 $xy=-6$ 所联立成的方程组也是二次的，但解方程仅可得到一对 x、y 值，所以可以求得 $xy(x+y)$ 的唯一值，所以条件(2)充分.

方法二：$xy^2=xyy=-6y=18\ \Rightarrow\ \begin{cases}x=2\\y=-3\end{cases}$，所以条件(2)是充分的.

2. D. 由条件(1)可得 $x-y=0$，从而得到 $x^2-y^2=0$；由条件(2)也可得出 $x^2-y^2=(x+y)\cdot(x-y)=0$，所以条件(1)和条件(2)都是充分的.

3. E. 根据对数函数的性质，由条件(1)可得 $(\log_m xy)^2=(\log_m 2)^2 \Rightarrow xy=2$ 或 0.5.

由条件(2)得到 $(x-1)(x^2+2)=0 \Rightarrow x=1$.

所以任何一个条件都是不能确定的，联立后也不能唯一确定.

[评注] 方程的问题最重要的是找出变量，列出方程. 对某些方程作适当的变形，注意总结规律.

4. C. 由 $x_1x_2=\frac{c}{a}<0 \Rightarrow ac<0$；根据条件(1) $a+b+c=0 \Rightarrow b=-a-c>a \Rightarrow a<-\frac{c}{2}$，无法确定 a 和 c 的符号；根据条件(2) $a+b+c=0 \Rightarrow b=-a-c<c \Rightarrow a>-2c$，也无法确定 a 和 c 的符号；联合两个条件，得到 $a+b+c=0$，且 $a<b<c \Rightarrow a<0$，$c>0$，此时判别式必然大于零，满足.

5. D. 由条件(1)可得 $\begin{cases}2m+n=8\\2n-m=1\end{cases}$，解得 $\begin{cases}m=3\\n=2\end{cases}$，则 $2m-n=4$，充分；由条件(2)解得 $\begin{cases}m=5\\n=6\end{cases}$，可知 $2m-n=4$，也充分.

6. D. 由题干得 $\begin{cases}\Delta=4m^2-4(m^2-4)>0\\x_1+x_2=2m>0\\x_1x_2=m^2-4>0\end{cases}$，解得 $m>2$，因此两个条件均充分.

7. B. 本题考查平均值的定义，由题得到 $x+y=10$，$xy=16$，故条件(2)充分.

8. D. 条件(1)因知任意两门的平均成绩，可得 $C_4^2=6$ 个方程构成方程组，用于确定4个未知数，所以足以确定四门的总成绩.

条件(2)可以推知4门课的总成绩，所以是充分的.

9. C. 根据题意 $18 \leqslant \frac{16+2n-4+n}{3}=n+4 \leqslant 21 \Rightarrow 14 \leqslant n \leqslant 17$，所以条件(1)和条件(2)都是不充分的，但条件(1)和条件(2)联合之后是充分的.

综合提高题解析

一、问题求解题

1. B. (1)当 $a=0$ 时，$3 \geqslant 0$ 对任意 $x \in \mathbf{R}$ 均成立.

(2)当 $a \neq 0$ 时，$\begin{cases}a>0\\(4a)^2-12a \leqslant 0\end{cases}$，所以 $0<a \leqslant \frac{3}{4}$.

由(1)(2)得 $0 \leqslant a \leqslant \frac{3}{4}$，所以正确答案是 B.

2. C. 原式中分母恒大于0，所以等价于 $2x^2+2kx+3>x^2+x+2$，即保证 $x^2+(2k-1)x+1>0$，又可知 $\Delta=(2k-1)^2-4<0$，得 $-\frac{1}{2}<k<\frac{3}{2}$，从而 k 取0，1.

3. B. $x_1^2+x_2^2=(x_1+x_2)^2-2x_1x_2=(k-2)^2-2(k^2+3k+5)=k^2-4k+4-2k^2-6k-10$

$=-k^2-10k-6=-(k+5)^2+19 \leqslant 19$，

此解法不对，注意 k 还有限制范围.

由 $\Delta \geqslant 0$，$(k-2)^2-4(k^2+3k+5) \geqslant 0$ 得到 $-4 \leqslant k \leqslant -\frac{4}{3}$，

从而得 $x_1^2+x_2^2=-(k+5)^2+19$，$k\in\left[-4,\ -\frac{4}{3}\right]$.

当 $k=-4$ 时，$(x_1^2+x_2^2)_{\max}=18$；当 $k=-\frac{4}{3}$时，$(x_1^2+x_2^2)_{\min}=\frac{50}{9}$.

所以$(x_1^2+x_2^2)\in\left[\frac{50}{9},\ 18\right]$.

4. **D**. 由 $\Delta=(-6)^2-4m\geqslant0$，得 $m\leqslant9$.
由韦达定理 $\alpha+\beta=6$，$\alpha\beta=m$，因为 $3\alpha+2\beta=\alpha+2(\alpha+\beta)=\alpha+2\times6=20$，
所以 $\alpha=8$，$\beta=-2$，$m=\alpha\beta=8\times(-2)=-16$.

5. **B**. 由韦达定理 $m+n=3$，$mn=1$，
又$(m+n)^2=9$，$m^2+n^2+2mn=9$，则 $m^2+n^2=9-2\times1=7$.
所以 $2m^2+4n^2-6n=2m^2+2n^2+2n^2-6n=2(m^2+n^2)+2n(n-3)=2(m^2+n^2)+2n(-m)$
$=2(m^2+n^2)-2mn=2\times7-2\times1=12$.

6. **A**. 设两个实根分别为 $x_1=3k$，$x_2=4k$. 依韦达定理，$3k+4k=-a$，$3k\cdot4k=b$，即$7k=-a$，
$a=-7k$，$b=12k^2$. 因为 $\Delta=a^2-4b=2$，所以$(-7k)^2-4\cdot12k^2=2$.
解得 $k=\pm\sqrt{2}$，所以 $x_1^2+x_2^2=9k^2+16k^2=25k^2=50$.

7. **D**. 因为 $\left|\frac{x_1}{x_2}\right|=\frac{3}{2}$，所以 x_1，$x_2\neq0$. 又 $x_1\cdot x_2=-\frac{6m^2}{4}<0$(依题意 $m\neq0$)，

则 $\left|\frac{x_1}{x_2}\right|=-\frac{x_1}{x_2}=\frac{3}{2}$，得 $x_1=-\frac{3}{2}x_2$.

因为 $x_1+x_2=\frac{3m-5}{4}$，解出 $x_2=\frac{5-3m}{2}$，$x_1=-\frac{3(5-3m)}{4}$.

于是 $x_1x_2=-\frac{3(5-3m)^2}{8}=-\frac{6m^2}{4}$，整理得 $m^2-6m+5=0$，则 $m=1$ 或 5.

当 $m=1$ 时，有 $2x^2+x-3=0$；当 $m=5$ 时，有 $2x^2-5x-75=0$. 验证二者的判别式均大于零，所以 $m=1$ 或 $m=5$ 为所求.

8. **C**. $x^3-2x^2-2x+1=(x^3+1)-2(x^2+x)=(1+x)(1-x+x^2)-2x(1+x)=(1+x)(1-3x+x^2)$，
因为 $x_1=-1$，故 x_2，x_3 是 $x^2-3x+1=0$ 的根，$x_2+x_3=3$，$x_2x_3=1$.
$|x_2-x_3|=\sqrt{(x_2-x_3)^2}=\sqrt{(x_2+x_3)^2-4x_2x_3}=\sqrt{9-4}=\sqrt{5}$.

9. **A**. 因为 -1 是方程的一个根，所以必有$(x+1)$的因式，所以原式可写为$(x+1)(x^2+x-6)=0$，即 x_2，x_3 是 $x^2+x-6=0$ 的两个根，通过韦达定理或直接求解均可得到所求.

10. **D**. $2\cdot(2^x)^2-9\cdot2^x+4=0$，令 $t=2^x$，得 $2t^2-9t+4=0$. 又$(t-4)(2t-1)=0$，解得 $t=4$ 或 $t=\frac{1}{2}$，即 $2^x=4$ 或 $2^x=\frac{1}{2}$. 所以 $x=2$ 或 $x=-1$.

11. **E**. 只需 $x_1\cdot x_2=\frac{6m}{m-2}<0$ 即可，得 $0<m<2$，此时 Δ 必大于 0，故选 E.
注：当 $ac<0$ 时，$\Delta=b^2-4ac>0$.

12. **A**. 原不等式$\Leftrightarrow\begin{cases}1+x>0\\1-|x|>0\end{cases}$ 或$\begin{cases}1+x<0\\1-|x|<0\end{cases}\Leftrightarrow\begin{cases}x>-1\\|x|<1\end{cases}$或$\begin{cases}x<-1\\|x|>1\end{cases}$

$\Leftrightarrow\begin{cases}x>-1\\-1<x<1\end{cases}$ 或$\begin{cases}x<-1\\x<-1\text{ 或 }x>1\end{cases}\Leftrightarrow-1<x<1$ 或 $x<-1\Leftrightarrow x<1$ 且 $x\neq-1$.

13. **D**. 原不等式$\Leftrightarrow\frac{9x-5}{x^2-5x+6}+2\geqslant0\Leftrightarrow\frac{2x^2-x+7}{x^2-5x+6}\geqslant0$.
对于 $2x^2-x+7$，其判别式 $\Delta<0$，故恒有 $2x^2-x+7>0$，
则 $x^2-5x+6>0$，则 $x<2$ 或 $x>3$，解集为 $\{x\mid x<2\text{ 或 }x>3\}$.

14. **A**. 原不等式$\Leftrightarrow -1<\sqrt{x-2}-3<1\Leftrightarrow 2<\sqrt{x-2}<4$（这里可以实施平方运算）
$\Leftrightarrow 4<x-2<16\Leftrightarrow 6<x<18$ 所以，解集为 $\{x\mid 6<x<18\}$.

15. **D**. $(0.2)^{x^2-3x-2}>(0.2)^2$，因为 $y=(0.2)^x$ 单调递减，所以 $x^2-3x-2<2$，
即$(x-4)(x+1)<0$，解得 $-1<x<4$.

16. **C**. 考查几何平均值的定义.

因为$\begin{cases}\sqrt[n]{x_1x_2\cdots x_n}=3,\\ \sqrt[n-1]{x_1x_2\cdots x_{n-1}}=2,\end{cases}\Rightarrow\begin{cases}x_1x_2\cdots x_n=3^n,\\ x_1x_2\cdots x_{n-1}=2^{n-1},\end{cases}$相除得 $x_n=3\left(\dfrac{3}{2}\right)^{n-1}=2\left(\dfrac{3}{2}\right)^n$.

17. **B**. $3\cdot 3^x+\dfrac{18}{3^x}>29$，所以 $3\cdot(3^x)^2-29\cdot 3^x+18>0$.

设 $t=3^x$，则 $3t^2-29t+18>0$，解得 $t<\dfrac{2}{3}$或 $t>9$.

所以 $3^x<\dfrac{2}{3}$或 $3^x>9$，所以 $x<\log_3\dfrac{2}{3}$或 $x>2$.

18. **A**. 设 $t=\log_{\frac{1}{2}}x$，则有 $\sqrt{t+1}<t-1$

$\Leftrightarrow\begin{cases}t+1\geqslant 0\\ t-1>0\\ t+1<(t-1)^2\end{cases}\Leftrightarrow\begin{cases}t\geqslant -1\\ t>1\\ t<0\text{ 或 }t>3\end{cases}$，所以 $t>3$.

因为 $t>3$，所以 $\log_{\frac{1}{2}}x>3$，即 $\log_{\frac{1}{2}}x>\log_{\frac{1}{2}}\dfrac{1}{8}$，所以 $0<x<\dfrac{1}{8}$，解集为$\left\{x\mid 0<x<\dfrac{1}{8}\right\}$.

19. **C**. **方法一**：依题意，$\Delta=(-4)^2-4a>0$，得 $a<4$.
不妨设 $x_1<3$，$x_2>3$，则 $x_1-3<0$，$x_2-3>0$.
从而$(x_1-3)(x_2-3)<0$，即 $x_1x_2-3(x_1+x_2)+9<0$.
依韦达定理，得 $a-3\times 4+9<0$，所以 $a<3$.
方法二：设$f(x)=x^2-4x+a$，依题意，必有$f(3)<0$，
即 $3^2-4\times 3+a<0$，所以 $a<3$.

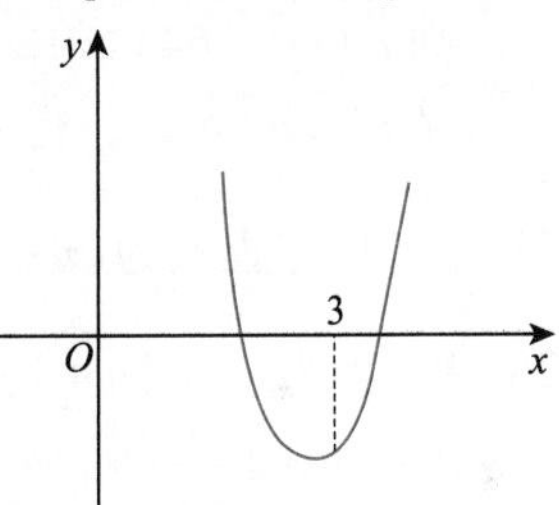

图 4－5

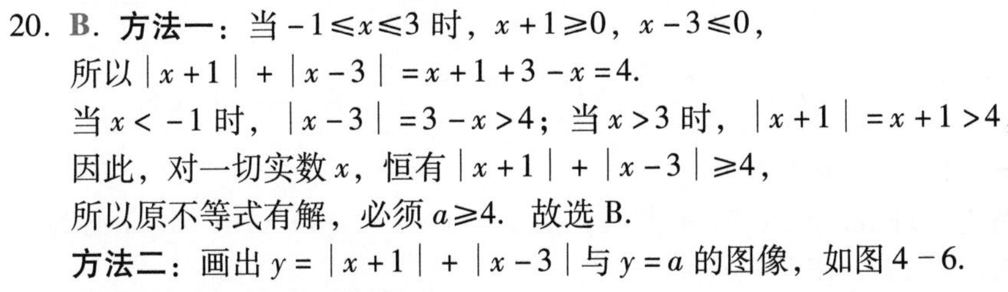
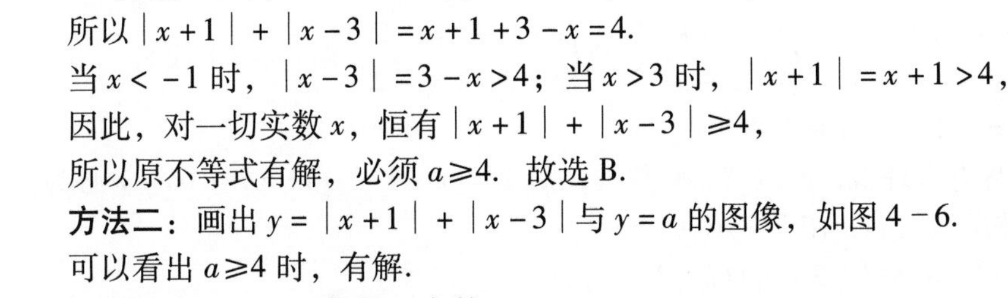
20. **B**. **方法一**：当 $-1\leqslant x\leqslant 3$ 时，$x+1\geqslant 0$，$x-3\leqslant 0$，
所以 $|x+1|+|x-3|=x+1+3-x=4$.
当 $x<-1$ 时，$|x-3|=3-x>4$；当 $x>3$ 时，$|x+1|=x+1>4$，
因此，对一切实数 x，恒有 $|x+1|+|x-3|\geqslant 4$，
所以原不等式有解，必须 $a\geqslant 4$. 故选 B.
方法二：画出 $y=|x+1|+|x-3|$与 $y=a$ 的图像，如图 4－6.
可以看出 $a\geqslant 4$ 时，有解.

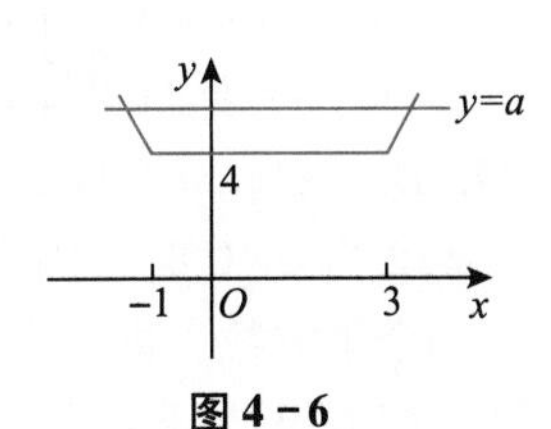

图 4－6

21. **D**. 因 a，b，c，d 都是正实数，

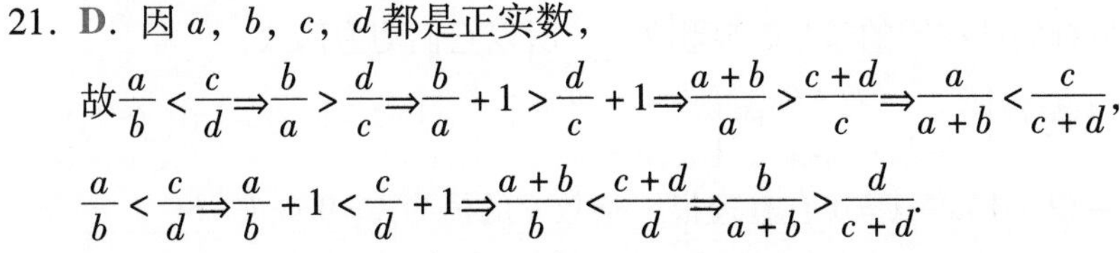
故$\dfrac{a}{b}<\dfrac{c}{d}\Rightarrow\dfrac{b}{a}>\dfrac{d}{c}\Rightarrow\dfrac{b}{a}+1>\dfrac{d}{c}+1\Rightarrow\dfrac{a+b}{a}>\dfrac{c+d}{c}\Rightarrow\dfrac{a}{a+b}<\dfrac{c}{c+d}$，

$\dfrac{a}{b}<\dfrac{c}{d}\Rightarrow\dfrac{a}{b}+1<\dfrac{c}{d}+1\Rightarrow\dfrac{a+b}{b}<\dfrac{c+d}{d}\Rightarrow\dfrac{b}{a+b}>\dfrac{d}{c+d}$.

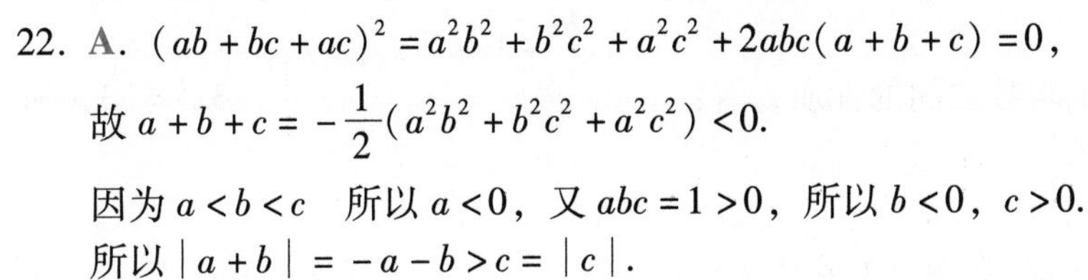
22. **A**. $(ab+bc+ac)^2=a^2b^2+b^2c^2+a^2c^2+2abc(a+b+c)=0$，

故 $a+b+c=-\dfrac{1}{2}(a^2b^2+b^2c^2+a^2c^2)<0$.

因为 $a<b<c$　所以 $a<0$，又 $abc=1>0$，所以 $b<0$，$c>0$.
所以 $|a+b|=-a-b>c=|c|$.

23. **D**. 易知 $a\neq0$，原方程可变形为 $x^2+\left(1+\frac{2}{a}\right)x+9=0$，记 $y=x^2+\left(1+\frac{2}{a}\right)x+9$，则这个抛物线开口向上，因 $x_1<1<x_2$，故当 $x=1$ 时，$y<0$.

即 $1+\left(1+\frac{2}{a}\right)+9<0$，解得 $-\frac{2}{11}<a<0$.

24. **A**. 解方程 $\frac{2x+a}{x-2}=-1$ 得 $x=\frac{2-a}{3}>0$，所以 $a<2$，但 $x\neq2$，即 $\frac{2-a}{3}\neq2$，所以 $a\neq-4$，故 $a<2$ 且 $a\neq-4$.

25. **D**. $|2x-1|+|2x+3|=4$，两边都除以 2 得：$\left|x-\frac{1}{2}\right|+\left|x+\frac{3}{2}\right|=2$.

$\left|x-\frac{1}{2}\right|$ 为数轴上表示数 x 的点到表示 $\frac{1}{2}$ 的点之间的距离，$\left|x+\frac{3}{2}\right|$ 为数轴上表示数 x 的点到表示数 $-\frac{3}{2}$ 的点之间的距离，显然，当 $x<-\frac{3}{2}$ 或 $x>\frac{1}{2}$ 时，

$\left|x-\frac{1}{2}\right|+\left|x+\frac{3}{2}\right|>\left|\frac{1}{2}-\left(-\frac{3}{2}\right)\right|=2$，而当 $-\frac{3}{2}\leqslant x\leqslant\frac{1}{2}$ 时，$\left|x-\frac{1}{2}\right|+\left|x+\frac{3}{2}\right|=2$，

又 $x_1<x_2$，故 $-\frac{3}{2}\leqslant x_1<x_2\leqslant\frac{1}{2}$，故 $-2\leqslant x_1-x_2<0$.

26. **B**. 因方程有实根，故 $\begin{cases}m^2-8n\geqslant0\\4n^2-4m\geqslant0\end{cases}$，因此有 $m^4\geqslant64n^2\geqslant64m$，

则 $m(m^3-64)\geqslant0$，因 $m>0$，则 $m^3\geqslant64$，$m\geqslant4$，得 m 最小值是 4.

又 $n^4\geqslant m^2\geqslant8n$，得 $n\geqslant2$ 即 n 的最小值为 2，故 $m+n$ 的最小值为 6.

27. **A**. 原方程变为 $(x-a)(x-8)=1$，故 $\begin{cases}x-a=1\\x-8=1\end{cases}$ 或 $\begin{cases}x-a=-1\\x-8=-1\end{cases}$，解得 $x=9$ 或 7，$a=8$.

28. **B**. 因为 $x^2+(n+1)x+2n-1=0$ 的两根为整数，它的判别式为完全平方式，故可设 $\Delta=(n+1)^2-4(2n-1)=k^2$（$k$ 为非负整数），即 $(n-3)^2-k^2=4$，满足此式的 n、k 只能是下列情况之一：

$\begin{cases}n-3+k=4\\n-3-k=1\end{cases}$ 或 $\begin{cases}n-3+k=-1\\n-3-k=-4\end{cases}$ 或 $\begin{cases}n-3+k=2\\n-3-k=2\end{cases}$ 或 $\begin{cases}n-3+k=-2\\n-3-k=-2\end{cases}$，解得 $n=1$ 或 5.

29. **B**. ①当 $k=0$ 时，$x=-1$，方程有有理根.

②当 $k\neq0$ 时，因方程有有理根，所以若 k 是整数，则 $\Delta=(k-1)^2-4k=k^2-6k+1$ 必为完全平方数，即存在非负整数 m，使 $k^2-6k+1=m^2$.

配方得：$(k-3)^2-m^2=8\Rightarrow(k-3+m)(k-3-m)=8$，

由 $k-3+m$ 与 $k-3-m$ 是奇偶性相同的整数，其积为 8，所以它们均为偶数，

又 $k-3+m>k-3-m$，从而有 $\begin{cases}k-3+m=4\\k-3-m=2\end{cases}$ 或 $\begin{cases}k-3+m=-2\\k-3-m=-4\end{cases}$，故 $k=6$ 或 $k=0$（舍去）.

综合①②可知，方程 $kx^2-(k-1)x+1=0$ 有有理根，整数 k 的值为 $k=0$ 或 $k=6$.

30. **B**. 根据几何平均数和算术平均数之间的性质，有：$\frac{\frac{1}{x}+\frac{1}{x}+3x^2}{3}\geqslant\sqrt[3]{\frac{1}{x}\cdot\frac{1}{x}\cdot3x^2}=\sqrt[3]{3}$，所以 y 的最小值为 $3\sqrt[3]{3}$.

[**注意**] 为什么要拆成 2 个 $\frac{1}{x}$ 呢？因为只有这样才能保证等号成立，上述等式才成立.

31. C. 通过递推运算

$$\left.\begin{aligned} a_3 &= \frac{a_1+a_2}{2} \\ a_4 &= \frac{a_1+a_2+a_3}{3} \\ &\cdots \\ a_9 &= \frac{a_1+\cdots+a_8}{8} \end{aligned}\right\} \Rightarrow a_3 = a_4 = \cdots = a_9 = 8 \text{ 可以解得 } a_2 = 9.$$

二、条件充分性判断题

1. D. 设方程的两根为 x_1，x_2，则由题干可得 $|x_1 - x_2| = \sqrt{\Delta} = \Delta$，$\Rightarrow \Delta = 0$ 或 1. 从而有 $\Delta = p^2 - 4 = 0$ 或 $1 \Rightarrow p^2 = 4$ 或 5. 故两个条件均充分.

2. D. 由条件(1)及韦达定理可得：$\frac{1}{x_1} + \frac{1}{x_2} = \frac{4m+1}{1-2m} = -1 \Rightarrow m = -1$；由条件(2)及韦达定理可得 $\frac{4m+1}{1-2m} = 1 \Rightarrow m = 0$. 经验证，方程的判别式均为正，故都充分.

3. A. 由条件(1)得 $|\alpha - \beta| = \sqrt{16-4(m-1)} = 2\sqrt{2}$，即得 $m = 3$；由条件(2)得 $(\alpha+\beta)^2 - \alpha\beta = 1$，再结合题干得 $\alpha + \beta = -4$，$\alpha\beta = m - 1$，解得 $m = 16$. 但由于判别式 $\Delta = 16 - 4(m-1) \geqslant 0$，$m \leqslant 5$，则只能取 $m = 3$，则只有条件(1)充分.

4. A. 条件(1)由求根公式知，当一根为 $\sqrt{5}-2$ 时，另一根为 $-2-\sqrt{5}$，再由韦达定理知 $(\sqrt{5}-2)(-2-\sqrt{5}) = n$，$(\sqrt{5}-2)+(-2-\sqrt{5}) = -m$，解得 $n = -1$，$m = 4$，则 $m + n = 3$，充分；条件(2)由求根公式知，当一根为 $\sqrt{5}+2$ 时，另一根为 $2-\sqrt{5}$，再由韦达定理知 $(\sqrt{5}+2) \cdot (2-\sqrt{5}) = n$，$(\sqrt{5}+2)+(2-\sqrt{5}) = -m$，解得 $n = -1$，$m = -4$，则 $m + n = -5$，不充分.

5. A. 由题干得 $\begin{cases} \sqrt{2-x} < x - 1 \Rightarrow x^2 - x - 1 > 0 \\ 2 - x \geqslant 0 \Rightarrow x \leqslant 2 \\ x - 1 > 0 \Rightarrow x > 1 \end{cases} \Rightarrow \frac{1+\sqrt{5}}{2} < x \leqslant 2.$

6. C. 显然单独不充分，联合分析：$\begin{cases} x+y+z=0 \\ xyz<0 \end{cases}$ 可知 x、y、z 中两正一负.

   不妨令 $x > 0$，$y > 0$，$z < 0$，

   $$\frac{1}{x}+\frac{1}{y}+\frac{1}{z} = \frac{xy+yz+xz}{xyz} = \frac{xy+(x+y)z}{xyz} = \frac{xy-(x+y)^2}{xyz} = \frac{-\left(x-\frac{1}{2}y\right)^2 - \frac{3}{4}y^2}{xyz} > 0.$$

7. D. $\frac{2m+n}{m+n} > \frac{2m+q}{m+q} \Rightarrow \frac{m(q-n)}{(m+n)(m+q)} > 0$，

   由条件(1)当 $a > 1$ 时，以 a 为底的对数函数单调递增，则 $0 < n < q < m \Rightarrow q - n > 0$，充分.
   由条件(2)当 $0 < a < 1$，对数单调递减，则 $0 < n < q < m \Rightarrow q - n > 0$，充分.

8. A. 令 $f(x) = |x-3| - |x+1|$，$x < -1 \Rightarrow f(x) = 4$，$x > 3 \Rightarrow f(x) = -4$，$-1 \leqslant x \leqslant 3$，$f(x) = -2x + 2$.

   条件(1) $a = 1 \Rightarrow f(x) \leqslant 1 \Rightarrow \begin{cases} -2x+2 \leqslant 1 \\ -1 \leqslant x \leqslant 3 \end{cases}$ 或 $x > 3$，即得 $x \geqslant \frac{1}{2}$.

   条件(2) $a < 1 \Rightarrow f(x) < 1$ 不能取到 $x = \frac{1}{2}$，故不充分.

9. **A**. 由题干 $(x+y)(y+z)=xy+y^2+yz+xz=y(x+y+z)+xz$.

由条件(1)得 $y(x+y+z)=\frac{1}{xz}$，所以 $(x+y)(y+z)=\frac{1}{xz}+xz\geqslant 2$，最小值为2，充分.

由条件(2)得 $y(x+y+z)=\frac{2}{xz}$，所以 $(x+y)(y+z)=\frac{2}{xz}+xz\geqslant 2\sqrt{2}$，不充分.

10. **A**. **方法一**：原方程可化为 $\begin{cases}x^2+2(m-1)x+m^2-1=0\\x\geqslant -m\\2x+1\geqslant 0\end{cases}$，

令 $f(x)=x^2+2(m-1)x+m^2-1$，先比较后两个不等式.

若 $-m>-\frac{1}{2}$，即 $m<\frac{1}{2}$ 时，要使方程在 $[-m,+\infty)$ 上有两个不相等的实根，

则 $\begin{cases}\Delta=4(m-1)^2-4(m^2-1)>0\\f(-m)\geqslant 0\\-(m-1)>-m\end{cases}$，从而解得 $\frac{1}{2}\leqslant m<1$. $\begin{cases}m<\frac{1}{2}\\\frac{1}{2}\leqslant m<1\end{cases}$，故 m 的取值范围为空集.

若 $-m\leqslant -\frac{1}{2}$，即 $m\geqslant \frac{1}{2}$ 时，要使方程在 $\left[-\frac{1}{2},+\infty\right)$ 上有两个不相等的实根，则

$\begin{cases}\Delta=4(m-1)^2-4(m^2-1)>0\\f\left(-\frac{1}{2}\right)\geqslant 0\\-(m-1)>-\frac{1}{2}\end{cases}$，从而解得 $m<1$. $\begin{cases}m\geqslant\frac{1}{2}\\m<1\end{cases}$，故 m 的取值范围为 $\frac{1}{2}\leqslant m<1$.

方法二(数形结合)：设 $y_1=\sqrt{2x+1}$，$y_2=x+m$，在同一坐标系中作出两个函数的图像，如图4-7.

由方程 $x^2+2(m-1)+m^2-1=0$ 得两图像相切时 $\Delta=4(m-1)^2-4(m^2-1)=0$，解得 $m=1$，从而由图可知，$\frac{1}{2}\leqslant m<1$ 时原方程有两个不相等的实根.

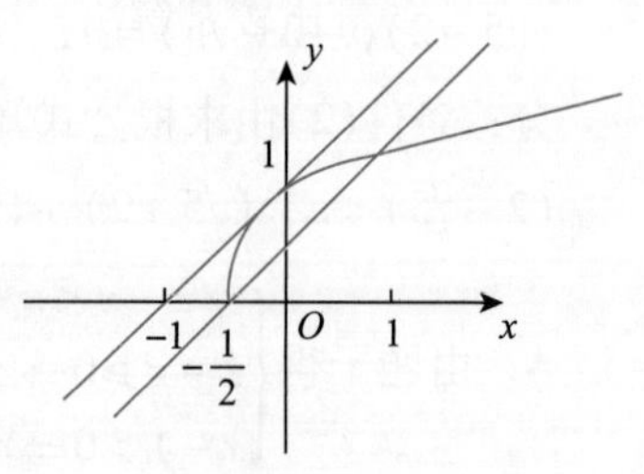

图4-7

11. **B**. $\sqrt{4-12x+9x^2}-\sqrt{x^2-2x+1}=\sqrt{(3x-2)^2}-\sqrt{(x-1)^2}=$

$|3x-2|-|x-1|=4x-3$，得到 $\frac{2}{3}\leqslant x\leqslant 1$ 时成立，所以条件(2)充分.

12. **D**. 原方程有一个大于1的根和一个小于1的根，相当于抛物线 $y=(k^2+1)x^2-(4-k)x+1$ 与 x 轴的两个交点分别在点(1，0)的两旁，因为 $k^2+1>0$，抛物线开口向上，所以当 $x=1$ 时，y 值小于0即可，如图4-8，即 $(k^2+1)-4-k+1<0$，

$k^2+k-2<0$，$(k+2)(k-1)<0$，$-2<k<1$.

故整数 k 的值只有 -1 和0.

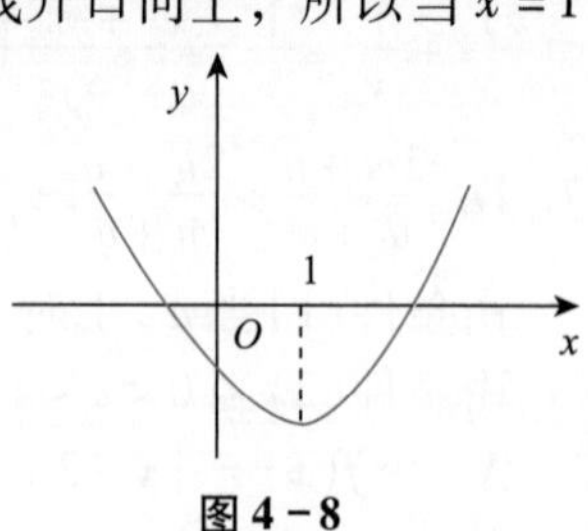

图4-8

13. **D**. **方法一**：由题可得 $-a-4<ax<-a$，

若 $a=0$，则 $-4<0<0$，不等式无解，不合题意舍去.

若 $a>0$，则 $-1-\frac{4}{a}<x<-1$，

因为不等式有唯一整数解，所以 $-3\leqslant -1-\frac{4}{a}<-2$，即 $1<\frac{4}{a}\leqslant 2$.

故 $\frac{1}{2}\leqslant\frac{a}{4}<1$，即 $2\leqslant a<4$，所以整数 a 的值只能为2或3.

若 $a<0$，则 $-1<x<-1-\frac{4}{a}$，因为不等式有唯一整数解，所以 $0<-1-\frac{4}{a}\leqslant 1$，

即 $1<\frac{4}{-a}\leqslant 2$，故 $\frac{1}{2}\leqslant\frac{-a}{4}<1$，即 $-4<a\leqslant -2$，所以整数 a 的值为 -2 或 -3.

综上所述，a 的整数值为 ± 2 或 ± 3.

方法二：由条件(1) $a=\pm 2$，当 $a=2$ 时，有 $|2x+4|<2\Rightarrow |x+2|<1\Rightarrow -3<x<-1$，故 x 只有一个整数 -2，当 $a=-2$ 时，有 $|-2x|<2\Rightarrow -1<x<1$，故 x 只有一个整数解 0，从而充分. 由条件(2) $a=\pm 3$，当 $a=3$ 时，有 $|3x+5|<2\Rightarrow -\frac{7}{3}<x<-1$，故 x 只有一个整数解 -2，当 $a=-3$ 时，有 $|-3x-1|<2\Rightarrow -1<x<\frac{1}{3}$，故 x 只有一个整数解 0，从而充分.

14. **A**. 设三次食盐价格分别为 a，b，c 元/千克.

由条件(1)甲的均价：$\frac{3}{\frac{1}{a}+\frac{1}{b}+\frac{1}{c}}$，乙的均价：$\frac{a+b+c}{3}$，由平均值定理，所以甲 $\leqslant$ 乙.

注：$\frac{3}{\frac{1}{a}+\frac{1}{b}+\frac{1}{c}}$ 表示调和平均值，有 $\frac{3}{\frac{1}{a}+\frac{1}{b}+\frac{1}{c}}\leqslant\sqrt[3]{abc}\leqslant\frac{a+b+c}{3}$.

由条件(2)设甲每次购买 m，n，k 千克盐，甲的平均价格为 $\frac{ma+nb+kc}{m+n+k}$.

设乙每次购买 t 千克盐，乙的平均价格为 $\frac{t(a+b+c)}{3t}=\frac{a+b+c}{3}$.

固定参量比较是解决多参量比较问题的有效方法. 取 $m=1$，$n=2$，$k=3$.

而甲 $-$ 乙 $=\frac{a+2b+3c}{6}-\frac{a+b+c}{3}=\frac{c-a}{6}$ 是不是大于 0 无法确定.

15. **D**. $\frac{1}{x}+\frac{1}{y}=\frac{x+y}{xy}$，由条件(1)可知 $x+y=12$，$xy=3$，推出条件(1)是充分的.

条件(2)可知 $xy=1$，$(x+y)^2=x^2+y^2+2xy=14+2=16$，又 $x+y>0$，所以条件(2)也是充分的.

第五章　数列

重点考向例题解析

[例1] A. $a_n=S_n-S_{n-1}=n^2+1-(n-1)^2-1=2n-1(n\geqslant2)$，故 $a_5=9$.

[例2] C. 由条件可得 $S_n=2^{n+1}-1$，当 $n=1$ 时，$a_1=3$，当 $n\geqslant2$ 时，$a_n=S_n-S_{n-1}=2^{n+1}-2^n=2^n$，所以 $a_n=\begin{cases}3 & n=1\\2^n & n\geqslant2\end{cases}$，$a_6=2^6=64$.

[例3] E. $a_6+a_7+a_8+a_9+a_{10}=S_{10}-S_5=10^3-5^3=875$.

[评注] 当出现多个连续的元素相加时，采用求和相减的方式求解.

[例4] 当 $n=1$ 时，$a_1=S_1=10-1=9$，当 $n\geqslant2$ 时，$a_n=S_n-S_{n-1}=9\cdot10^{n-1}$，检验，$a_1$ 也满足 $a_n=9\cdot10^{n-1}$，故 $\{a_n\}$ 的通项公式为 $a_n=9\cdot10^{n-1}$.

[例5] D. $b_n=\dfrac{2}{\dfrac{n}{2}\cdot\dfrac{n+1}{2}}=\dfrac{8}{n(n+1)}=8\left(\dfrac{1}{n}-\dfrac{1}{n+1}\right)$，所以数列 $\{b_n\}$ 的前 99 项和

$$S_{99}=8\left[\left(1-\frac{1}{2}\right)+\left(\frac{1}{2}-\frac{1}{3}\right)+\left(\frac{1}{3}-\frac{1}{4}\right)+\cdots+\left(\frac{1}{99}-\frac{1}{100}\right)\right]=8\left(1-\frac{1}{100}\right)=\frac{198}{25}.$$

[评注] 本题记住公式：$a_n=\dfrac{1}{n(n+1)}=\dfrac{1}{n}-\dfrac{1}{n+1}$.

[例6] B. 由于 $a_n=\dfrac{1}{\sqrt{n}+\sqrt{n+1}}=\sqrt{n+1}-\sqrt{n}$，

所以 $S_n=(\sqrt{2}-\sqrt{1})+(\sqrt{3}-\sqrt{2})+\cdots+(\sqrt{n+1}-\sqrt{n})=\sqrt{n+1}-1=10$. 得到 $n=120$.

[评注] 本题记住公式：$a_n=\dfrac{1}{\sqrt{n}+\sqrt{n+1}}=\sqrt{n+1}-\sqrt{n}$.

[例7] A. 先写通项 $a_n=\dfrac{n}{(n+1)!}$，

再拆分变形：$a_n=\dfrac{n}{(n+1)!}=\dfrac{n+1-1}{(n+1)!}=\dfrac{n+1}{(n+1)!}-\dfrac{1}{(n+1)!}=\dfrac{1}{n!}-\dfrac{1}{(n+1)!}$，

故 $S_{99}=\left(\dfrac{1}{1!}-\dfrac{1}{2!}\right)+\left(\dfrac{1}{2!}-\dfrac{1}{3!}\right)+\left(\dfrac{1}{3!}-\dfrac{1}{4!}\right)+\cdots+\left(\dfrac{1}{99!}-\dfrac{1}{100!}\right)=1-\dfrac{1}{100!}$.

[评注] 记住公式：$a_n=\dfrac{n}{(n+1)!}=\dfrac{1}{n!}-\dfrac{1}{(n+1)!}$.

[例8] C. 先写通项 $a_n=n\times n!$，

再拆分变形：$a_n=n\times n!=(n+1-1)\times n!=(n+1)\times n!-n!=(n+1)!-n!$，

故 $S_{99}=(2!-1!)+(3!-2!)+(4!-3!)+\cdots+(100!-99!)=100!-1$.

[评注] 记住公式：$a_n=n\times n!=(n+1)!-n!$.

[例 9] B. **方法一**：由 $3^a=4$，$3^b=8$，$3^c=16$，得 $a=\log_3 4$，$b=\log_3 8$，$c=\log_3 16$. 又有 $\log_3 4+\log_3 16=\log_3 64=2\log_3 8$，故 $a+c=2b$，所以 a，b，c 是等差数列，但不是等比数列.

方法二：由 $4\times16=8^2$ 得：$3^a\cdot3^c=(3^b)^2\Rightarrow3^{a+c}=3^{2b}\Rightarrow a+c=2b$，所以 a，b，c 是等差数列.

[例 10] D. 对于等差数列，当公差 d 为 0 时，通项为常数，当 d 不为 0 时，通项为 n 的一次函数，故(2)(3)(4)可以为等差数列通项.

[例 11] A. $a_n=a_1+(n-1)d=3+2(n-1)=21$，解得 $n=10$.

[例 12] E. 依题意有，$2\lg(x-1)=\lg2+\lg(x+3)\Rightarrow(x-1)^2=2(x+3)\Rightarrow x=5$ 或 $x=-1$，由于对数的真数大于零，即必须有 $x>1$，故只有 $x=5$ 时，满足题意.

[例 13] D. $a_1+a_5=2a_1+4d=14$，$a_3+a_7=2a_1+8d=26$，

得 $a_1=1$，$d=3\Rightarrow a_3+a_5=2a_1+6d=20$.

[例 14] B. $a_4+a_5=a_1+3d+a_1+4d=4+7d=-3\Rightarrow d=-1$.

[点睛] 本题将其他项元素利用公式 $a_n=a_1+(n-1)d$，转化为 a_1 和 d 来表示.

$a_n=a_m+(n-m)d$，$d=\dfrac{a_n-a_m}{n-m}$.

[例 15] E. 当 $n=1$ 时，$a_1=S_1=3$；当 $n\geqslant2$ 时，$a_n=S_n-S_{n-1}=8n-3$；当 $n=1$ 时，

不满足 $a_n=8n-3$，从而 $a_n=\begin{cases}3 & n=1\\8n-3 & n\geqslant2\end{cases}$.

[点睛] 本题主要考查公式 $a_n=\begin{cases}a_1=S_1 & n=1\\S_n-S_{n-1} & n\geqslant2\end{cases}$，注意不要忘记验证首项. 此外，可以记住一个结论：$S_n=a\cdot n^2+b\cdot n+c$，当 $c=0$ 时，为等差数列，通项 $a_n=2a\cdot n+b-a$.

当 $c\neq0$ 时，不是等差数列，通项 $a_n=\begin{cases}a+b+c & n=1\\2a\cdot n+b-a & n\geqslant2\end{cases}$，首项特殊，从第二项以后，仍然为等差数列.

[例 16] B. 对于等差数列，当公差 d 为 0 时，S_n 为 n 的一次函数，形如 $S_n=a\cdot n$，且常数项为 0；当 d 不为 0 时，S_n 为 n 的二次函数，形如 $S_n=a\cdot n^2+b\cdot n$，且常数项为 0.
故(3)(5)(6)为等差数列.

[例 17] B. $\sum\limits_{i=1}^{n+2}a_i=\dfrac{n+2}{2}(-12+6)=-21\Rightarrow(n+2)\times(-6)=-42\Rightarrow n=5$.

[评注] 若已知首项、末项及项数时，用公式 $S_n=\dfrac{a_1+a_n}{2}\times n$ 计算.

[例 18] A. 等差数列 $\{a_n\}$ 中，$a_4=9$，$a_9=-6$，可得 $d=-3$，$a_1=18$，

$S_n=18n+\dfrac{n(n-1)\times(-3)}{2}=54$，解得 $n=4$ 或 $n=9$.

[评注] 若已知首项、公差及项数时，用公式 $S_n=na_1+\dfrac{n(n-1)}{2}d$ 计算.

[例 19] B. 由 $S_3=S_{11}$ 得到：$n=7$ 是 S_n 抛物线的对称轴，

故对称轴 $7=\dfrac{1}{2}-\dfrac{a_1}{d}=\dfrac{1}{2}-\dfrac{13}{d}\Rightarrow d=-2$.

所以 S_n 的最大值 $S_7=\frac{d}{2}\times 7^2+\left(a_1-\frac{d}{2}\right)\times 7=-49+14\times 7=49$.

[评注] 当分析最值时，采用公式 $S_n=\frac{d}{2}\cdot n^2+\left(a_1-\frac{d}{2}\right)n$，借助抛物线分析最值.

[例 20] C. 由 $a_5<0$，$a_6>0$，且 $a_6>|a_5|$，有 $S_9=\frac{a_1+a_9}{2}\times 9=\frac{2a_5}{2}\times 9=9a_5<0$，而 $S_{10}=\frac{a_1+a_{10}}{2}\times 10=\frac{a_5+a_6}{2}\times 10>0$，故 S_1，S_2，…，S_9 均小于 0，而 S_{10}，S_{11}，…，均大于 0.

[点睛] 等差数列中，若 $a_5<0$，$a_6>0$，不能类推出 $S_5<0$，$S_6>0$. 此外，本题还用到了等差数列的性质：$a_m+a_n=a_k+a_t(m+n=k+t)$.

[例 21] C. 按常规，可列出一个关于首项 a_1 和公差 d 的二元一次方程组，消去首项 a_1，解出公差 d 即可. 但如此处理会更快些：
$S_{14}=14a_{7.5}=70\Rightarrow a_{7.5}=5$，$S_{16}=16a_{8.5}=144\Rightarrow a_{8.5}=9$，
于是 $d=\frac{a_{8.5}-a_{7.5}}{8.5-7.5}=\frac{9-5}{1}=4$.

[例 22] E. $a_5+a_8=2a_{6.5}=16\Rightarrow a_{6.5}=8$；$S_{18}=18a_{9.5}=90$，$a_{9.5}=5$.
公差 $d=\frac{a_{9.5}-a_{6.5}}{9.5-6.5}=\frac{5-8}{3}=-1$，则 $S_{32}=32a_{16.5}=32(a_{9.5}+7d)=32(5-7)=-64$.

[例 23] C. a_1 和 a_{10} 是方程 $x^2-3x-5=0$ 的两根，知 $a_1+a_{10}=3$，又 $\{a_n\}$ 是等差数列，$a_3+a_8=a_1+a_{10}=3$.

[例 24] C. $a_2+a_3+a_{10}+a_{11}=48$，则 $a_1+a_{12}=a_2+a_{11}=a_3+a_{10}=24$，故 $S_{12}=6(a_1+a_{12})=6\times 24=144$.

[例 25] C. $S_{14}=7(a_7+a_8)=147$.

[例 26] D. 根据等差数列的性质，S_n，$S_{2n}-S_n$，$S_{3n}-S_{2n}$，…仍为等差数列. 由题可得：S_5，$S_{10}-S_5$，$S_{15}-S_{10}$ 仍为等差数列，即 15，$S_{10}-15$，$120-S_{10}$ 仍为等差数列，则 $S_{10}=55$.

[例 27] C. 由等差数列性质知，$S_4=30$，$S_8=90\Rightarrow S_8-S_4=60$，又 S_4，S_8-S_4，$S_{12}-S_8$ 成等差数列，其公差为 $n^2d=4^2\times d=60-30=30\Rightarrow d=\frac{15}{8}$.

[例 28] A. 2，2^x-1，2^x+3 成等比数列，则 $(2^x-1)^2=2(2^x+3)$，即 $(2^x-1)^2-2\times(2^x-1)-8=(2^x-1-4)(2^x-1+2)=0$，可得：$2^x=5$ 或 -1（舍去），即 $x=\log_2 5$.

[例 29] D. 对于等比数列，当公比 q 为 1 时，通项为常数，当公比 q 不为 1 时，通项为 n 的指数函数，且常数项为 0，形如 $a_n=k\cdot q^n$，故 (2)(3)(4)(5)(6) 为等比数列通项.

[例 30] E. 根据等比数列的定义，看相邻两项的比值是否为常数来分析.

① $\frac{a_{n+1}^2}{a_n^2}=\left(\frac{a_{n+1}}{a_n}\right)^2=q^2$，是等比数列.

② $\frac{a_{2(n+1)}}{a_{2n}}=\frac{a_{2n+2}}{a_{2n}}=q^2$，是等比数列.

③ $\frac{\frac{1}{a_{n+1}}}{\frac{1}{a_n}}=\frac{a_n}{a_{n+1}}=\frac{1}{q}$，是等比数列.

④ $\frac{|a_{n+1}|}{|a_n|}=\left|\frac{a_{n+1}}{a_n}\right|=|q|$，是等比数列. 故都正确.

[评注] 本题可以作为结论记忆.

[例 31] C. $a_3a_8=a_4a_7=-512$，又 $a_3+a_8=124$，则可将 a_3，a_8 看成方程 $x^2-124x-512=0$ 的两个根，由 $q\in\mathbf{Z}$ 得：$a_3=-4$，$a_8=128$，则 $q=-2$，$a_{10}=512$.

[例 32] A. 根据 $a_3+a_9=130$，$a_3-a_9=-126$，解出 $a_3=2$，$a_9=128$，

故公比 $q^6=\frac{a_9}{a_3}=64\Rightarrow q=\pm2$.

[评注] 本题通过 $q^{n-m}=\frac{a_n}{a_m}$来求公比.

[例 33] B. 对于等比数列，当公比 q 为 1 时，S_n 为 n 的一次函数，形如 $S_n=a\cdot n$，且常数项为 0，故(1)和(3)错误，(2)正确；当公比 q 不为 1 时，S_n 为 q 的指数函数，形如 $S_n=\frac{a_1(1-q^n)}{1-q}=k(1-q^n)$，故(4)和(6)错误，(5)和(7)正确.

[例 34] D. 当 $q=1$ 时，由 $S_2+S_5=2S_8$，得 $2a_1+5a_1=2\times8a_1\Rightarrow a_1=0$，不符合等比数列要求.

当 $q\neq1$ 时，由 $S_2+S_5=2S_8$，得 $\frac{a_1(1-q^2)}{1-q}+\frac{a_1(1-q^5)}{1-q}=2\times\frac{a_1(1-q^8)}{1-q}$，化简得到

$1-q^2+1-q^5=2(1-q^8)$，即 $1+q^3=2q^6\Rightarrow2q^6-q^3-1=0$，则 $q^3=-\frac{1}{2}$或 1（舍），

故 $q=-\frac{1}{\sqrt[3]{2}}=-\frac{\sqrt[3]{4}}{2}$.

[例 35] C. 在等比数列中有 $a_4a_7=a_3a_8=\frac{-18}{3}=-6$.

[例 36] B. $a_3^2+2a_3a_5+a_5^2=25$，即$(a_3+a_5)^2=25$，又 $a_1>0$，故 $a_3+a_5=5$.

[点睛] 可记住结论：对于等差数列有 $a_{m-k}+a_{m+k}=2a_m$；对于等比数列有 $a_{m-k}a_{m+k}=a_m^2$.

[例 37] A. 对于等比数列，S_n，$S_{2n}-S_n$，$S_{3n}-S_{2n}$仍为等比数列，即 36，18，$S_{3n}-54$ 为等比数列，得 $S_{3n}=63$.

[例 38] C. 由等比数列性质知，$S_4=30$，$S_8=150\Rightarrow S_8-S_4=120$，又 S_4，S_8-S_4，$S_{12}-S_8$ 成等比数列，其公比 $q^4=\frac{120}{30}=4\Rightarrow q=\pm\sqrt{2}$.

难点考向例题解析

[例 1] D. 将 $a_1=-\sqrt{2}$代入，$a_2=1+\frac{1}{-\sqrt{2}+1}=-\sqrt{2}$，同理 $a_3=a_4=-\sqrt{2}$.

[例 2] C. 寻找数字变化规律，此数列为 1，2，1，1，0，1，1，0，1，1，0，…，所以从第 3 项开始是1，1，0的周期循环，那么后面任意连续三项之和为 2.

[点睛] 本题关键在于根据题干给出的递推公式寻找数字变化的规律，进而得到元素的值.

［例3］B. 因为 $a_{n+1}=a_n+\frac{n}{3}$，所以 $\begin{cases}a_2-a_1=\frac{1}{3}\\ a_3-a_2=\frac{2}{3}\\ \vdots\\ a_n-a_{n-1}=\frac{n-1}{3}\end{cases}$，累加可得

$$a_n-a_1=\frac{1}{3}+\frac{2}{3}+\cdots+\frac{n-1}{3}=\frac{(n-1)\left(\frac{1}{3}+\frac{n-1}{3}\right)}{2}\Rightarrow a_n-1=\frac{n(n-1)}{6},$$

故 $a_{100}=1+\frac{100\times 99}{6}=1651.$

［点睛］对于形如 $a_{n+1}=a_n+f(n)(n\geqslant 1)$，可以记住公式：$a_n=a_1+f(1)+f(2)+f(3)+\cdots+f(n-1)$.

［例4］D. 因为 $\frac{a_{n+1}}{a_n}=e^n(n\geqslant 1)$，所以 $\begin{cases}\frac{a_2}{a_1}=e^1\\ \frac{a_3}{a_2}=e^2\\ \vdots\\ \frac{a_n}{a_{n-1}}=e^{n-1}\end{cases}$，累乘可得 $\frac{a_n}{a_1}=e^{1+2+3+\cdots+n-1}\Rightarrow a_{101}=e^{5050}$.

［评注］对于形如 $\frac{a_{n+1}}{a_n}=f(n)(n\geqslant 1)$，可以记住公式：$a_n=a_1\cdot f(1)\cdot f(2)\cdot f(3)\cdot\cdots\cdot f(n-1)$.

［例5］A. $a_n=S_n-S_{n-1}=n^2a_n-(n-1)^2a_{n-1}$，从而有 $a_n=\frac{n-1}{n+1}a_{n-1}\Rightarrow\frac{a_n}{a_{n-1}}=\frac{n-1}{n+1}$，

写出若干项，相乘得到：$\frac{a_n}{a_1}=\frac{1}{3}\times\frac{2}{4}\times\frac{3}{5}\times\frac{4}{6}\times\cdots\times\frac{n-2}{n}\times\frac{n-1}{n+1}=\frac{1\times 2}{n(n+1)}$，

故 $a_{100}=\frac{2}{100\times 101}=\frac{1}{5050}$.

［例6］E. $a_1=S_1=4-a_1-\frac{1}{2^{1-2}}\Rightarrow a_1=1$.

$$\begin{cases}S_n=4-a_n-\frac{1}{2^{n-2}} & ①\\ S_{n+1}=4-a_{n+1}-\frac{1}{2^{(n+1)-2}} & ②\end{cases}\Rightarrow ②-①：a_{n+1}=-a_{n+1}+a_n-\frac{1}{2^{n-1}}+\frac{1}{2^{n-2}}$$

即 $a_{n+1}=\frac{1}{2}a_n-\frac{1}{2^n}+\frac{1}{2^{n-1}}=\frac{1}{2}a_n+\frac{1}{2^n}$.

将上式两边同乘以 2^n，得 $2^na_{n+1}=2^{n-1}a_n+1$，即 $2^na_{n+1}-2^{n-1}a_n=1$，

令 $b_n=2^{n-1}a_n$，显然 $\{b_n\}$ 是以 1 为首项，1 为公差的等差数列，

新等差数列通项 $b_n=2^{n-1}a_n=1+(n-1)\cdot 1=n$，得到 $a_n=\frac{n}{2^{n-1}}$.

故 $a_{10}=\frac{10}{2^9}=\frac{5}{2^8}=\frac{5}{256}$，$S_{10}=4-a_{10}-\frac{1}{2^8}=4-\frac{5}{2^8}-\frac{1}{2^8}=4-\frac{3}{2^7}=4-\frac{3}{128}$，$a_{100}=\frac{100}{2^{99}}=\frac{25}{2^{95}}$，

以上均正确.

[例7] E. 因为 $a_n=S_n-S_{n-1}$，所以 $S_n-2S_{n-1}=2^n$，得到 $\frac{S_n}{2^n}-\frac{S_{n-1}}{2^{n-1}}=1$.

设 $b_n=\frac{S_n}{2^n}$，则 $\{b_n\}$ 是公差为1的等差数列，从而 $b_n=b_1+n-1$.

又由 $b_1=\frac{S_1}{2}=\frac{a_1}{2}=\frac{3}{2}$，所以 $\frac{S_n}{2^n}=n+\frac{1}{2}$，从而 $S_n=(2n+1)2^{n-1}$.

当 $n\geqslant2$ 时，$a_n=S_{n-1}+2^n=(2n+3)\cdot2^{n-2}$，

得到 $a_n=\begin{cases}3 & n=1\\(2n+3)\cdot2^{n-2} & n\geqslant2\end{cases}$，$S_n=(2n+1)2^{n-1}$.

故四个叙述均正确.

[另解] 由 $a_n=S_{n-1}+2^n(n\geqslant2)$，得到 $a_{n+1}=S_n+2^{n+1}$，两式相减得到：

$a_{n+1}-a_n=S_n-S_{n-1}+2^{n+1}-2^n$，化简得到 $a_{n+1}-2a_n=2^n$，从而 $\frac{a_{n+1}}{2^n}-\frac{a_n}{2^{n-1}}=1$，

设 $b_n=\frac{a_n}{2^{n-1}}$，则 $\{b_n\}$ 是公差为1的等差数列，注意此处 $n\geqslant2$.

由 $a_1=3$ 且 $a_2=S_1+2^2=7$，得 $b_2=\frac{a_2}{2}=\frac{7}{2}$.

从而 $b_n=b_2+(n-2)d=\frac{7}{2}+n-2=n+\frac{3}{2}=\frac{a_n}{2^{n-1}}$，得到 $a_n=(2n+3)\cdot2^{n-2}$.

综上，$a_n=\begin{cases}3 & n=1\\(2n+3)\cdot2^{n-2} & n\geqslant2\end{cases}$，$S_n=(2n+1)2^{n-1}$.

[评注] 本题写 a_n 时，因为 $n=1$ 不满足 a_n，要分段写表达式. 在分析表达式的时候，要注意 n 的取值，否则就会出错.

[例8] B. $a_n=S_n-S_{n-1}=\frac{2S_n^2}{2S_n-1}\Rightarrow2S_n^2-S_n-2S_nS_{n-1}+S_{n-1}=2S_n^2\Rightarrow-S_n-2S_nS_{n-1}+S_{n-1}=0$，两边除以 $S_{n-1}S_n\Rightarrow\frac{1}{S_n}-\frac{1}{S_{n-1}}=2$，所以 $\left\{\frac{1}{S_n}\right\}$ 是以首项为2，公差为2的等差数列. 故 $\frac{1}{S_{100}}=200$.

[点睛] 本题的难点在于要通过 $a_n=S_n-S_{n-1}$，转化为只含 S_n 与 S_{n-1} 的关系式，然后再转化为 $\frac{1}{S_n}$ 与 $\frac{1}{S_{n-1}}$ 的关系式，根据定义判断数列是等差还是等比.

[例9] E. 把常数3分配成两个数相加到 a_{n+1} 和 a_n 上，变成 $a_{n+1}+c=q(a_n+c)$ 的形式，$a_{n+1}=2a_n+3\Rightarrow a_{n+1}+3=2(a_n+3)$.

设 $b_n=a_n+3$，则 $\{b_n\}$ 是公比为2的等比数列，由 $b_1=a_1+3=4$，

得 $b_n=b_1q^{n-1}=4\times2^{n-1}=2^{n+1}=a_n+3$，故 $a_n=2^{n+1}-3$，验证知符合 $n=1$.

综上，数列 $\{a_n\}$ 的通项公式为 $a_n=2^{n+1}-3$，$a_{99}=2^{100}-3$.

[评注] 一般地，如果数列 $\{a_n\}$ 满足：$a_1=a$，$a_{n+1}=qa_n+d(q\neq0,1)$，可以把这个数列的每项都加上一个常数 c，使它变成公比为 q 的等比数列. 即 $\{a_n+c\}$ 是公比为 q 的等比数列. 设 $a_n+c=q(a_{n-1}+c)(n\geqslant2)$，则 $a_n=qa_{n-1}+(q-1)c$，对比当 $n\geqslant2$ 时，$a_n=qa_{n-1}+d$，得 $c=\frac{d}{q-1}$.

可得到：$a_n+\frac{d}{q-1}=\left(a+\frac{d}{q-1}\right)q^{n-1}\Rightarrow a_n=\left(a+\frac{d}{q-1}\right)q^{n-1}-\frac{d}{q-1}\Rightarrow a_n=\frac{aq^n+(d-a)q^{n-1}-d}{q-1}$.

[点睛] 这种数列是把等比数列的各项加上一个常数后得到的数列，或者说成是等比数列平移后的数列．在通项公式上的表现是相邻两项为一次函数的关系．

[例 10] C．由 $a_{n+1}=\frac{1}{2}(1+a_n)$ 知，$a_{n+1}-1=\frac{1}{2}(a_n-1)$，则 $\{a_n-1\}$ 是首项为 $-\frac{1}{2}$，公比为 $\frac{1}{2}$ 的等比数列，则有 $a_n-1=-\frac{1}{2}\times\left(\frac{1}{2}\right)^{n-1}$，即 $a_n=1-\frac{1}{2^n}$，从而 $a_{100}=1-\frac{1}{2^{100}}$.

[例 11] C．设围成 8 圈时最外圈人数为 x，则围成 4 圈时最外圈人数为 $x+20$.

根据总人数相等，求和得到：$\frac{x+(x-28)}{2}\times 8=\frac{(x+20)+(x+20-12)}{2}\times 4$

解得 $x=42$，得到学生总人数为 224 人.

[例 12] B．根据等差数列写出每一年招生的人数：2011 年为 2000；2012 年为 2200；2013 年为 2400；2014 年为 2600；2015 年为 2800；2016 年为 3000；2017 年为 3200.

因为是四年制大学，未毕业的在校生为后四年之和：$2600+2800+3000+3200=11600$.

[点睛] 等差数列确定了首项和公差，就可以进行求和．本题需要注意的是，已经毕业的学生不能计算在内．

[例 13] C．首付后，还要付 $1000/50=20$ 个月，每月固定付款 50 万元及利息，其中第一个月支付利息 $1000\times 1\%$，第二个月支付利息 $950\times 1\%$，……，故总共付款为

$$\underbrace{100}_{\text{首付}}+\underbrace{20\times 50}_{\text{月固定还款}}+\underbrace{(1000+950+\cdots+50)\times 1\%}_{\text{每月利息之和}}=1100+\frac{1000+50}{2}\times 20\times 1\%=1205\text{ 万元.}$$

[点睛] 结合等差数列来考查分期付款，本题特征是每月固定还本金，并支付上期余款的利息，简称“等额本金”．等额本金法的特点是：每月的还款额不同，它是将贷款额按还款的总月数均分（等额本金），再加上上期剩余本金的月利息，形成一个月的还款额，所以等额本金法第一个月的还款额最多，尔后逐月减少，越还越少．所支出的总利息比等额本息法少．等额本息法的特点是：每月的还款额相同，在月供中“本金与利息”的分配比例中，前半段时期所还的利息比例大、本金比例小，还款期限过半后逐步转为本金比例大、利息比例小．所支出的总利息比等额本金法多，而且贷款期限越长，利息相差越大．

[例 14] C．设原来用锌为 x，平均节约率为 p，那么有 $x(1-p)^2=x(1-15\%)$，

解得 $p=(1-\sqrt{0.85})\times 100\%$.

[评注] 本题已知结果反求增长率或下降率，也可记住结论：k 次后，比原来节约 $q\%$，那么平均每次节约 $(1-\sqrt[k]{1-q\%})\times 100\%$.

[例 15] D．第一次着地，下落距离为 $a_1=100$；第二次着地，下落距离为 $a_2=\frac{1}{2}a_1=50$，但走了两个 a_2 的距离；显然 $\{a_n\}$ 为 $a_1=100$，$q=\frac{1}{2}$ 的等比数列，共经过的路程为 $a_1+2a_2+\cdots+2a_{10}=100+2\frac{50\left[1-\left(\frac{1}{2}\right)^9\right]}{1-\frac{1}{2}}\approx 300$.

[例 16] E．由题可知，1 月份产值为 a，2 月份产值为 $a(1+p)$，…，12 月份产值为 $a(1+p)^{11}$，从而一年的总产值为 $a+a(1+p)+\cdots+a(1+p)^{11}=\frac{a[(1+p)^{12}-1]}{1+p-1}=\frac{a}{p}[(1+p)^{12}-1]$.

[点睛] 本题借助等比数列求和公式得到全年的总数值.

[例 17] A. 错解 $a_8^2=a_4a_{12}=3\Rightarrow a_8=\pm\sqrt{3}$.

正解 $a_8^2=a_4a_{12}=3\Rightarrow a_8\pm\sqrt{3}$，又 $a_4+a_{12}=\frac{11}{2}$，则 $a_4>0$，$a_{12}>0$，故 $a_8=\sqrt{3}$.

[评注] 对于等比数列，间隔元素同号，即所有偶数项同号，所有奇数项同号.

[例 18] D. 错解 由$\begin{cases}a_5+a_1=34\\a_5-a_1=30\end{cases}\Rightarrow\begin{cases}a_1=2\\a_5=32\end{cases}\Rightarrow a_3^2=a_1\cdot a_5=64$，所以 $a_3=\pm8$.

正解 由$\begin{cases}a_5+a_1=34\\a_5-a_1=30\end{cases}\Rightarrow\begin{cases}a_1=2\\a_5=32\end{cases}\Rightarrow a_3^2=a_1\cdot a_5=64$，因为 a_1，a_3，a_5 同号，所以 $a_3=-8$ 舍掉，故 $a_3=8$.

[例 19] E. 错解 套求和公式 $S_n=\frac{1\times(1-3^n)}{1-3}=\frac{1}{2}(3^n-1)$.

正解 该题实质上是求等比数列 1，3，3^2，…，3^n 的前 $n+1$ 项和，

因此 $S_{n+1}=\frac{1\times(1-3^{n+1})}{1-3}=\frac{1}{2}(3^{n+1}-1)$.

[评注] 项数是常见错误之一，求和时应看清楚项数.

[例 20] D. 错解 $a_n=S_n-S_{n-1}=(3^n+2)-(3^{n-1}+2)=2\times3^{n-1}$.

正解 a_n 与 S_n 的关系应为：

$a_n=\begin{cases}a_1 & n=1\\S_n-S_{n-1} & n\geqslant2\end{cases}$，注意 $a_1=S_1=5$，所以 $a_n=\begin{cases}5 & n=1\\2\times3^{n-1} & n\geqslant2\end{cases}$.

[评注] 注意 n 的取值范围，不要忘记验证 $n=1$ 的情况.

[例 21] B. 错解 设这四个数分别为$\frac{a}{t^3}$，$\frac{a}{t}$，at，at^3(其中 a，t 为实数)，由题意可知

$\begin{cases}a^4=2^{10} & ①\\\frac{a}{t}+at=4 & ②\end{cases}$，由①得 $a^2=2^5$，由②得 $a=\frac{4t}{t^2+1}$，整理，得 $2t^4+3t^2+2=0$.

因为 $\Delta=3^2-4\times2\times2=-7<0$，所以 t^2 不存在，即所求 $q=t^2$ 不存在.

正解 四个数应设为$\frac{a}{q}$，a，aq，aq^2，则由题意可知$\begin{cases}a^4q^2=2^{10}\\a+aq=4\end{cases}\Rightarrow\begin{cases}a^2q=\pm32\\a^2(1+q)^2=16\end{cases}$两式相除，解得 $q=-\frac{1}{2}$或 $q=-2$.

[评注] 类似这种错误的解法在许多资料中都出现过. 产生错误的原因是，把处理等差数列问题的方法错误地迁移到等比数列中来. 众所周知，在等差数列中若有连续四项，可设这四项为 $a-3d$，$a-d$，$a+d$，$a+3d$. 同样在等比数列中若有连续四项，可设为$\frac{a}{q^3}$，$\frac{a}{q}$，aq，aq^3，而这种设法只有当各项同号时才可以使用. 无此条件时应设为$\frac{a}{q}$，a，aq，aq^2

[例 22] A. 错解 依题意有$\begin{cases}a_1q^2=\frac{3}{2}\\\frac{a_1(1-q^3)}{1-q}=\frac{9}{2}\end{cases}$，解得 $q^2=\frac{1}{4}$，$a_1=6$.

正解 当 $q=1$ 时，$a_1=a_2=a_3$，此时正好有 $S_3=a_1+a_2+a_3=\frac{9}{2}$，符合题意.

当 $q\neq1$ 时，依题意有 $\begin{cases}a_1q^2=\dfrac{3}{2}\\ \dfrac{a_1(1-q^3)}{1-q}=\dfrac{9}{2}\end{cases}$，解得 $q^2=\dfrac{1}{4}$，$a_1=6$，综上得 $a_1=\dfrac{3}{2}$ 或 $a_1=6$.

[评注] 等比数列前 n 项和公式中一定要考虑公式的适用条件：$q=1$ 或 $q\neq1$，否则会导致错误.

若 $q=1$，则 $S_n=na_1$；若 $q\neq1$，则 $S_n=\dfrac{a_1(1-q^n)}{1-q}$.

基础自测题解析

一、问题求解题

1. **C**. $a_3+a_{15}=a_1+a_{17}=a_7+a_{11}$，得 $a_1+a_{17}=100$，故 $S_{17}=\dfrac{(a_1+a_{17})\times17}{2}=850$.

2. **B**. 由题目可看出奇数项有 $n+1$ 项，偶数项有 n 项，奇数项首项为 a，公差为 $2d$，

$S_{奇}=(n+1)a_1+\dfrac{(n+1)(n+1-1)}{2}\times2d=(n+1)(a_1+nd)$，

$S_{偶}=(a_1+d)n+\dfrac{n(n-1)\times2d}{2}=n(a_1+nd)$. 所以 $\dfrac{S_{奇}}{S_{偶}}=\dfrac{n+1}{n}$.

3. **C**. 等差数列的公差 $d=\dfrac{a_{11}-a_3}{11-3}=\dfrac{1}{2}\Rightarrow a_{26}=\dfrac{27}{2}\Rightarrow\dfrac{1}{a_{26}}=\dfrac{2}{27}$.

又由题设可知：$b_2=a_3=2$，$b_3=\dfrac{1}{a_2}=\dfrac{2}{3}\Rightarrow q=\dfrac{1}{3}$，$b_1=6$，

$b_n=b_1q^{n-1}=6\left(\dfrac{1}{3}\right)^{n-1}>\dfrac{2}{27}\Rightarrow n<5$，所以 n 最大值为 4.

4. **C**. 观察此数列的规律，显然有 $a_n=2^n-1$.

5. **A**. 根据 $a_1a_2a_3\cdots a_n=n^2$ 及 $a_1=1$，可以得到 $a_2=4$，$a_3=\dfrac{9}{4}$，$a_4=\dfrac{16}{9}$，$a_5=\dfrac{25}{16}$，那么有 $a_3+a_5=\dfrac{9}{4}+\dfrac{25}{16}=\dfrac{61}{16}$.

6. **A**. 根据 $a_1=1$，$a_2=3$，$a_n=a_{n-1}+\dfrac{1}{a_{n-2}}(n\geqslant3)$，有 $a_3=3+\dfrac{1}{1}=4$，$a_4=4+\dfrac{1}{3}=\dfrac{13}{3}$，$a_5=\dfrac{13}{3}+\dfrac{1}{4}=\dfrac{55}{12}$.

7. **C**. 观察此数列的特点，可以得到通项公式为 $a_n=\sqrt{2+3(n-1)}=\sqrt{3n-1}$，故 $4\sqrt{2}=\sqrt{32}=\sqrt{3\times11-1}$，为第 11 项.

8. **C**. $a_n=-n^2+10n+11=-(n-11)(n+1)$，显然 $a_{11}=0$，前 10 项均大于 0，故前 10 项或前 11 项的和最大.

9. **C**. $a_1=\dfrac{1}{3}$，$a_2+a_5=4$，因为 $\{a_n\}$ 为等差数列，所以 $a_2+a_5=a_1+a_6=4$，

所以 $a_6=4-\dfrac{1}{3}=\dfrac{11}{3}$，$5d=a_6-a_1=\dfrac{10}{3}\Rightarrow d=\dfrac{2}{3}$，$\dfrac{a_n-a_1}{d}=\dfrac{33-\frac{1}{3}}{\frac{2}{3}}=49$，所以 $n=49+1=50$.

10. **D.** 根据题意有 $a_n=-24+d(n-1)$，那么有 $a_{10}=-24+9d>0\Rightarrow d>\frac{8}{3}$，

及 $a_9=-24+8d\leqslant0\Rightarrow d\leqslant3$，从而有 $\frac{8}{3}<d\leqslant3$.

11. **B.** 显然 $S_{19}=\frac{a_1+a_{19}}{2}\times19=19a_{10}<0$，而 $S_{20}=\frac{a_1+a_{20}}{2}\times20=10(a_{10}+a_{11})>0$.

12. **D.** 显然无法得到 $a_{n+1}-a_n=c$ 或 $\frac{a_{n+1}}{a_n}=c$，所以此数列既不是等差数列，也不是等比数列.

13. **B.** 显然 a 为首项，那么 b 为第 $n+2$ 项，所以 $b=a+(n+1)d\Rightarrow d=\frac{b-a}{n+1}$.

14. **C.** 根据题意，S_n 的图像如图 5－1.

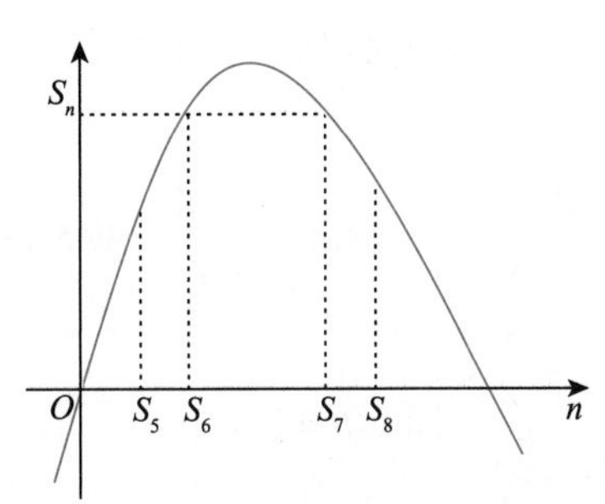

图 5－1

故 $S_5=S_8>S_9$.

15. **C.** 根据题意，方程的两个根为 $x^2-2x+m=0$ 的两个根，设为 x_1，x_2；同理设 x_3，x_4 为 $x^2-2x+n=0$ 的两个根，那么可以得到 x_1，x_3，x_4，x_2 是一个等差数列，故有 $x_1=\frac{1}{4}$，$x_3=\frac{3}{4}$，$x_4=\frac{5}{4}$，$x_2=\frac{7}{4}$，从而 $|m-n|=\left|\frac{1}{4}\times\frac{7}{4}-\frac{3}{4}\times\frac{5}{4}\right|=\frac{1}{2}$.

16. **A.** 显然根据题意有 $a=\log_2 3$，$b=\log_2 6$，$c=\log_2 12$，则有 $a+c=\log_2 3+\log_2 12=2\log_2 6=2b$，所以 a，b，c 构成等差数列.

17. **D.** 显然 $P=0$ 时，$S_n=0\Rightarrow a_n=0$，显然不是等比数列；同理，当 $P=\pm1$ 时也不是等比数列，所以 $\{a_n\}$ 不是等比数列.

18. **B.** $\{a_n\}$ 是等比数列，那么显然有 $\{a_{3n}\}$，$\{a_n^3\}$，$\{a_{n+1}\cdot a_n\}$，$\left\{\frac{a_{n+1}}{a_n}\right\}$，$\{ca_n\}(c\neq0)$ 仍然是等比数列，而 $\{a_n\pm k\}(k\neq0)$ 不是等比数列；而 $\ln a_n=\ln(a_1q^{n-1})=(n-1)\ln q+\ln a_1$，一定是等差数列，从而①，②，③正确.

19. **C.** 根据题意，有 $a_3=a_2+d$，$a_6=a_2+4d$，其中 $d\neq0$，则有 $a_3^2=a_2a_6$ 即 $a_2^2+2a_2d+d^2=a_2(a_2+4d)$，解得 $d=2a_2$，$q=\frac{a_3}{a_2}=\frac{a_2+d}{a_2}=\frac{a_2+2a_2}{a_2}=3$.

20. **C.** 根据题意，有 $\begin{cases}a_1+a_1q^3=18\\a_1q+a_1q^2=12\end{cases}$，解得 $\begin{cases}a_1=2\\q=2\end{cases}$ 或 $\begin{cases}a_1=16\\q=\frac{1}{2}\end{cases}$（舍去），故 $S_8=\frac{a_1(1-q^8)}{1-q}=\frac{2(1-2^8)}{1-2}=510$.

21. **C.** 显然 $d=\pm\sqrt{ac}$，当 $d=\sqrt{ac}$ 时，显然有 $b<d$；当 $d=-\sqrt{ac}$ 时，考虑 $-d>0$ 及 $-b>0$，$b=\frac{a+c}{2}$，则 $-b=\frac{-a+(-c)}{2}\geqslant\sqrt{(-a)(-c)}=-d$，即 $b\leqslant d$，又 $a\neq c$，所以 $b<d$，故 $b<d$.

22. B. 根据题意，有 $2a_3q^2=a_3+a_3q^3\Rightarrow 2q^2=1+q^3\Rightarrow q^2-1=q^3-q^2$，$q=\frac{1+\sqrt{5}}{2}$或$q=\frac{1-\sqrt{5}}{2}$(舍去)或$q=1$(舍去)，又$\frac{a_3+a_5}{a_4+a_6}=\frac{1+q^2}{q+q^3}=\frac{1}{q}=\frac{2}{1+\sqrt{5}}=\frac{\sqrt{5}-1}{2}$.

23. C. 根据题意，有$\frac{S_{10}}{S_{20}-S_{10}}=\frac{S_{20}-S_{10}}{S_{30}-S_{20}}$，即$\frac{10}{30-10}=\frac{30-10}{S_{30}-30}\Rightarrow S_{30}=70$.

24. A. 显然此等差数列的通项公式为 $a_n=-6+5(n-1)=5n-11$，所以 $a_{20}=5\times 20-11=89$.

25. B. 根据题意，可以得到此数列的公差为$\frac{153-33}{45-15}=4$，首项为-23，故通项公式为 $a_n=4n-27$，所以有 $4n-27=217$，解得 $n=61$.

26. B. 显然此数列共有 $n+2$ 项，根据等差数列求和公式，有 $S_{n+2}=\frac{-9+3}{2}\times(n+2)=-21$，解得 $n=5$.

27. C. 根据题意，有$\begin{cases}a_1+a_1+6d=42\\a_1+9d-(a_1+2d)=21\end{cases}$，解得$\begin{cases}a_1=12\\d=3\end{cases}$，故 $S_{10}=na_1+\frac{n(n-1)d}{2}=120+45\times 3=255$.

28. B. 显然有$\begin{cases}b+a=2x\\b-a=2x-x\end{cases}\Rightarrow\begin{cases}a=\frac{x}{2},\\b=\frac{3x}{2},\end{cases}$ 即 $a:b=1:3$.

29. D. 显然新数列的首项是 a_1，公差是原数列公差的两倍，而数列$\{a_n\}$中 $d=4$，$a_1-\frac{d}{2}=-3$，即 $a_1=-1$，所以 $c_n=-1+8(n-1)=8n-9$.

30. C. 显然$\{a_n+b_n\}$的前 100 项之和为$\{a_n\}$与$\{b_n\}$前 100 项之和的和，则有 $S_{100}=\frac{a_1+a_{100}}{2}\times 100+\frac{b_1+b_{100}}{2}\times 100=\frac{a_1+b_1+a_{100}+b_{100}}{2}\times 100=10000$.

31. A. 显然此等比数列的通项为 $a_n=\sqrt{2}\times 2^{-\frac{1}{6}(n-1)}=2^{\frac{2}{3}-\frac{1}{6}n}$，故 $a_4=2^{\frac{2}{3}-\frac{4}{6}}=1$.

32. D. 若 $a_1>1$，显然此数列是递减数列；若 $a_1<-1$，显然此数列是递增数列，故此数列不一定是递增数列也不一定是递减数列，由于 $q>0$，故各项同号，从而选 D.

33. C. 显然此数列为 $a_n=2^{\frac{n-1}{2}}$，$a_8=8\sqrt{2}=2^{\frac{7}{2}}$，故 $n=8$.

34. B. 根据题意，有 $S_4=1=\frac{a_1(1-2^4)}{1-2}\Rightarrow a_1=\frac{1}{15}$，那么有 $S_8=\frac{a_1(1-2^8)}{1-2}=17$.

35. D. 根据题意，$A=\frac{a+b}{2}$，$G=\pm\sqrt{ab}$，若取 $G=\sqrt{ab}$，有 $AG=\frac{a+b}{2}\cdot\sqrt{ab}\geqslant\sqrt{ab}\cdot\sqrt{ab}=ab$；若取 $G=-\sqrt{ab}$，则 $ab>0>AG$.

36. C. 等比数列前 n 项和为 $S_n=\frac{a_1(1-q^n)}{1-q}=\frac{a_1}{1-q}-\frac{a_1q^n}{1-q}=ab^n+c$，有 $a=-\frac{a_1}{1-q}$，$b=q$，$c=\frac{a_1}{1-q}$，从而 $a+c=0$.

37. B. 显然有 $b^2=ac$，$a+b=2x$，$b+c=2y$，

则有$\frac{a}{x}+\frac{c}{y}=\frac{ay+cx}{xy}=\frac{\frac{1}{2}a(b+c)+\frac{1}{2}c(a+b)}{\frac{1}{4}(a+b)(b+c)}=2\times\frac{ab+2ac+bc}{ab+2ac+bc}=2$.

38. C. $11+22\frac{1}{2}+33\frac{1}{4}+44\frac{1}{8}+55\frac{1}{16}+66\frac{1}{32}+77\frac{1}{64}$

$$=11\times(1+2+3+4+5+6+7)+\frac{1}{2}+\frac{1}{4}+\frac{1}{8}+\frac{1}{16}+\frac{1}{32}+\frac{1}{64}$$

$$=11\times 28+\frac{63}{64}=308\frac{63}{64}.$$

39. B. 依题意 $S_{100}=1-3+5-7+\cdots+197-199+201=-2\times 50+201=101$，
$S_{101}=1-3+5-7+\cdots+201-203=-2\times 51=-102$，则 $S_{100}+S_{101}=-1$.

40. B. 可以看成是数列$\{a_n=2^{\frac{1-n}{2}}\}$的所有项和，此数列的公比为$\frac{1}{\sqrt{2}}$，故 $S=\frac{a_1}{1-q}=\frac{1}{1-\frac{1}{\sqrt{2}}}=2+\sqrt{2}$.

二、条件充分性判断题

1. B. **方法一**：根据条件解方程组．由条件(1)，解出 $x=-\frac{1}{2}$，$y=\frac{3}{2}$，$z=\frac{5}{2}$，不成等差数列，不充分；由条件(2)，解出 $x=-1$，$y=1$，$z=3$，成等差数列，充分.
方法二：快速解法．由题干入手，若想使 x，y，z 成等差，即 $x+z=2y$ 成立，从第三个方程得到 $y=1$，代入第二个方程得到 $z=3$，再代入第三个方程中，得到 $x=-1$，于是 $a=x+y=0$.

2. B. **方法一**：方程有实根的条件是判别式 $\Delta\geqslant 0$，
又可求 $\Delta=4c^2(a+b)^2-4(a^2+c^2)(b^2+c^2)=-4(ab-c^2)^2\Rightarrow\Delta\leqslant 0$，
若题目成立则必有 $\Delta=0\Rightarrow c^2=ab$，所以 a，c，b 成等比数列.
方法二：原式展开 $a^2x^2-2acx+c^2+c^2x^2-2bcx+b^2=0$，
$(ax-c)^2+(cx-b)^2=0$，所以 $x=\frac{c}{a}=\frac{b}{c}\Rightarrow c^2=ab$.

3. C. 由条件(1)显然不能确定题设一定成立．由条件(2)可得 x，y 的两组解，$x=1$，$y=-4$ 或 $x=-4$，$y=1$，同样无法保证题设．但通过两个条件联立可得 $x=1$，$y=-4$，则可以使题设成立.

4. C. 根据数列的性质，条件(1)和条件(2)单独均不能确定这个等比数列．由条件(1)可推出 $a_3a_7=a_1a_9=64$，因此两式联立可确定此数列.

5. D. 由题意可知：$S_1=a+b+c=d_1=1\Rightarrow a+b+c=1$，$S_2=a+2b+4c=d_1+d_2=3\Rightarrow a+2b+4c=3$．把所给条件 a 值代入可求出 b，c 值.

6. C. 两个条件单独都不能确定公比的值，但两个条件联立可得公比为$\frac{1}{2}$.

7. E. 此题的关键是题目并没有说明数列的特点，即不知道是等差还是等比，所以两个条件都是不充分的.

8. B. 由公式 $S_n=a_1n+\frac{n(n-1)}{2}d$，$S_{13}=91\Rightarrow a_1+6d=7$，
由条件(1)$a_4+a_9=13\Rightarrow 2a_1+11d=13$，不充分；由条件(2)$a_2+2a_8-a_4=14\Rightarrow a_1+6d=7$.

9. B. 由条件(1)等差数列相邻四项，则 $x-a=b-x=2x-b\Rightarrow\frac{a}{b}=\frac{1}{3}$；
由条件(2)等比数列相邻四项，则$\frac{x}{a}=\frac{2x}{b}\Rightarrow\frac{a}{b}=\frac{1}{2}$.

10. B. 由等差数列性质得：$a_3+a_{13}=a_6+a_{10}=2a_8$，故由已知得 $4a_8=32\Rightarrow a_8=8$，由 $d\neq 0$，故 $m=8$.

11. C. 显然两个条件单独均不充分．对等比数列$\{a_n\}$，$a_{n+1}>a_n$，$a_1>0\Rightarrow q>1$.

综合提高题解析

一、问题求解题

1. A. $a_3 \cdot a_7 = a_4^2 \Rightarrow (a_4 - d)(a_4 + 3d) = a_4^2 \Rightarrow a_4 = \frac{3}{2}d$，所以$\frac{a_2 + a_6}{a_3 + a_7} = \frac{2a_4}{2a_5} = \frac{a_4}{a_5} = \frac{\frac{3}{2}d}{\frac{3}{2}d + d} = \frac{3}{5}$.

2. A. 此函数关键是判断是否有实根，$\Delta = b^2 - 4ac$，a，b，c 成等比数列，
所以 $\Delta = b^2 - 4b^2 = -3b^2 < 0$.

3. D. 根据题意，有 $2b = a + c$，且 $\Delta = 4b^2 - 4ac = (a + c)^2 - 4ac = (a - c)^2 \geqslant 0$，故函数与 x 轴有一个交点或两个交点.

4. C. $a_m + a_{m+10} = a \Rightarrow 2a_m + 10d = a$，$a_{m+50} + a_{m+60} = b \Rightarrow 2a_m + 110d = b$. 联立之后可解出 $a_m = \frac{11a - b}{20}$，$d = \frac{b - a}{100}$，进而得到 $a_{m+125} + a_{m+135} = 2a_m + 260d = \frac{5b - 3a}{2}$.

5. B. 根据题设已知无穷等比数列$\{a_n\}$的各项和为 $S = S_n + 2a_n$，可知此数列为递减的，$S = \frac{a_1}{1 - q}$，且 $S_1 = a_1$，推出$\frac{a_1}{1 - q} = 3a_1 \Rightarrow q = \frac{2}{3}$.

6. D. 由于 $b_1 - b_4 - b_8 - b_{12} + b_{15} = b_1 + b_{15} - (b_4 + b_{12}) - b_8 = 2$，故 $b_8 = -2$，$b_3 + b_{13} = 2b_8 = -4$.

7. A. 根据题意，有$\frac{S_{10}}{S_{20} - S_{10}} = \frac{S_{20} - S_{10}}{S_{30} - S_{20}} \Rightarrow S_{20} = -20$(舍)或 $S_{20} = 30$，从而$\frac{S_{20} - S_{10}}{S_{30} - S_{20}} = \frac{S_{30} - S_{20}}{S_{40} - S_{30}} \Rightarrow S_{40} = 150$.

[注意] 要根据公式$\frac{S_m}{S_n} = \frac{1 - q^m}{1 - q^n} \Rightarrow \frac{S_{20}}{S_{10}} = 1 + q^{10} > 0$ 进行分析，舍掉增根，否则容易错选.

8. D. $\frac{a_6}{b_6} = \frac{a_1 + a_{11}}{b_1 + b_{11}} = \frac{S_{11}}{T_{11}} = \frac{78}{71}$.

9. D. 根据题意，方程 $x^2 - x + a = 0$ 的两个根设为 x_1，x_2，同理设 x_3，x_4 为 $x^2 - x + b = 0$ 的两个根，那么可以得到 x_1，x_3，x_4，x_2 是一等差数列，故有 $x_1 = \frac{1}{4}$，$x_3 = \frac{5}{12}$，$x_4 = \frac{7}{12}$，$x_2 = \frac{3}{4}$，从而 $a + b = \frac{1}{4} \times \frac{3}{4} + \frac{5}{12} \times \frac{7}{12} = \frac{31}{72}$.

10. B. 根据题意有 $a_1 + a_2 + a_3 + a_4 + a_{n-3} + a_{n-2} + a_{n-1} + a_n = 120 \Rightarrow a_1 + a_n = 30$，那么有$\frac{30}{2}n = 210 \Rightarrow n = 14$.

11. A.
$$
\begin{aligned}
S_n &= 1 + (1 + 2) + (1 + 2 + 3) + \cdots + (1 + 2 + \cdots + n) \\
&= 1 + 3 + 6 + \cdots + \frac{n(n+1)}{2} = \sum_{i=1}^{n} \frac{i(i+1)}{2} = \sum_{i=1}^{n} \frac{i^2}{2} + \sum_{i=1}^{n} \frac{i}{2} \\
&= \frac{1}{12}n(n+1)(2n+1) + \frac{1}{4}n(n+1) = \frac{1}{6}n(n+1)(n+2),
\end{aligned}
$$
故 $S_{10} = \frac{10 \times 11 \times 12}{6} = 220$.

[评注] $1^2 + 2^2 + \cdots + n^2 = \frac{n(n+1)(2n+1)}{6}$.

12. **B**. 根据题意，有 $S=S_{20}-S_{16}$，而 S_4，S_8-S_4，$S_{12}-S_8$，$S_{16}-S_{12}$，$S_{20}-S_{16}$又是一个新的等差数列，故 $S_{12}=9$，$S_{16}=16$，$S_{20}=25$，故 $S=9$.

13. **A**. 根据题意，有 $3=S=\dfrac{1}{1-q}\Rightarrow q=\dfrac{2}{3}$.

14. **B**. 根据题意，有$\begin{cases}S_{奇}=\dfrac{a_1}{1-q^2}=15\\ S_{偶}=\dfrac{a_1q}{1-q^2}=-3\end{cases}$，解得$\begin{cases}a_1=\dfrac{72}{5}\\ q=-\dfrac{1}{5}\end{cases}$.

15. **D**. 根据题意，$S_n=n^2$，则 $a_n=S_n-S_{n-1}=n^2-(n-1)^2=2n-1$，

故$\lim\limits_{n\to\infty}P_n=\lim\limits_{n\to\infty}\dfrac{1}{2}\left(\dfrac{1}{a_1}-\dfrac{1}{a_{n+1}}\right)=\lim\limits_{n\to\infty}\dfrac{1}{2}\left(1-\dfrac{1}{2n+1}\right)=\dfrac{1}{2}$.

16. **A**. 由 $a_2+a_5+a_8=39$ 知，$a_5=13$，所以 $a_1+a_2+\cdots+a_8+a_9=9a_5=117$.

17. **D**. 根据题意，有$\dfrac{a_1}{1-q}=\dfrac{1}{2}$及$|q|<1$且$q\neq 0$，则有$|2a_1-1|<1$且$a_1\neq\dfrac{1}{2}$，解得$0<a_1<1$且$a_1\neq\dfrac{1}{2}$.

18. **E**. 根据题意前三年产量成等差数列，后三年产量成等比数列，则 $a_1+a_2+a_3=1500\Rightarrow a_2=500$，$a_2+a_3+a_4=a_2+a_2q+a_2q^2=1820$，解得 $q=\dfrac{6}{5}$或$q=-\dfrac{11}{5}$(舍去)，则 $a_4=a_2q^2=720$，则 $a_1+a_2+a_3+a_4=1500+720=2220$.

19. **B**. 显然此数列为 $a_n=n(n+2)$，则令 $n(n+2)=255$，解得 $n=15$ 或 $n=-17$(舍去).

20. **C**. 由 $a_4+a_7+a_{10}+a_{13}=20$，知 $a_1+a_{16}=10$，故 $S_{16}=\dfrac{a_1+a_{16}}{2}\times 16=80$.

21. **B**. $\dfrac{2+4+6+8+\cdots+2n}{1+3+5+7+\cdots+(2n-1)}=\dfrac{\dfrac{2+2n}{2}\cdot n}{\dfrac{2n-1+1}{2}\cdot n}=\dfrac{n+1}{n}=\dfrac{2020}{2019}$，得$n=2019$.

22. **A**. 形成的新数列有 $n+2$ 项，则 $a_2\cdots a_{n+1}=(a_1a_{n+2})^{\frac{n}{2}}=(n+1)^{\frac{n}{2}}$.

23. **D**.
$$\begin{aligned}S&=\frac{1^2-2^2+3^2-4^2+5^2-6^2+7^2-8^2+9^2-10^2}{2^0+2^1+2^2+2^3+2^4+2^5+2^6+2^7}\\&=\frac{(1+2)(1-2)+(3+4)(3-4)+\cdots+(9-10)(9+10)}{\dfrac{1-2^8}{1-2}}\\&=-\frac{3+7+11+15+19}{2^8-1}=-\frac{11}{51}.\end{aligned}$$

24. **E**. 利用平方差公式去分母$\dfrac{1}{1+\sqrt{2}}=\dfrac{\sqrt{2}-1}{(1+\sqrt{2})(\sqrt{2}-1)}=\sqrt{2}-1$，同理，

$$\begin{aligned}&\left(\frac{1}{1+\sqrt{2}}+\frac{1}{\sqrt{2}+\sqrt{3}}+\cdots+\frac{1}{\sqrt{2016}+\sqrt{2017}}+\frac{1}{\sqrt{2017}+\sqrt{2018}}\right)\cdot(1+\sqrt{2018})\\&=[(\sqrt{2}-1)+(\sqrt{3}-\sqrt{2})+\cdots+(\sqrt{2017}-\sqrt{2016})+(\sqrt{2018}-\sqrt{2017})](1+\sqrt{2018})\\&=(\sqrt{2018}-1)(1+\sqrt{2018})=2017.\end{aligned}$$

25. **A**. $S_n=a_1+a_2+\cdots+a_n=\dfrac{-1}{3}+\dfrac{1}{3^2}+\cdots+\dfrac{2n-5}{3^{n-1}}+\dfrac{2n-3}{3^n}$，$3S_n=-1+\dfrac{1}{3}+\cdots+\dfrac{2n-3}{3^{n-1}}$，两者相减，

有$2S_n=-1+\frac{2}{3}+\frac{2}{3^2}+\cdots+\frac{2}{3^{n-1}}-\frac{2n-3}{3^n}=\frac{2}{3}\times\frac{1-\left(\frac{1}{3}\right)^{n-1}}{1-\frac{1}{3}}-1-\frac{2n-3}{3^n}=-\frac{2n}{3^n}$，即$S_n=-\frac{n}{3^n}$.

26. **D.** $\frac{(1+3)(1+3^2)(1+3^4)(1+3^8)\cdots(1+3^{32})+\frac{1}{2}}{3\times3^2\times3^3\times3^4\cdots\times3^{10}}$

$=\frac{(3-1)(1+3)(1+3^2)(1+3^4)(1+3^8)\cdots(1+3^{32})+(3-1)\times\frac{1}{2}}{2\times3^{1+2+\cdots+10}}$

$=\frac{3^{64}-1+1}{2\times3^{55}}=\frac{1}{2}\times3^9$.

27. **C.** $a_{10}-a_9+a_8-a_7+a_6-a_5+a_4-a_3+a_2-a_1=5d=30-15\Rightarrow d=3$.

28. **D.** 根据题意，有$\begin{cases}2b=a+c\\a^2=bc\\a+3b+c=10\end{cases}$，解得$\begin{cases}a=-4\\b=2\\c=8\end{cases}$.

29. **B.** $\{a_n\}$是公差为正数的等差数列，若$a_1+a_2+a_3=15$，$a_1a_2a_3=80$，则$a_2=5,a_1a_3=(5-d)(5+d)=16$，所以$d=3$，$a_{12}=a_2+10d=35$，$a_{11}+a_{12}+a_{13}=3a_{12}=105$.

30. **A.** 由等差数列的求和公式可得$\frac{S_3}{S_6}=\frac{3a_1+3d}{6a_1+15d}=\frac{1}{3}$，可得$a_1=2d$且$d\neq0$，

所以$\frac{S_6}{S_{12}}=\frac{6a_1+15d}{12a_1+66d}=\frac{27d}{90d}=\frac{3}{10}$.

31. **B.** $d=\frac{a_4-a_2}{4-2}=\frac{15-7}{2}=4$，可得$a_1=3$，所以$S_{10}=210$.

32. **C.** 在等差数列$\{a_n\}$中，$a_2+a_8=8$，即$a_1+a_9=8$，则该数列前9项和$S_9=\frac{9(a_1+a_9)}{2}=36$.

33. **C.** 数列$\{a_n\}$，$\{b_n\}$都是公差为1的等差数列，其首项分别为a_1，b_1，且$a_1+b_1=5$，a_1，$b_1\in\mathbf{Z}_+$. 设$c_n=a_{b_n}(n\in\mathbf{Z}_+)$，则数列$\{c_n\}$的前10项和等于$a_{b_1}+a_{b_2}+\cdots+a_{b_{10}}=a_{b_1}+a_{b_1+1}+\cdots+a_{b_1+9}$，$a_{b_1}=a_1+(b_1-1)\times1=4$，所以$a_{b_1}+a_{b_1+1}+\cdots+a_{b_1+9}=4+5+6+\cdots+13=85$.

34. **B.** $\{a_n\}$是等差数列，$a_1+a_3+a_5=3a_3=9$，$a_3=3$，$a_6=9$. 所以$d=2$，$a_1=-1$，则这个数列的前6项和为$\frac{6(a_1+a_6)}{2}=24$.

35. **D.** 依题意，$f(n)$为首项为2，公比为8的前$n+4$项求和，根据等比数列的求和公式，

$f(n)=\frac{2[1-(2^3)^{n+4}]}{1-2^3}=\frac{2}{7}(8^{n+4}-1)$

[评注] 本题n并不是从1开始，首项相当于$n=-3$.

36. **B.** 由等比数列的性质可得$ac=(-1)\times(-9)=9$，$b^2=9$且b与奇数项的符号相同，故$b=-3$.

37. **A.** 因为数列$\{a_n\}$是等比数列，且$a_1=1$，$a_{10}=3$，

所以$a_2a_3a_4a_5a_6a_7a_8a_9=(a_2a_9)(a_3a_8)(a_4a_7)(a_5a_6)=(a_1a_{10})^4=3^4=81$.

38. **C.** 因数列$\{a_n\}$为等比数列，则$a_n=2q^{n-1}$，因数列$\{a_n+1\}$也是等比数列，则$(a_{n+1}+1)^2=(a_n+1)(a_{n+2}+1)\Rightarrow a_{n+1}^2+2a_{n+1}=a_na_{n+2}+a_n+a_{n+2}\Rightarrow a_n+a_{n+2}=2a_{n+1}\Rightarrow a_n(1+q^2-2q)=0\Rightarrow q=1$，即$a_n=2$，所以$S_n=2n$.

二、条件充分性判断题

1. E. 显然条件(1)和条件(2)单独均不充分，考虑联合，则 $a_1=-5$，$b_2=-3$，则 $a_1b_2=15$，显然不充分.
2. D. 条件(1)，$p=2$ 时，$c_{n+1}-pc_n=2^{n+1}+3^{n+1}-2(2^n+3^n)=3^n$，仍然是等比数列；条件(2)，$p=3$ 时，$c_{n+1}-pc_n=2^{n+1}+3^{n+1}-3(2^n+3^n)=-2^n$，也是等比数列.
3. E. 条件(1)，可得 $a_1=1$，$d=\frac{2}{5}$，则 $a_{50}=1+49\times\frac{2}{5}=\frac{103}{5}$，不充分；条件(2)，可得 $a_1=1$，$d=\frac{7}{3}$，则 $a_{15}=1+14\times\frac{7}{3}=\frac{101}{3}$，不充分，联合亦不可以.
4. D. 易得 $a_{19}=0$，所以 $S_{18}=S_{19}$ 均为最大.
5. D. 由题干 a，b，c 成等比数列，则 $b^2=ac$. 由条件(1)方程 $\frac{a}{4}x^2+bx+c=0$ 有两个相等实根，且 $b\neq0$，$c\neq0$，得到判别式 $\Delta=b^2-ac=0$，充分. 由条件(2)互质的两个数的最小公倍数为这两个数的乘积，得到 $b^2=ac$，充分.
6. B. 由 a_k 是 a_1 和 a_{2k} 的等比中项，$a_k^2=a_1a_{2k}\Rightarrow[a_1+(k-1)d]^2=a_1[a_1+(2k-1)d]\Rightarrow(k+8)^2d^2=9(2k+8)d^2\Rightarrow k=4$.
7. E. 显然两个条件单独均不充分. 设等比数列公比为 q，联合条件(1)和(2)，得 $S_3=a_1+a_2+a_3=\frac{a_3}{q^2}+\frac{a_3}{q}+a_3=\frac{3}{2q^2}+\frac{3}{2q}+\frac{3}{2}=\frac{9}{2}$，得 $q=-\frac{1}{2}\Rightarrow a_1=6$ 或者 $q=1\Rightarrow a_1=a_3=\frac{3}{2}$，故不充分.
8. C. 显然两个条件单独均不充分.

   先由条件(2)得 $\frac{S_{12}}{12}-\frac{S_{10}}{10}=\frac{\frac{(2a_1+11d)\times12}{2}}{12}-\frac{\frac{(2a_1+9d)\times10}{2}}{10}=2\Rightarrow d=2$，

   则联合条件(1)，得 $S_{2008}=\frac{1}{2}\times(a_1+a_1+2007d)\times2008=\frac{1}{2}\times(-2008-2008+2007\times2)\times2008=-2008$.
9. D. 由条件(1) $b_n-b_{n-1}=a_n+a_{n+1}-a_{n-1}-a_n=2d$ 成等差数列，充分. 由条件(2) $b_n-b_{n-1}=n+a_n-[(n-1)+a_{n-1}]=1+(a_n-a_{n-1})=1+d$ 成等差数列，充分.
10. A. 数列 $\{a_n\}$ 为等差数列，$a_{m-1}+a_{m+1}=2a_m=a_m^2$，解得 $a_m=2$，则 $S_{2m-1}=\frac{2m-1}{2}(a_1+a_{2m-1})=(2m-1)a_m=4m-2=38$，解得 $m=10$.
11. A. 由条件(1)得 $a_1=61$，进而得 $S_{10}=520$，可知充分；由条件(2)得 $(a_3+4d)^2=a_3(a_3+6d)$，再结合题干得 $a_1=20$，从而 $S_{10}=110$，不充分.
12. E. 由条件(1)数列 $\{a_na_{n+1}\}$ 的公比 $\frac{a_{n+1}a_{n+2}}{a_na_{n+1}}=q^2=16\Rightarrow q=\pm4$，不充分；由条件(2)得 $\frac{a_{n+2}}{a_n}=q^2=16\Rightarrow q=\pm4$，不充分.
13. D. 由条件(1)得，$a_1+a_2+\cdots+a_9+a_{10}=-1+4-7+10+\cdots-25+28=3\times5=15$，充分；由条件(2)得 $a_1+a_2+\cdots+a_9+a_{10}=-2+5-8+11+\cdots-26+29=3\times5=15$，充分.

第六章　平面几何

重点考向例题解析

[例 1] D. $180° - \alpha = 360° - (\angle 1 + \angle 2)$，得 $\alpha = 65°$.

[例 2] C. $\angle \alpha = 25° + (180° - 120°) = 85°$.

[例 3] C. 因为 $AB = AC$，$\angle BAC = 80°$，所以 $\angle B = 50°$. 因为 $CM /\!/ AB$，所以 $\angle M = \angle BAD$. 因为 $DA = DB$，所以 $\angle BAD = \angle B$. 故 $\angle M = \angle B = 50°$.

[例 4] D. 根据 $\frac{AB}{BC} = \frac{DE}{EF} \Rightarrow \frac{2}{3} = \frac{4}{EF} \Rightarrow EF = 6$.

[例 5] C. 根据 $\frac{AB}{BC} = \frac{DE}{EF} \Rightarrow \frac{5}{BC} = \frac{6}{9} \Rightarrow BC = 7.5 \Rightarrow AC = AB + BC = 5 + 7.5 = 12.5$.

[例 6] C. 由 $y = 45°$，$CE = DE$，可得 $\angle ECD = \frac{180° - 45°}{2} = 67.5°$；再根据 $AB /\!/ CE$ 可得 $x = \angle ECD = 67.5°$.

[例 7] C. 根据 $AF = FE = ED = DC = CB$ 知，$\triangle BCD$、$\triangle CDE$、$\triangle DEF$ 及 $\triangle FEA$ 均是等腰三角形，$\angle A = \angle FEA$，$\angle EFD = \angle EDF$，$\angle EFD = 2\angle A$，$\angle DCE = \angle CED$，$\angle B = \angle CDB$，$\angle CED = \angle EDF + \angle A = 3\angle A$，同理 $\angle B = \angle CDB = \angle DCE + \angle A = 4\angle A$，有 $\angle B + \angle A = 5\angle A = \frac{\pi}{2}$，故 $\angle A = \frac{\pi}{10}$.

[例 8] A. 显然长度为 1 的木棒无法跟其他的木棒组成三角形，接下来根据三角形三边关系列举：(2，3，4)；(2，4，5)；(2，5，6)；(2，6，7)；(3，4，5)；(3，5，6)；(3，6，7)；(3，4，6)；(3，5，7)；(4，5，6)；(4，6，7)；(4，5，7)；(5，6，7)，共 13 个.

[例 9] C. 由于一条边长为 3，则另两边之和为 8，根据三角形三边关系，得到 3，3，5 可以组成三角形，所以最大的边长为 5.

[例 10] B. 根据三角形任意两边之和大于第三边，得不等式组

$$\begin{cases} 3a - 1 + 4a + 1 > 12 - a \\ 4a + 1 + 12 - a > 3a - 1 \\ 12 - a + 3a - 1 > 4a + 1 \end{cases}，解得 \begin{cases} a > 1.5 \\ 13 > -1 \\ a < 5 \end{cases}，所以 \frac{3}{2} < a < 5，$$

故当 $\frac{3}{2} < a < 5$ 时，三条线段 $3a - 1$，$4a + 1$，$12 - a$ 能组成一个三角形.

[例 11] B. 如图 6－1，作 AC 边中点 E，连接 DE，所以 $DE = \frac{1}{2}AB = \frac{5}{2}$，$AE = \frac{1}{2}AC = \frac{3}{2}$，在 $\triangle ADE$ 中，根据三边的关系得 $DE - AE < AD < DE + AE$，所以 $1 < AD < 4$.

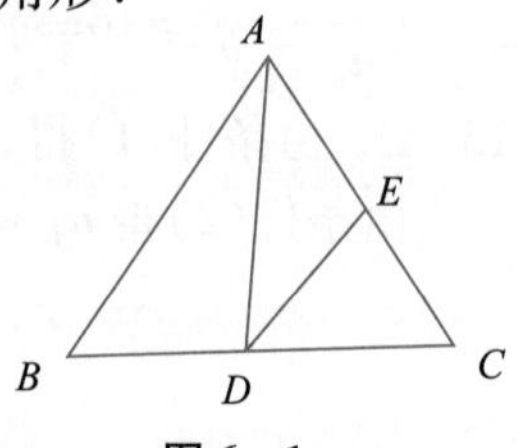

图 6－1

[例 12] B. **方法一**：$S_{\triangle AEC}=S_{\triangle DEC}=S_{\triangle BED}\Rightarrow S_{\triangle BED}=\frac{1}{3}$，$S_{\triangle BED}=S_{\triangle CED}\Rightarrow BD=\frac{1}{2}BC$，

即 $S_{\triangle ABD}=\frac{1}{2}$，从而 $S_{\triangle AED}=S_{\triangle ABD}-S_{\triangle BED}=\frac{1}{2}-\frac{1}{3}=\frac{1}{6}$.

方法二：$S_{\triangle AED}=S_{AEDC}-S_{\triangle ACD}=S_{\triangle CDE}+S_{\triangle ACE}-S_{\triangle ACD}=\frac{1}{3}+\frac{1}{3}-\frac{1}{2}=\frac{1}{6}$.

[点睛] 本题用到了共用顶点三角形的高相等，面积之比等于底边之比.

[例 13] A. 如图 6－2，连接 AF，BD.

根据题意可知，$CF=5+7+15=27$；$DG=7+15+6=28$；

所以，$S_{\triangle BEF}=\frac{15}{27}S_{\triangle CBF}$，$S_{\triangle BEC}=\frac{12}{27}S_{\triangle CBF}$，

$S_{\triangle AEG}=\frac{21}{28}S_{\triangle ADG}$，$S_{\triangle AED}=\frac{7}{28}S_{\triangle ADG}$，

于是：$\frac{21}{28}S_{\triangle ADG}+\frac{15}{27}S_{\triangle CBF}=65$；$\frac{7}{28}S_{\triangle ADG}+\frac{12}{27}S_{\triangle CBF}=38$，

可得 $S_{\triangle ADG}=40$. 故三角形 ADG 的面积是 40.

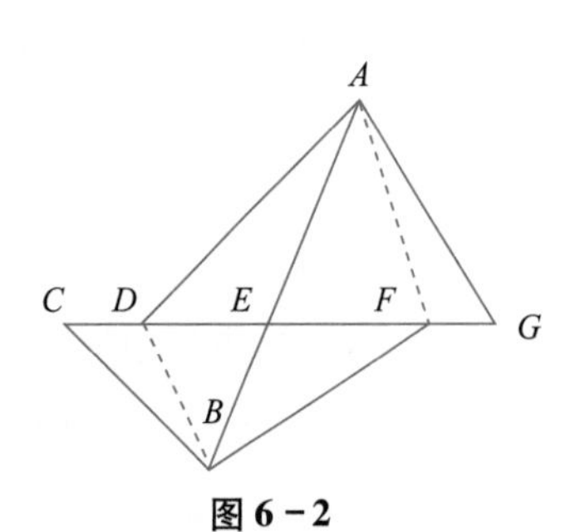

图 6－2

[例 14] B. 根据 $S=\frac{1}{2}ab\sin C=\frac{1}{2}\times 4\times 6\times \sin C=6\sqrt{2}\Rightarrow \sin C=\frac{\sqrt{2}}{2}$.

[例 15] D. 根据 $S=\frac{1}{2}ab\sin C$ 得到：当夹角为 90°时，三角形面积最大，

面积的最大值为 $S=\frac{1}{2}ab=12$.

[例 16] D. 先求出 $p=\frac{1}{2}(a+b+c)=\frac{7+8+9}{2}=12$.

则三角形的面积 $S=\sqrt{12(12-7)(12-8)(12-9)}=\sqrt{12\times 5\times 4\times 3}=12\sqrt{5}$.

[例 17] D. 根据鸟头定理，得到$\frac{S_{\triangle ADE}}{S_{\triangle ABC}}=\frac{AD\times AE}{AB\times AC}=\frac{2\times 4}{5\times 7}=\frac{8}{35}$，又由 $S_{\triangle ADE}=16$，故$\triangle ABC$ 的面积是 70.

[例 18] E. $\frac{S_{\triangle ADE}}{S_{\triangle ABC}}=\frac{AD\times AE}{AB\times AC}=\frac{2\times 3}{5\times(3+2)}=\frac{6}{25}$，由 $S_{\triangle ADE}=12$，所以$\triangle ABC$ 的面积是 50.

[例 19] E. 根据燕尾定理得 $S_{\triangle AOB}:S_{\triangle AOC}=BD:CD=4:9=12:27$，$S_{\triangle AOB}:S_{\triangle BOC}=AE:CE=3:4=12:16$（都有$\triangle AOB$ 的面积要统一，所以找最小公倍数），所以 $S_{\triangle AOC}:S_{\triangle BOC}=27:16=AF:FB$.

[例 20] A. 由于 $1+\frac{b}{c}=\frac{b+c}{b+c-a}$得到$\frac{b+c}{c}=\frac{b+c}{b+c-a}$，所以 $c=b+c-a$，

从而 $b=a$，故此三角形是以 a 为腰的等腰三角形.

[例 21] B. $4a^2+4b^2+13c^2-8ac-12bc=4a^2-8ac+4c^2+4b^2-12bc+9c^2$

$=4(a-c)^2+(2b-3c)^2=0$

根据非负性有 $a-c=0$，$2b-3c=0$，即 $a=c$，$2b=3c$，故$\triangle ABC$ 为等腰三角形.

[例 22] E. 上面三式的和为$(a+b+c)^2=81\Rightarrow a+b+c=9$.

由 $a^2+2bc=b^2+2ac\Rightarrow(a-b)(a+b-2c)=0$.

若 $a-b=0$，代入 $a^2+2bc=c^2+2ab$，整理得 $a=c$，这样$\triangle ABC$ 为等边三角形；

若 $a+b-2c=0$，即 $a+b=2c$，可得 $c=3$.

$c^2+2ab=27\Rightarrow ab=9$，又 $a+b=6$，故 $a=b=c=3$，$\triangle ABC$ 为等边三角形.

[例 23] A. $\triangle BEC$ 与 $\triangle HEA$ 全等，所以 $CE=AE=4$，$CH=1$.

[例 24] B. **方法一**：折叠后 $\triangle ACD\cong AED$，则根据勾股定理，$BE^2+DE^2=BD^2$ 并且 $BD+CD=BC=\sqrt{AB^2-AC^2}=12$，又 $AE=AC=5$，所以 $BE=AB-AE=8$，即 $8^2+CD^2=(12-CD)^2$，所以 $CD=\frac{10}{3}$，从而 $S_{阴影}=S_{\triangle ABC}-2S_{\triangle ACD}=\frac{40}{3}$.

方法二：AD 为角 A 的角平分线，由角平分线性质有 $\frac{AB}{AC}=\frac{BD}{DC}\Rightarrow DC=12\times\frac{5}{18}$，则

$S_{阴影}=S_{\triangle ABC}-2S_{\triangle ADC}=30-2\times\frac{1}{2}\cdot CD\cdot AC=30-\frac{50}{3}=\frac{40}{3}$.

[例 25] D. 任意等边三角形的三个内角都是 $60°$，任意两个等边三角形的三个角都相等，可知两个等边三角形必相似.

[例 26] A. 设 $S_{\triangle ADE}=1$ 份，根据面积比等于相似比的平方，所以 $S_{\triangle ADE}:S_{\triangle AFG}=AD^2:AF^2=1:4$，$S_{\triangle ADE}:S_{\triangle ABC}=AD^2:AB^2=1:9$，因此 $S_{\triangle AFG}=4$ 份，$S_{\triangle ABC}=9$ 份，进而有 $S_{四边形DEGF}=3$ 份，$S_{四边形FGCB}=5$ 份，所以 $S_{\triangle ADE}:S_{四边形DEGF}:S_{四边形FGCB}=1:3:5$.

[例 27] E. 由题可得，$BF=DE$，只需求出 DE 即可.

$\frac{AD}{AB}=\frac{DE}{BC}\Rightarrow\frac{2}{5}=\frac{DE}{20}\Rightarrow DE=8$，故 $CF=BC-BF=20-8=12$.

[例 28] B. $EFGH$ 是正方形，$AB=1$，则圆的半径 $OF=\frac{1}{2}$，$EF=\frac{\sqrt{2}}{2}$，故 $S_{EFGH}=\left(\frac{\sqrt{2}}{2}\right)^2=\frac{1}{2}$.

[评注] 本题的两个正方形通过圆产生联系，根据圆的半径求出两个正方形边长的关系，从而得到面积. 此外，本题还可以记住一个小技巧：圆的内接正方形与外切正方形面积之比为 $\frac{1}{2}$.

[例 29] E. $CG^2+DG^2=25$，$CG+DG=7$，所以 $CG=3$，$DG=4$，最远距离 $GE=\sqrt{DG^2+DE^2}=\sqrt{65}$.

[例 30] B. $\triangle AMB\cong\triangle BNC$，所以 $BM=5$，$AM=BN=7$，故 $S_{ABCD}=AB^2=5^2+7^2=74$.

[例 31] B. $S_{阴影}=S_{ABCD}-S_{\triangle AFC}-S_{\triangle BDF}+S_{OEFG}$，而 $S_{\triangle AFC}+S_{\triangle BDF}=\frac{1}{2}CF\cdot AB+\frac{1}{2}BF\cdot AB=\frac{1}{2}BC\cdot AB=24$，所以 $S_{阴影}=48-24+4=28$.

[技巧] 假设 F 是中点（F 是中点时，E，G 是三等分点，并且有 $S_{OEFG}=4$），则 $S_{\triangle AOD}=12$，$S_{\triangle CGD}=\frac{1}{3}S_{\triangle ACD}=8$，从而阴影部分面积为 $12+8+8=28$.

[例 32] C. 连接 PA，PC，则有：$S_{\triangle PAE}+S_{\triangle PCG}=\frac{1}{2}\times3\times6=9$，$S_{\triangle PAH}+S_{\triangle PCF}=\frac{1}{2}\times2\times4=4$.

$S_{四边形PFCG}=(9+4)-S_{四边形AEPH}=13-5=8$.

[例 33] E. 可设矩形的长与宽分别为 a 和 b，可得：

$$\begin{cases}a+b=60\\a^2+b^2\leqslant2500\end{cases}\Rightarrow 面积 S=ab=\frac{(a+b)^2-(a^2+b^2)}{2}\geqslant\frac{3600-2500}{2}=550.$$

[例 34] B. 菱形的面积等于对角线之积的一半，故面积等于 120.

[例 35] B. 已知菱形的周长为 52，故边长为 13，一条对角线长的一半为 12，根据勾股定理得

到另一条对角线一半的长为5，则另一条对角线长为10，故菱形面积为对角线之积的一半，面积等于120.

[例36] C．如图6－3，做M关于AC的对称点G，则GN即为所求最小值，由菱形的两条对角线长可得菱形的边长$AB=5$，$GN=AB=5$.

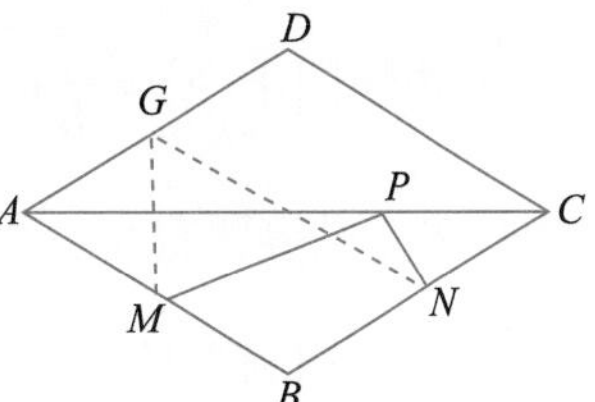

图6－3

[例37] B．由于P是平行四边形$ABCD$内一点，可以取特殊情况分析，将平行四边形看成正方形，将P点看成在对角线BD上，那么三角形PAD与三角形PAB是等高的，所以面积比等于底之比，故$DP:BP=2:5$，假如对角线交点为E，则$PE:PD=(3.5-2):2=1.5:2$，所以$S_{\triangle PAE}=1.5$，则$S_{\triangle PAC}=2S_{\triangle PAE}=3$.

[例38] B．如图6－4，过E点作AD的垂线交AD与点F，则有$AF=AB$，$DF=CD$，

$$S_{四边形ABCD}=\frac{1}{2}(AB+CD)\cdot BC=\frac{1}{2}\times 8\times 6=24.$$

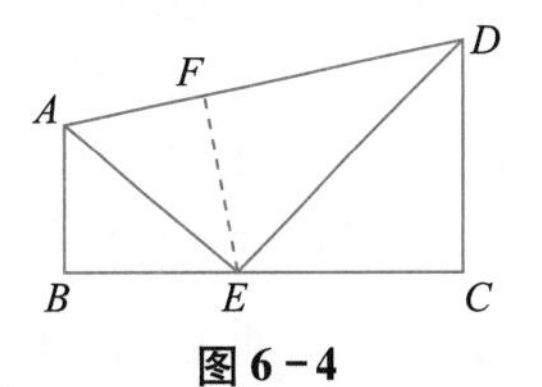

图6－4

[例39] B．因为$AD/\!/BC$，且$AP=PD$，$BQ=QC$，所以$S_{APQB}=S_{PDCQ}$，又$OP=OQ$，所以$\triangle OPM\cong\triangle OQN$，于是$S_{\triangle OPM}=S_{\triangle OQN}$，故$S_{AMNB}=S_{MDCN}$，即$S_{AMNB}:S_{MDCN}=1$.

[例40] B．如图6－5，连接AC．由于$ABCD$是平行四边形，$BC:CE=3:2$，所以$CE:AD=2:3$．根据梯形蝶形定理，$S_{\triangle COE}:S_{\triangle AOC}:S_{\triangle DOE}:S_{\triangle AOD}=2^2:(2\times 3):(2\times 3):3^2=4:6:6:9$，所以$S_{\triangle AOC}=6$，$S_{\triangle AOD}=9$，又$S_{\triangle ABC}=S_{\triangle ACD}=6+9=15$，阴影部分面积为$6+15=21$.

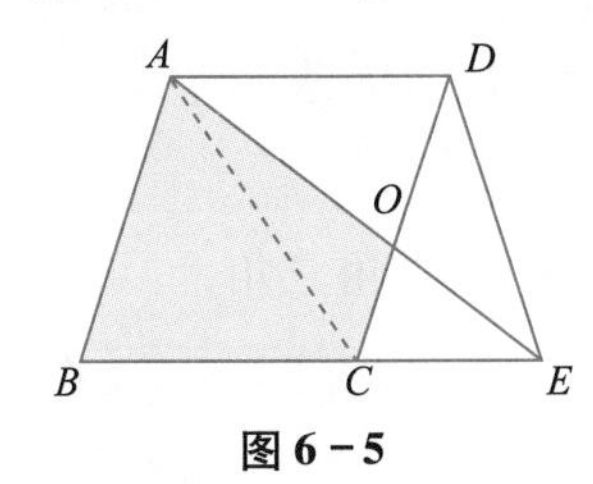

图6－5

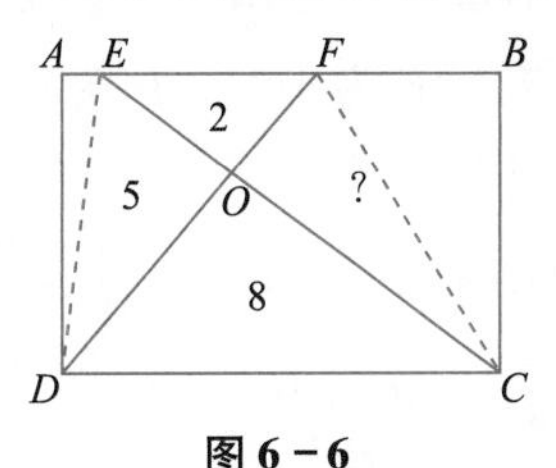

图6－6

[例41] B．如图6－6，连接DE，CF．四边形$EDCF$为梯形，所以$S_{\triangle EOD}=S_{\triangle FOC}$，又根据蝶形定理，$S_{\triangle EOD}\cdot S_{\triangle FOC}=S_{\triangle EOF}\cdot S_{\triangle COD}=2\times 8=16$，所以$S_{\triangle EOD}=4$，$S_{\triangle ECD}=4+8=12$．那么长方形$ABCD$的面积为$12\times 2=24$，四边形$OFBC$的面积为$24-5-2-8=9$.

[例42] D．正六边形可拆分为六个等边三角形求解，所以面积为$S=6\times\frac{\sqrt{3}}{4}\times 2^2=6\sqrt{3}$.

难点考向例题解析

[例1] C．首先求出三角形的面积$S=\sqrt{p(p-a)(p-b)(p-c)}=\sqrt{9\times 4\times 3\times 2}=6\sqrt{6}$.

所以内切圆半径$r=\frac{2S}{a+b+c}=\frac{2\times 6\sqrt{6}}{18}=\frac{2\sqrt{6}}{3}$，故面积$S_{内切圆}=\pi r^2=\frac{8}{3}\pi$.

[例2] E．由题意，$b=\sqrt{3}a$，$c=2a\Rightarrow r\Rightarrow\frac{\sqrt{3}-1}{2}a$.

［例3］C．首先求出三角形的边长，根据等边三角形面积 $S=\frac{\sqrt{3}}{4}a^2$，得出边长为6.

内切圆半径 $r=\frac{\sqrt{3}}{6}a=\sqrt{3}$，故内切圆面积 $S_{内切圆}=\pi r^2=3\pi$.

［例4］E．设等腰直角三角形的三边长为1，1，$\sqrt{2}$，

故内切圆半径 $r_{内}=\frac{1+1-\sqrt{2}}{2}=\frac{2-\sqrt{2}}{2}$，外接圆半径 $r_{外}=\frac{\sqrt{2}}{2}$，

故面积之比为 $\frac{S_{内}}{S_{外}}=\left(\frac{r_{内}}{r_{外}}\right)^2=\left(\frac{2-\sqrt{2}}{\sqrt{2}}\right)^2=3-2\sqrt{2}$.

［例5］B．外心即三角形三条边中垂线的交点，由 AB 中点为（2，5）知 AB 的中垂线的方程为 $x-2=0$，AC 的中垂线的方程为 $(x+1)^2+(y-5)^2=(x-6)^2+(y+2)^2$，即 $x-y-1=0$.

$\begin{cases}x-2=0\\x-y-1=0\end{cases}$，解得 $x=2$，$y=1$．外心的坐标为(2，1).

［例6］C．重心和三角形3个顶点组成的3个三角形面积相等.

［例7］C．若 P 点到三边的距离与边长成反比，得到距离与边长乘积为定值，所以得到面积是相等的，结合重心和三角形3个顶点组成的3个三角形面积相等.

［例8］B．重心坐标为顶点坐标的平均值，故重心坐标为 $\left(\frac{-1+4+6}{3},\ \frac{5+3-2}{3}\right)$，化简为(3，2).

［例9］D．根据重心的性质，$S_{\triangle ABC}=3S_{\triangle AOC}=12$.

［例10］C．如图6－7，AE 为中线，D 为重心，AG 为高，DF 表示重心 D 到斜边的距离.

显然 $DF\parallel AG$，根据相似得到 $\frac{DF}{AG}=\frac{DE}{AE}=\frac{1}{3}$，根据直角三角形性质得到 $AG=\frac{AB\times AC}{BC}=\frac{12}{5}=2.4$，

从而 $DF=\frac{1}{3}AG=0.8$.

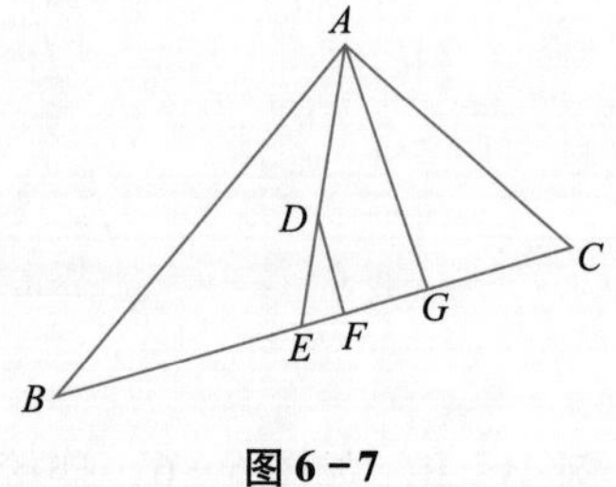

图6－7

［例11］B．根据重心性质，BC 边上的高是 GD 的3倍.

［例12］B．对于直角三角形，斜边中线是斜边的一半，所以斜边中线等于3，又根据重心将中线分成长为2:1的两段，故重心 G 到斜边上的中点的距离是1.

［例13］B．对于等腰三角形，底边上的高等于中线，所以底边上的高等于12，重心到底边的距离是高的 $\frac{1}{3}$，所以答案是4.

［例14］E．由图6－8可知，$EF=\frac{1}{3}BC$，根据重心的性质，G 到 BC 的距离是 A 到 BC 距离的 $\frac{1}{3}$，也就是 $\triangle EFG$ 的高是 $\triangle ABC$ 高的 $\frac{1}{3}$，从而 $\triangle EFG$ 的面积是 $\triangle ABC$ 面积的 $\frac{1}{9}$，所以 $\triangle ABC$ 的面积为36.

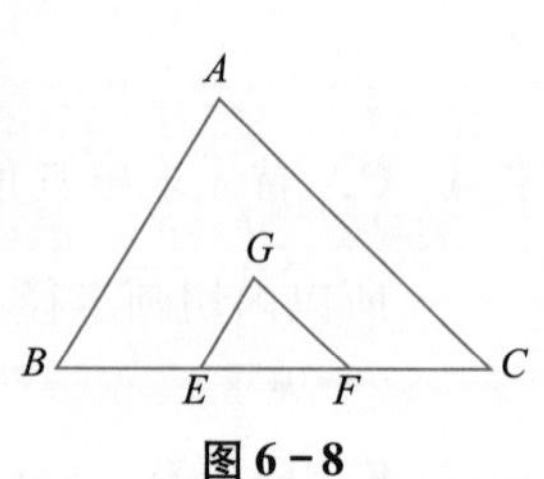

图6－8

［例 15］E.　由于 $EG/\!/BC$，根据三角形相似得到：$\frac{S_{\triangle AEG}}{S_{\triangle ABD}}=\left(\frac{AG}{AD}\right)^2=\frac{4}{9}$，从而 $S_{\triangle ABD}=18$，又由于 D 为 BC 中点，所以 $S_{\triangle ACD}=S_{\triangle ABD}=18$，故 $S_{\triangle ABC}=36$.

［例 16］B.　如图 6－9，连接 AG 并延长，交 BC 于点 D，D 为 BC 的中点，故 $S_{\triangle ABD}=S_{\triangle ACD}=\frac{1}{2}S_{\triangle ABC}=36$，

$EG/\!/BC$，根据三角形相似得到：

$\frac{S_{\triangle AEG}}{S_{\triangle ABD}}=\left(\frac{AG}{AD}\right)^2=\frac{4}{9}\Rightarrow S_{\triangle AEG}=16$，

$GF/\!/AB$，根据三角形相似得到：

$\frac{S_{\triangle DFG}}{S_{\triangle ABD}}=\left(\frac{DG}{AD}\right)^2=\frac{1}{9}\Rightarrow S_{\triangle DFG}=4$，

故四边形 $EBFG$ 的面积为 $36-16-4=16$.

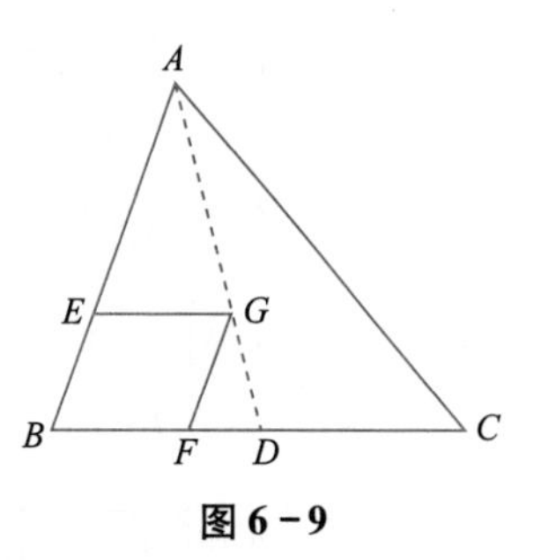

图 6－9

［例 17］C.　阴影部分的周长＝小半圆周长＋大半圆周长－重合部分（大半圆的半径的 2 倍）$2\pi+4+3\pi+6-3\times 2=5\pi+4$.

［例 18］C.　周长相当于四个 $\frac{1}{4}$ 圆弧再加上八个半径，故周长为 $\pi+4$.

［例 19］E.　设每个小半圆的半径分别为 r_1，r_2，…，r_n，则 $r_1+r_2+\cdots+r_n=10$，
阴影部分的周长＝大半圆的弧长＋各小半圆的弧长和 $=10\pi+(r_1+r_2+\cdots+r_n)\pi=20\pi$.

［例 20］E.　连接 AO 和 BO，由 $PO=4$，$\angle APB=60°$，得到 $AO=BO=2$，$PA=PB=2\sqrt{3}$，

$S=2\left(\frac{1}{2}\times 2\times 2\sqrt{3}\right)-\frac{1}{3}\pi\times 2^2=4\sqrt{3}-\frac{4\pi}{3}$.

［例 21］C.　设小圆的半径为 r，根据相切得到：$\sqrt{2}r+r=10$，得到 $r=10(\sqrt{2}-1)$，
故圆的面积为 $S=\pi r^2=100(3-2\sqrt{2})\pi$.

［例 22］D.　显然有 $S_{阴影}=S_{扇形ABE}-(S_{ABCD}-S_{扇形DAF})$，故 $S_{阴影}=\frac{1}{4}\pi\times 100-\left(50-\frac{1}{4}\pi\times 25\right)=\frac{125}{4}\pi-50$.

［点睛］将图中阴影面积进行重新组合，利用图形的加减关系进行求解.

［例 23］C.　将左边的弓形补到右边，阴影即为一个梯形. $S_{阴影}=\frac{(2+4)\times 3}{2}=9$.

［例 24］C.　设 $OC=r$，$\angle O=n$，则 $OA=r+12$，

所以 $l_{\overset{\frown}{AB}}=\frac{n\cdot 2\pi(r+12)}{360}=10\pi$，$l_{\overset{\frown}{CD}}=\frac{n\cdot 2\pi r}{360}=6\pi$.

解得 $\begin{cases}n=60\\ r=18\end{cases}$，$OC=18$，$OA=OC+AC=30$.

所以 $S_{阴}=S_{扇AOB}-S_{扇COD}=\frac{1}{2}l_{\overset{\frown}{AB}}\cdot OA-\frac{1}{2}l_{\overset{\frown}{CD}}\cdot OC=\frac{1}{2}\times 10\pi\times 30-\frac{1}{2}\times 6\pi\times 18=96\pi$.

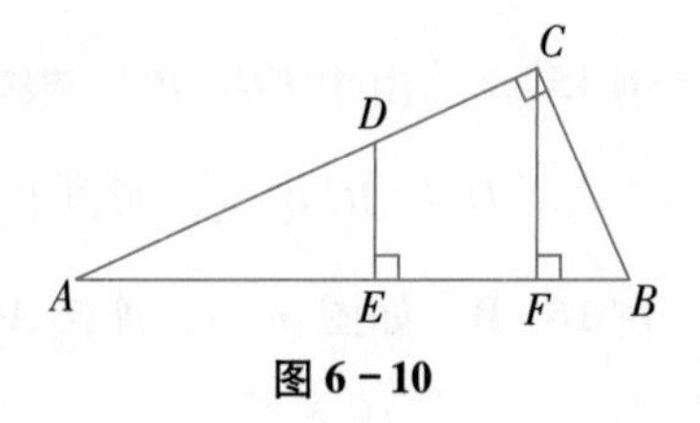

图 6－10

［例 25］C．如图 6－10 所示，先求出 $AC=\sqrt{25-4}=\sqrt{21}$，

根据三角形相似，$\triangle ADE\backsim\triangle ACF$，得到：$\dfrac{DE}{CF}=\dfrac{AD}{AC}$，

又 $CF=\dfrac{AC\cdot BC}{AB}$，

故 $DE=\dfrac{AD}{AC}\cdot CF=\dfrac{AD}{AC}\cdot\dfrac{AC\cdot BC}{AB}=1.28$．

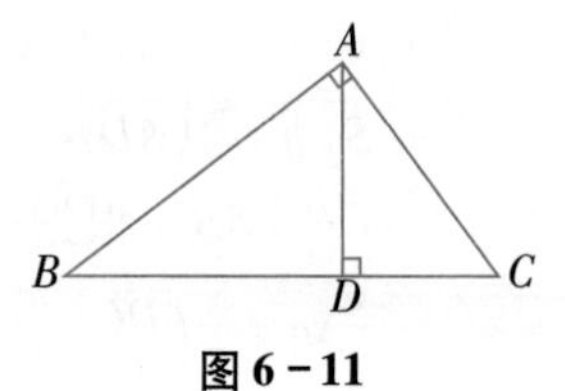

图 6－11

［例 26］C．如图 6－11，根据射影定理得到：

$AB^2=BD\cdot BC$，$AC^2=CD\cdot BC$，

两式相除得到：$\dfrac{AB^2}{AC^2}=\dfrac{BD\cdot BC}{CD\cdot BC}=\dfrac{BD}{CD}=\dfrac{16}{9}$．

［例 27］E．根据射影定理得到：$AC^2=AD\cdot AB$，解得 $AB=10$，再根据勾股定理得到 $BC=8$．

［例 28］D．三角形的三个内角之比为 $1:2:3$，则三个内角为 $\angle A=\dfrac{\pi}{6}$，$\angle B=\dfrac{\pi}{3}$，$\angle C=\dfrac{\pi}{2}$，故

三边之比 $a:b:c=\sin A:\sin B:\sin C=\dfrac{1}{2}:\dfrac{\sqrt{3}}{2}:\dfrac{2}{2}=1:\sqrt{3}:2$．

［例 29］D．由面积 $S_{\triangle ABC}=\dfrac{1}{2}bc\sin A=\dfrac{1}{2}c\times\dfrac{\sqrt{3}}{2}=\sqrt{3}$，得 $c=4$，

由余弦定理 $a^2=b^2+c^2-2bc\cos A=13$，得 $a=\sqrt{13}$．

故 $\dfrac{a}{\sin A}=\dfrac{b}{\sin B}=\dfrac{c}{\sin C}=\dfrac{a+b+c}{\sin A+\sin B+\sin C}=\dfrac{\sqrt{13}}{\frac{\sqrt{3}}{2}}=\dfrac{2\sqrt{39}}{3}$．

［例 30］B．设中间的角为 θ，则 $\cos\theta=\dfrac{5^2+8^2-7^2}{2\times5\times8}=\dfrac{1}{2}$，$\theta=60^\circ$，最大角与最小角之和为 $180^\circ-60^\circ=120^\circ$．

［例 31］A．$(a+b+c)(b+c-a)=3bc$，$(b+c)^2-a^2=3bc$，

$b^2+c^2-a^2=bc$，$\cos A=\dfrac{b^2+c^2-a^2}{2bc}=\dfrac{1}{2}$，故 $\angle A=60^\circ$．

［例 32］B．根据中线定理，$AB^2+AC^2=2(BD^2+AD^2)\Rightarrow25+49=2(16+AD^2)\Rightarrow AD=\sqrt{21}$．

［例 33］E．根据角平分线的性质，$AB:AC=BD:CD=2:3$．

$BD=\dfrac{2}{5}BC=\dfrac{16}{5}$，$CD=\dfrac{3}{5}BC=\dfrac{24}{5}$，

再由斯库顿定理：$AD^2=AB\cdot AC-BD\cdot CD=4\times6-\dfrac{16}{5}\times\dfrac{24}{5}\Rightarrow AD=\dfrac{6\sqrt{6}}{5}$．

基础自测题解析

一、问题求解题

1. C. $\angle 1=72^\circ \Rightarrow \angle FEB=108^\circ \Rightarrow \angle FEG=54^\circ \Rightarrow \angle 2=54^\circ$.
2. B. 由 $AB=BC=CD$ 可得，$\triangle ABC$ 和 $\triangle ACD$ 都是等边三角形，且$\square ABCD$ 是菱形，所以 AC 与 BD 互相垂直，因此 $x=90^\circ-60^\circ=30^\circ$.
3. A. 根据折叠原理，$\angle D'EF=\angle DEF$，$\angle EFC'=\angle EFC=180^\circ-65^\circ=115^\circ$，故 $\angle D'EF=180^\circ-\angle EFC'=65^\circ$，$\angle AED'=180^\circ-2\angle D'EF=50^\circ$.
4. E. 设此圆的半径为 r，则有 $2\times 2\pi r=\pi r^2 \Rightarrow r=4 \Rightarrow S=16\pi$.
5. C. 显然一个“花瓣”的面积为一个半圆的面积减去一个直角三角形的面积，则阴影部分的面积为 $4\times\left[\frac{1}{2}\cdot\pi\left(\frac{a}{2}\right)^2-\frac{1}{4}a^2\right]=\frac{\pi-2}{2}a^2$.
6. B. 显然 $S_{\text{四边形}ABCD}=S_{\triangle ADF}+S_{\triangle AFC}+S_{\triangle ACE}+S_{\triangle ABE}$，而 $S_{\triangle AFC}=S_{\triangle ADF}=m$，$S_{\triangle ACE}=S_{\text{四边形}AECF}-S_{\triangle AFC}=n-m$，$S_{\triangle ABE}=\frac{1}{2}S_{\triangle ACE}=\frac{n-m}{2}$，故 $S_{\text{四边形}ABCD}=m+n+\frac{n-m}{2}=\frac{3n+m}{2}$.
7. A. $-c^2+a^2+2ab-2bc=(a-c)(a+c+2b)=0$，显然 $a+c+2b\neq 0(a,\ b,\ c>0)$，只有 $a=c$ 原式才为零，故$\triangle ABC$ 为等腰三角形.
8. C. 显然有 $AE=BE=\sqrt{2}$，$CE=2-\sqrt{2}$，$B'C=2\sqrt{2}-2$，而$\triangle AEB'$与$\triangle FCB'$都是等腰直角三角形，所以重叠部分的面积为 $S_{AECF}=S_{\triangle AEB'}-S_{\triangle FCB'}=\frac{1}{2}\times(\sqrt{2})^2-\frac{1}{2}(2-\sqrt{2})^2=2\sqrt{2}-2$.
9. C. 根据直角三角形的射影定理，$AD^2=CD\cdot DB=(CM+DM)(BM-DM)=(BM+DM)\cdot(BM-DM)=BM^2-DM^2=13$，从而 $AD=\sqrt{13}$.
10. B. 如果两个三角形等高，则面积比等于底边比. $(x+35):y=30:40=3:4$，而 $70:y=35:x$，解出 $x=70$.
11. D. 由 $\begin{cases} S_1+S_2+S_3+S_4=4-\frac{\pi}{2} & ① \\ S_2+S_4=\pi-\frac{\pi}{2}=\frac{\pi}{2} & ② \\ S_3+S_4=\pi-\frac{\pi}{2}=\frac{\pi}{2} & ③ \end{cases} \Rightarrow ③+②-① \Rightarrow S_4-S_1=\frac{3}{2}\pi-4$.
12. B. 由方程组 $\begin{cases} a^2+b^2=13 \\ (a-b)^2=1 \end{cases} \Rightarrow \begin{cases} a=3 \\ b=2 \end{cases} \Rightarrow a^3+b^4=43$.
13. B. 因为三个圆两两相切，圆心构成的三角形的边长即为两两半径加和，故此三边分别为 $2+4=6$，$2+6=8$，$4+6=10$，即为6，8，10，故此三角形为直角三角形.
14. A. 将其放到一个直角三角形中计算. 此直角三角形的斜边是竹竿的长，设为 x 米. 一条直角边是1.5米，另一条直角边是$(x-0.5)$米. 根据勾股定理，得 $x^2=1.5^2+(x-0.5)^2$，$x=2.5$. 故水深为 $2.5-0.5=2$(米).
15. C. 由$\triangle DEF$ 和$\triangle DEC$ 等高，面积的比等于底边的比，得到 $EF:EC=4:6=2:3$，再由$\triangle DEF\backsim\triangle BEC$，根据相似三角形面积的比等于相似比的平方得到 $S_{\triangle DEF}:S_{\triangle BEC}=4:9$，得到 $S_{\triangle BEC}=9$，即 $S_{\triangle ABD}=S_{\triangle BCD}=6+9=15$，从而 $S_{ABEF}=15-S_{\triangle DEF}=11$.

二、条件充分性判断题

1. **A**．设矩形的宽为 x，则阴影部分的面积为 $\frac{1}{4}\pi x^2+2x\cdot x-\frac{1}{2}\cdot 3x\cdot x=\frac{1}{4}(\pi+2)x^2$，空白部分的面积为 $\frac{3}{2}x^2$，矩形面积为 $2x^2$．条件(1)，有 $\frac{3}{2}x^2-\frac{1}{4}(\pi+2)x^2=4-\pi\Rightarrow x=2$，可得商标图案面积为 $\pi+2$，充分；条件(2)，有 $2x^2-\frac{1}{4}(\pi+2)x^2=4-\pi\Rightarrow x\neq 2$，不充分.

2. **D**．条件(1)，显然有 $S_{\triangle AOB}=35$，而 $\triangle AOD$ 与 $\triangle COD$ 等高，所以 AO 与 CO 的比为 5:7，又 $\triangle AOD\backsim\triangle BOC$，$S_{\triangle AOD}:S_{\triangle BOC}=AO^2:CO^2$，故 $S_{\triangle BOC}=49$，所以梯形的面积为 144，充分；同理，条件(2)也充分.

3. **C**．如图 6－12，过 F 做 CE 的垂线 FP，有 $\mathrm{Rt}\triangle CDF\cong\mathrm{Rt}\triangle CPF$，$\angle CFP=\angle CFD$，$CP=CD$，又 $\angle EFC=90°$，则 $\angle EFP=\angle FCP=\angle AFE$，从而 $\mathrm{Rt}\triangle AFE\cong\mathrm{Rt}\triangle PFE$. 显然条件(1)和(2)单独均不充分，考虑联合，则有 $S_{\triangle CFP}:S_{\triangle EFP}=16:9$，故有 $\frac{EP}{CP}=\frac{9}{16}=\frac{EP}{8}\Rightarrow EP=\frac{9}{2}$，根据射影定理有 $PF^2=EP\cdot CP\Rightarrow PF=6$，故 $AD=2PF=12$，所以矩形面积为 $12\times 8=96$，充分.

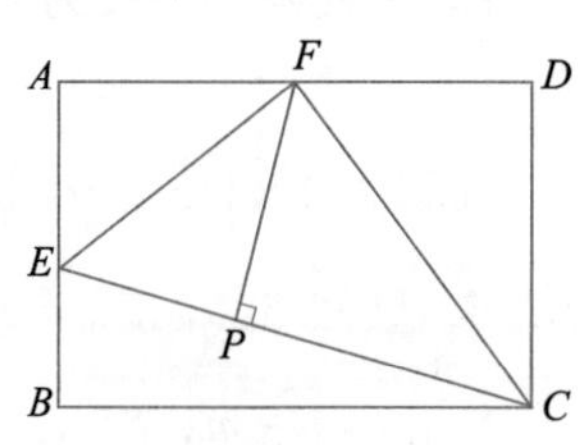

图 6－12

4. **C**．要想 $\triangle CBF\backsim\triangle CDE$，已知 $\angle B=\angle D$，故再知道一个角相等或者 $\angle B$ 两边对应成比例即可. 又 $AB=10$，$AD=6$，则从边长角度考虑. 只要 $\frac{DE}{CD}=\frac{BF}{BC}$，显然条件(1)和(2)单独均不充分，考虑联合. 有 $DE=3$，经演算，恰好满足 $\frac{DE}{CD}=\frac{BF}{BC}$，从而 $\triangle CBF\backsim\triangle CDE$.

5. **D**．条件(1)，显然另外两边和为 7，所有能构成三角形的整数对为(2，4，5)，(3，4，4)，最大边长为 5，充分；同理，条件(2)中，能构成三角形的整数对为(3，3，5)，(3，4，4)，最大边长也是 5，充分.

6. **D**．条件(1)，有 $RS=TU=10$，又 $\angle UTV=45°$，$\angle SRV=60°$，可求得 $TV=5\sqrt{2}$，$RV=5$，所以 $TV-RV=5(\sqrt{2}-1)$，充分；由条件(2)，$RV=5$，亦可求出 $RS=10$，也即 $TU=10$，所以 $TV=\frac{10}{\sqrt{2}}=5\sqrt{2}$，$TV-RV=5(\sqrt{2}-1)$，也充分.

7. **B**．采用整体的思路来求解. $S_{阴影}=3S_{扇形ABC}-3S_{\triangle ABC}=3\times\frac{\pi}{6}\times a^2-3\times\frac{\sqrt{3}}{4}\times a^2=\left(\frac{\pi}{2}-\frac{3\sqrt{3}}{4}\right)a^2$，显然条件(1)不充分，条件(2)充分.

8. **D**．设边长 $CD=a$，$CB=b$，$BE=DF=x$，则题干要求推出 $\frac{ab}{(a-x)b}=\frac{3}{2}$，即 $a=3x$.

由条件(1)，$\frac{x}{a-x}=\frac{1}{2}$，可知 $a=3x$，即条件(1)充分.

由条件(2)，$AB=CD=a=6$，$CB=b=3$，$CE=\sqrt{13}$，由勾股定理，$BE=x=\sqrt{CE^2-CB^2}=\sqrt{13-9}=2$，从而 $a=3x$ 成立，因而条件(2)也充分.

9. **D**．由条件(1)，设菱形的边长为 1，菱形的面积相当于两个等边三角形的面积，

从而菱形的面积 $=2\times\frac{\sqrt{3}}{4}=\frac{\sqrt{3}}{2}$，等腰直角三角形的面积为$\frac{1}{2}$，即二者面积之比为$\frac{\sqrt{3}}{2}:\frac{1}{2}=\sqrt{3}:1$，条件(1)充分. 由条件(2)可知，菱形的另一个角为60°，因此条件(2)也充分.

10. A. 由题知，$\angle APB+\angle BAP=120°$，所以$\angle BAP=\angle CPD$，$\angle B=\angle C=60°$，则$\triangle ABP\backsim\triangle PCD$，$\frac{AB}{CP}=\frac{BP}{CD}$. 设$AB=x$，利用三角形相似，则由条件(1)，$CP=x-1$，$\frac{x}{x-1}=\frac{1}{\frac{2}{3}}$，得$x=3$，即条件(1)充分. 由条件(2)，$CP=x-2$，$\frac{x}{x-2}=\frac{2}{\frac{4}{3}}$，解得$x=6$，即条件(2)不充分.

11. E. **方法一**：自下而上法.

连接BE，条件(1)，$S_{\triangle ABE}=18$，$S_{\triangle BCF}=18$，$S_{\triangle DEF}=9$，即$S_{\triangle BEF}=72-18-18-9=27$，则$S_{\triangle BGF}=\frac{1}{3}S_{\triangle BEF}=9$，不充分.

条件（2），$S_{\triangle ABE}=\frac{25}{2}$，$S_{\triangle BCF}=\frac{25}{2}$，$S_{\triangle DEF}=\frac{25}{4}$，即$S_{\triangle BEF}=\frac{75}{4}$，则$S_{\triangle BGF}=\frac{1}{3}S_{\triangle BEF}=\frac{25}{4}$，不充分.

方法二：自上而下法.

$S_{\triangle BEF}=S_{矩形ABCD}-S_{\triangle ABE}-S_{\triangle BCF}-S_{\triangle EDF}=\frac{3}{8}S_{矩形ABCD}$；

$S_{阴影}=\frac{1}{3}S_{\triangle BEF}=\frac{1}{8}S_{矩形ABCD}=12\Rightarrow S_{矩形ABCD}=96$，显然两个条件都不充分.

12. D. 根据相似三角形性质，由条件(1)，面积比等于相似比的平方，所以，$\frac{S_{\triangle ABC}}{S_{\triangle A'B'C'}}=\left(\frac{\sqrt{2}}{\sqrt{3}}\right)^2=\frac{2}{3}$，条件(1)充分.

由条件(2)，$AB=\frac{\sqrt{2}}{\sqrt{3}}A'B'$，$AC=\frac{\sqrt{2}}{\sqrt{3}}A'C'$，$\sin A=\sin A'$，所以根据面积计算公式，

$$\frac{S_{\triangle ABC}}{S_{\triangle A'B'C'}}=\frac{\frac{1}{2}AB\cdot AC\cdot\sin A}{\frac{1}{2}A'B'\cdot A'C'\cdot\sin A'}=\frac{\frac{\sqrt{2}}{\sqrt{3}}A'B'\cdot\frac{\sqrt{2}}{\sqrt{3}}A'C'}{A'B'\cdot A'C'}=\frac{2}{3}$$，所以条件（2）也充分.

13. D. 可看出条件(1)与条件(2)等价. 每一个台阶都需要铺满两个直角边，即所有的竖边和为BC长，AC长为横铺面，所以至少用$AC+BC=2+2\sqrt{3}$，两个条件均充分，选D.

[评注] 长度的转化，不要粗心看错，勾股定理的简单应用要熟练.

14. A. 重心的性质，重心分中线为1:2，由条件(1)得，$\triangle ABC$为等腰三角形，故AM为底边高的$\frac{2}{3}$，底边高为$\sqrt{17^2-8^2}=15$，所以$AM=10$，条件(1)充分.

由条件(2)，同理可得$AM=\frac{20\sqrt{3}}{3}$，条件(2)不充分.

综合提高题解析

一、问题求解题

1. **B**. 根据题意，可知$\triangle BCQ \cong \triangle BPQ$，有$BC=BP$，$\angle CBQ=\angle PBQ$，在$\triangle BNP$中，$BN=\frac{1}{2}BC=\frac{1}{2}BP$，从而$\angle BPN=30°$，则$\angle PBN=60°$，又$\angle CBQ=\angle PBQ$，则$\angle PBQ=30°$.

2. **B**. 设A、B、C、D的边长分别为x、y、z、w，则根据勾股定理，有$x^2+y^2+z^2+w^2=7^2$，而x^2、y^2、z^2、w^2恰为A、B、C、D的面积，故其面积和为49.

3. **C**. 显然所求图形的面积为$S_{\triangle ABC}+S_{扇形CAD}+S_{扇形DBE}+S_{扇形ECF}$，

即$\frac{1}{2}\times 1\times 1+\frac{135°}{360°}\pi\cdot 1^2+\frac{135°}{360°}\pi\cdot(\sqrt{2}+1)^2+\frac{90°}{360°}\pi\cdot(\sqrt{2}+1+1)^2=\frac{(12+7\sqrt{2})\pi+2}{4}$.

4. **A**. 阴影部分面积是$\mathrm{Rt}\triangle ABC$的面积减去一个半圆的面积，即$S=\frac{1}{2}\times 2\times 2-\frac{1}{2}\pi\cdot 1^2=\frac{4-\pi}{2}$.

5. **B**. 根据点P的运动，当其走$A\to B$过程中，面积是随时间增加而增大的，并且当点P与点B重合时$\triangle APD$的面积最大；走$B\to C$过程中，$\triangle APD$的面积是不变的；走$C\to D$过程中，$\triangle APD$的面积是随时间的增加而减小的.

6. **E**. 显然$a^2+b^2+c^2=2k^2\Rightarrow k^2=\frac{a^2+b^2+c^2}{2}$，$a-b=2k\Rightarrow k=\frac{a-b}{2}$，所以，$a^2c^2+b^2c^2=k^4+2k^2=\frac{1}{4}(a^2+b^2+c^2)^2+2\times\frac{(a-b)^2}{4}\Rightarrow\frac{1}{4}(a^2+b^2-c^2)^2+2\times\frac{(a-b)^2}{4}=0$，即$a=b$，且$a^2+b^2=c^2$，但$a=b$时，$k=0$，此时$a=b=c=0$，故三角形不存在.

7. **C**. 由$a^3+b^3+c^3=3abc$，即$(a+b+c)(a^2+b^2+c^2-ab-bc-ca)=0$.
因为$a+b+c\neq 0$，故$a^2+b^2+c^2-ab-bc-ca=0$.
所以$(a^2-2ab+b^2)+(b^2-2bc+c^2)+(c^2-2ac+a^2)=0$
即$(a-b)^2=(b-c)^2=(c-a)^2=0$，则$a=b=c$，所以这个三角形是等边三角形，其外接圆的半径为内切圆半径的2倍，故面积为4倍.
[评注] 要证明以a，b，c为边的三角形是等边三角形，只要能证明$a=b=c$即可，题中给出了关于a，b，c的关系式，利用因式分解将它变形，再利用非负数的性质即可.

8. **C**. 连接AI，$S_{\triangle BCI}:S_{\triangle ABI}=CF:AF=1:2$，所以，$S_{\triangle ACI}:S_{\triangle BCI}:S_{\triangle ABI}=1:2:4$，那么，$S_{\triangle BCI}=\frac{2}{1+2+4}S_{\triangle ABC}=\frac{2}{7}S_{\triangle ABC}$. 同理可知$\triangle ACG$和$\triangle ABH$的面积也都等于$\triangle ABC$面积的$\frac{2}{7}$，所以阴影三角形的面积等于$\triangle ABC$面积的$1-\frac{2}{7}\times 3=\frac{1}{7}$，所以$\triangle ABC$的面积是阴影三角形面积的7倍.

[评注] 同底等高的三角形面积相同，运用面积的转化求解.

9. **E**. 如图6－13，连接OE.

根据蝶形定理，$ON:ND=S_{\triangle COE}:\ S_{\triangle CDE}=\frac{1}{2}S_{\triangle CAE}:S_{\triangle CDE}=1:1$，

所以$S_{\triangle OEN}=\frac{1}{2}S_{\triangle OED}$；$OM:MA=S_{\triangle BOE}:S_{\triangle BAE}=\frac{1}{2}S_{\triangle BDE}:S_{\triangle BAE}=1:4$，

所以$S_{\triangle OEM}=\frac{1}{5}S_{\triangle OEA}$. 又$S_{\triangle OED}=\frac{1}{3}\times\frac{1}{4}S_{矩形ABCD}=3$，

$S_{\triangle OEA}=2S_{\triangle OED}=6$，所以阴影部分面积为$3\times\frac{1}{2}+6\times\frac{1}{5}=2.7$.

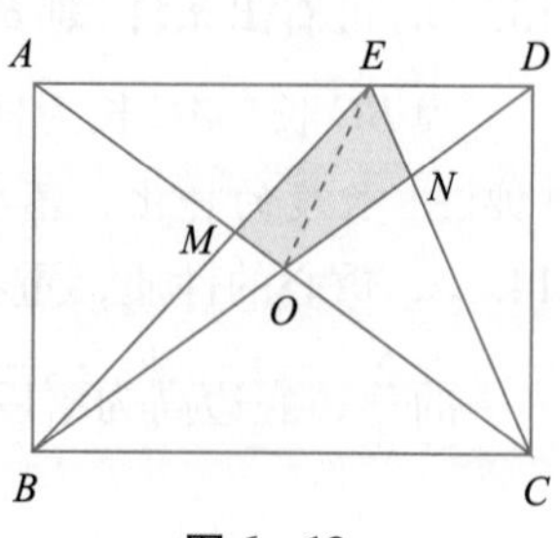

图6－13

10. **D**. 如图6－14，连接BE. 因$AC=3AE$，所以$S_{\triangle ABC}=3S_{\triangle ABE}$，又因$AB=5AD$，所以$S_{\triangle ADE}=\frac{S_{\triangle ABE}}{5}=\frac{S_{\triangle ABC}}{15}$，故$S_{\triangle ABC}=15S_{\triangle ADE}=15$.

11. **E**. 如图6－15，连接AD. 因$BE=3$，$AE=6$，所以$AB=3BE$，$S_{\triangle ABD}=3S_{\triangle BDE}$. 又因$BD=DC=4$，所以$S_{\triangle ABC}=2S_{\triangle ABD}$，故$S_{\triangle ABC}=6S_{\triangle BDE}$，$S_{乙}=5S_{甲}$.

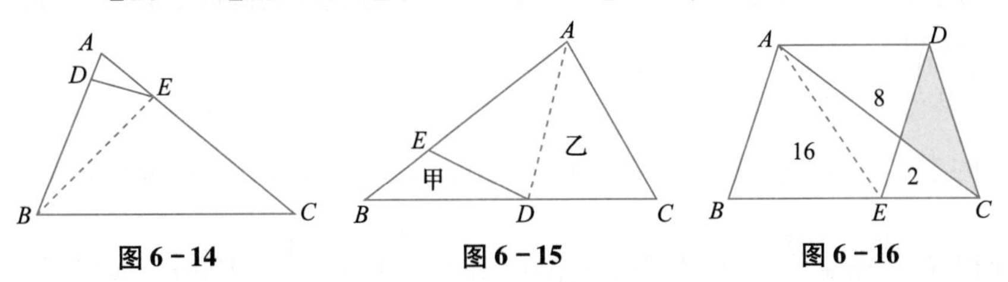

图6－14　图6－15　图6－16

12. **D**. 如图6－16，连接AE. 由于AD与BC是平行的，所以$AECD$也是梯形，那么$S_{\triangle OCD}=S_{\triangle OAE}$. 根据蝶形定理，$S_{\triangle OCD}\times S_{\triangle OAE}=S_{\triangle OCE}\times S_{\triangle OAD}=2\times8=16$，故$S^2_{\triangle OCD}=16$，所以$S_{\triangle OCD}=4$(平方厘米).

［**另解**］在平行四边形$ABED$中，$S_{\triangle ADE}=\frac{1}{2}S_{\square ABED}=\frac{1}{2}\times(16+8)=12$(平方厘米)，所以$S_{\triangle AOE}=S_{\triangle ADE}-S_{\triangle AOD}=12-8=4$(平方厘米)，根据蝶形定理，阴影部分的面积为$8\times2\div4=4$(平方厘米).

13. **C**. 过D点作MN的平行线交AB于E点. $\triangle AMN\backsim\triangle AED$，根据平行线定理，

$\frac{BD}{DC}=\frac{BE}{EM}=\frac{1}{2}$，$AM=MB\Rightarrow\frac{AM}{AE}=\frac{3}{5}\Rightarrow\frac{S_{\triangle AMN}}{S_{\triangle AED}}=\frac{9}{25}$(面积比等于相似比的平方).

$S_{\triangle CMB}=\frac{1}{2}S_{\triangle ABC}=\frac{3}{2}$，$\frac{S_{\triangle DEB}}{S_{\triangle CMB}}=\left(\frac{BD}{BC}\right)^2=\frac{1}{9}\Rightarrow S_{\triangle DEB}=\frac{1}{9}S_{\triangle CMB}=\frac{1}{9}\times\frac{3}{2}=\frac{1}{6}$;

$S_{\triangle ADB}=S_{\triangle ABC}-S_{\triangle ACD}=1\Rightarrow S_{\triangle AED}=S_{\triangle ADB}-S_{\triangle DEB}=1-\frac{1}{6}=\frac{5}{6}\Rightarrow$

$S_{\triangle AMN}=\frac{9}{25}S_{\triangle AED}=\frac{9}{25}\times\frac{5}{6}=\frac{3}{10}$.

14. **A**. 因为M，N没有限定具体的位置，只是说要保证$\angle MDN=60°$，所以我们可以将MN移动到与BC平行的位置，则四边形$ANDM$为菱形且$\angle MDC=\angle NDB=90°$，$\angle DCB=\angle DBC=30°\Rightarrow DM=\frac{1}{2}MC=\frac{1}{3}AC\Rightarrow\triangle AMN$的周长等于$\triangle ABC$的边长为1.

15. **A**. 因为P点是不固定的点，所以可以将P点移动到E点的位置，直接求EQ的长度，由于$BE=1$，$\angle EBQ=45°$，因此可推出EQ的长度为$\frac{\sqrt{2}}{2}$.

16. **D**. 设$AB=1$，则$BE=BD=\sqrt{2}$. 由$CF\parallel BD$，得E到BD的距离$=C$到BD的距离$=\frac{\sqrt{2}}{2}=\frac{BE}{2}$，所以，$\angle EBD=30°$，$\angle BEF=150°$.

17. **E**. **方法一**：设大圆的半径是R_1，中圆的半径是R_2，小圆的半径是R_3，大圆与中圆之间圆环面积的$\frac{1}{4}$为$\frac{1}{4}\pi R_1^2-\frac{1}{4}\pi R_2^2$，中圆与小圆之间圆环面积的$\frac{1}{4}$为$\frac{1}{4}\pi R_2^2-\frac{1}{4}\pi R_3^2$，小圆面积的$\frac{1}{4}$为$\frac{1}{4}\pi R_3^2$，三者累加可得阴影部分面积为$\frac{1}{4}\pi R_1^2$，大圆的半径为6，故$S_{阴影}=\frac{1}{4}\pi\cdot6^2=9\pi$.

方法二：观察发现三个阴影的面积之和为大圆的面积的$\frac{1}{4}$，即可得出答案.

18. **D**. 连接上半圆与正方形两条边之间的交点，我们会发现连线正好与下半圆相切，阴影部分的面积正好为整个正方形面积的一半，即50.

19. **E**. 从图中观察可得：阴影部分的面积应该是以AD为直径的圆减去以AC为直径的圆，即$\left(\frac{1}{3}\right)^2\pi-\left(\frac{1}{6}\right)^2\pi=\frac{1}{12}\pi$.

20. **E**. 设CA的中点为O，连接OB，扇形COB的面积为$\frac{1}{4}\times25\pi$，$\triangle OAB$的面积为$\frac{25}{2}$，则空白部分的面积$S=\frac{25}{4}\pi+\frac{25}{2}$，以$AC$为半径的扇形的面积$S=\frac{1}{8}\times100\pi$；大扇形所含阴影部分的面积$S_1=\frac{1}{8}\times100\pi-\left(\frac{25}{4}\pi+\frac{25}{2}\right)$，以$AB$为边的弓形的面积$S_2=\frac{25}{4}\pi-\frac{25}{2}$；阴影部分的面积为$S_1+S_2=\frac{25}{2}\pi-25$.

[另解] 把以AB为边的弓形阴影平移到以BC为边的弓形，则阴影面积为以AC为半径大圆的$\frac{1}{8}$减去$\triangle ABC$的面积. $S=\frac{1}{8}\times100\pi-25=25\left(\frac{\pi}{2}-1\right)$.

21. **B**. $AB=AD=20$，$\angle BAD=45°$，所以扇形DAB的面积为$\frac{1}{8}\times\pi\times AD^2=50\pi$；

半圆形AOD的面积为$\frac{1}{2}\times\pi\times10^2=50\pi$，则整个图形的面积为$100\pi$.

阴影的面积为整个图形的面积减去空白半圆的面积，即$100\pi-50\pi=50\pi$.

22. **E**. 连接BD，我们会发现其实阴影部分的面积是平行四边形$ABCD$面积的一半，平行四边形$ABCD$的面积$S_{ABCD}=BC\times OD=6\times3=18$，即阴影的面积为9.

23. **A**. **方法一**：从图中观察可以发现，阴影部分的面积肯定比长方形面积的一半要小，即小于4，排除B、C、D，只能选A、E两个选项，估计可知选A.

方法二：空白圆弧的面积为长方形的面积减去半圆弧的面积的一半，即$\frac{8-\frac{1}{2}\times\pi\times2^2}{2}=4-\pi$，阴影部分的面积为$4-(4-\pi)=\pi$.

24. **C**. 把小圆的圆心O_2移到大圆的圆心O_1处，并统一规定为O点且设小圆与直线AB的交点为C点，连接OA与OC，即OA为大圆的半径，OC为小圆的半径，则阴影的面积为

$$S=\pi\cdot OA^2-\pi\cdot OC^2=\pi(OA^2-OC^2)=\pi\cdot AC^2=\pi\cdot\left(\frac{1}{2}AB\right)^2$$

$$=\frac{1}{4}\pi AB^2=\frac{1}{4}\pi\times10^2=25\pi.$$

25. **B**. 连接BO，其实阴影部分的面积即为四边形$BODC$的面积，已知$\angle BAO=60°$，所以$\triangle ABO$为等边三角形，四边形$BODC$的面积等于两个$\triangle ABO$的面积，即$S=\frac{1}{2}\times1\times1\times\frac{\sqrt{3}}{2}\times2=\frac{\sqrt{3}}{2}$.

二、条件充分性判断题

1. **A.** 条件(1)，$AB+BD=AD+CD\Rightarrow 2BD+CD=AD+CD\Rightarrow 2BD=AD$，即在直角三角形 ABD 中，$2BD=AD$，故 $\angle BAD=30°$，有 $\angle DAC=15°$，充分；条件(2)，$BD=CD$，即 $BD=\frac{1}{2}AB$，从而不能得到 $\angle BAD=30°$，故不充分.

2. **C.** 条件(1)，$S_{\triangle BDE}=S_{\triangle DEC}\Rightarrow BD=CD$，显然不能推出 $S_{\triangle ADE}=\frac{1}{6}$；条件(2)，$S_{\triangle DEC}=S_{\triangle ACE}$，也不能得到 $S_{\triangle ADE}=\frac{1}{6}$；考虑联合，有 $S_{\triangle BCE}=2S_{\triangle ACE}\Rightarrow BE=2AE$，$S_{\triangle BDE}=S_{\triangle DEC}=S_{\triangle ACE}=\frac{1}{3}S_{\triangle ABC}=\frac{1}{3}$，故 $\triangle ADE$ 的底 AE 是 $\triangle BDE$ 的底 BE 的$\frac{1}{2}$，高相等，所以 $\triangle ADE$ 面积为 $\triangle BDE$ 面积的$\frac{1}{2}$，得 $S_{\triangle ADE}=\frac{1}{3}\times\frac{1}{2}=\frac{1}{6}$，充分.

3. **C.** 显然条件(1)和(2)单独都不能推出 AC 边上的高为$\frac{28}{5}$，考虑联立，则有 $S=\frac{1}{2}BC\cdot h_{BC}=\frac{1}{2}AC\cdot h_{AC}$，即$\frac{1}{2}\times 4\times 7=\frac{1}{2}\times 5\cdot h_{AC}$，故 $h_{AC}=\frac{28}{5}$.

4. **C.** 条件(1)，$AB=2$ 但得不到 A_1B_1 的长度，故不能推出 $A_1B_1C_1D_1$ 的面积；条件(2)，只得到 $AA_1=\frac{1}{2}AB$，$A_1B=\sqrt{3}AA_1=\frac{\sqrt{3}}{2}AB$，亦不能得到 $A_1B_1C_1D_1$ 的面积. 考虑联合，则得 $AD_1=\sqrt{3}$，$AA_1=1$，故 $A_1D_1=\sqrt{3}-1$，$S=(\sqrt{3}-1)^2=4-2\sqrt{3}$.

5. **D.** 条件(1)，设 $AE=2x$，$BE=x$. 则 $S_{\square ABCD}=(2x+x)\cdot BC=3x\cdot BC$，

   $S_{\triangle BEC}=\frac{1}{2}BE\cdot BC=\frac{1}{2}x\cdot BC=\frac{1}{6}S_{\square ABCD}=1$，充分；

   条件(2)，由 $AB=3$，得 $BC=2$，则$BE=\sqrt{CE^2-BC^2}=\sqrt{5-4}=1$. 故 $S_{\triangle BCE}=\frac{1}{2}BE\cdot BC=1$，充分.

6. **D.** 条件(1)，连接 OD，则 $\angle OAD=60°$，$OA=OD$，故 $\triangle AOD$ 为正三角形，$CD=OD=OA=\frac{1}{2}\times 15=7.5$，充分；条件(2)，由 $\angle OAC+\angle OCA=90°$，$\angle OAC=60°$. 同理，$\triangle AOD$ 为正三角形，故 $CD=OD=AD=\frac{1}{2}AC=\frac{1}{2}\times 15=7.5$，充分.

7. **A.** 根据条件(1)，阴影面积 $=2\left(\frac{1}{4}\text{圆面积}-\text{小直角三角形面积}\right)$

   $$=2\left(\frac{\pi}{4}r^2-\frac{1}{4}r^2\right)=50(\pi-1).$$

   条件(1)充分. 同理可知，条件(2)不充分.

8. **D.** 显然两个条件等价，只需做其中一个就可以了.

   条件(1)，$S_{\text{阴影}}=S_{\text{大三角形}}-3S_{\text{扇形}}=\frac{\sqrt{3}}{4}\times 16^2-3\times\frac{1}{6}\pi\times 8^2=64\sqrt{3}-32\pi$，充分.

   条件(2)，也充分.

9. **A**. 条件(1)，如图6－17a，$S_{阴影}=S_{\triangle AEF}-S_{BEF}=S_{\triangle AEF}-(S_{正方形BEFG}-S_{扇形BGF})$

$$=\frac{(6+4)\times4}{2}-\left(16-\frac{\pi\times4^2}{4}\right)=4\pi+4，充分.$$

条件(2)，如图6－17b，连接AE，由于$S_{弓形AE}=S_{弓形BE}$，$S_{阴影}=S_{\triangle ADE}=\frac{4\times4}{2}=8$，不充分.

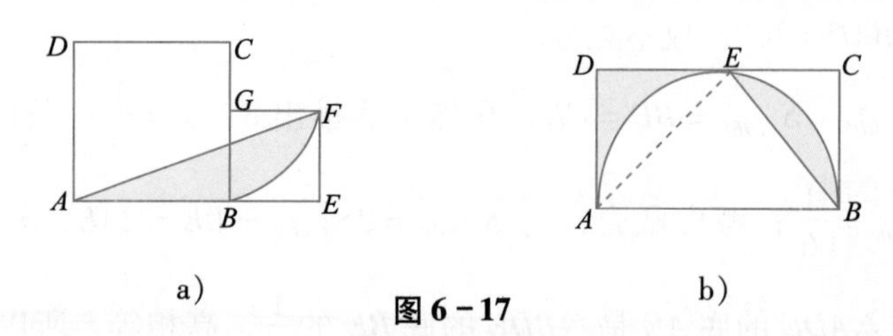

图6－17

10. **D**. 连接CD，OC，OD，发现$S_{\triangle OCD}=S_{\triangle ECD}$，则得到$S_{扇形OCD}=S_{阴影}$，又因为$S_{扇形OCD}=\frac{1}{6}\pi r^2$

$=\frac{\pi}{6}$. 显然与E的位置无关，两个条件都充分.

11. **C**. 分析：根据相交弦定理，求得PA的长，用勾股定理求出R^2-r^2的值，再由圆环的面积公式$\pi R^2-\pi r^2$求解即可.

显然需联合两个条件：连接OP，OA.

因为$PA^2=PC\cdot PD$，$CD=13$，$PD=4$，所以$PA=6$，又因为$R^2-r^2=PA^2$，所以$S_{圆环}=\pi(R^2-r^2)=\pi\times6^2=36\pi$，显然联合后充分.

12. **D**. 将两个圆相交处，分别移动至弓形缺口处，故此阴影面积为正方形的一半，即32，两个条件均充分.

第七章 解析几何

重点考向例题解析

[例 1] A. C 是 AB 的中点，根据中点坐标公式，

则有 $\begin{cases}1=\dfrac{1}{2}(x-2)\\ 1=\dfrac{1}{2}(5+y)\end{cases}\Rightarrow\begin{cases}x=4\\ y=-3\end{cases}$.

[例 2] D. 设 B 点坐标为 $(x,\ x)$，根据题意有 $\sqrt{(x+4)^2+(x-8)^2}=12$，解得 $x=-4$ 或 $x=8$.

[例 3] D. 设 C 点坐标为 $(x,\ y)$，则有 $\sqrt{(x-2)^2+y^2}=\sqrt{(x-5)^2+(y-3\sqrt{3})^2}=\sqrt{(5-2)^2+(3\sqrt{3})^2}$，

解得 $\begin{cases}x=8\\ y=0\end{cases}$ 或 $\begin{cases}x=-1\\ y=3\sqrt{3}\end{cases}$.

[例 4] B. (1)错误，比如倾斜角为 150°比 45°的斜率小；(2)错误，倾斜角为 135°时，斜率为 -1；(3)正确；(4)错误，倾斜角大于 90°时，倾斜角越大，斜率越大.

[例 5] B. 设 P，Q 两点的坐标分别为 $(m,\ 1)$，$(7,\ n)$，由中点坐标可列式得

$\begin{cases}\dfrac{m+7}{2}=1\\ \dfrac{1+n}{2}=-1\end{cases}\Rightarrow\begin{cases}m=-5\\ n=-3\end{cases}$，所以所求直线斜率为 $\dfrac{-3-1}{7+5}=-\dfrac{1}{3}$.

[例 6] C. (1)错误，过原点的直线因为截距为 0，所以不可以用截距式表示.

(2)正确，水平的直线在 x 轴无截距，所以不可以用截距式表示.

(3) 错误，竖直的直线的斜率不存在，所以不可以用点斜式表示.

(4) 正确，所有的直线都可以用一般式表示.

[例 7] D. 设经过 A，B 两点的直线方程为 $y=ax+b$，将 A，B 两点的坐标分别代入方程得 $2=-a+b$，$4=2a+b$，解得 $a=\dfrac{2}{3}$，$b=\dfrac{8}{3}$，即过 A，B 两点的直线方程为 $y=\dfrac{2}{3}x+\dfrac{8}{3}$，因此当 $y=3$ 时，$x=\dfrac{1}{2}$.

[例 8] E. 设截距分别为 a 和 $-a$，根据截距式列式得 $\dfrac{5}{a}+\dfrac{8}{-a}=1$，解得 $a=-3$，所以直线方程为 $x-y+3=0$；同时还需要考虑直线经过原点的情况，利用点斜式，设直线方程为 $8=5k$，解得直线方程为 $8x-5y=0$.

[例 9] E. 过 $(1,\ -3)$ 和 $(3,\ 1)$ 两个点的直线方程为 $\dfrac{y+3}{1+3}=\dfrac{x-1}{3-1}$. 故直线在 y 轴上的截距为 -5.

[例 10] B. 直线 $2x-3y+12=0$ 在 x 轴的截距为 -6，在 y 轴的截距为 4，故两个坐标轴的截距之积为 -24.

[例 11] A. 条件(1)，由 $bc<0$ 知，$b\neq 0$，有 $y=-\frac{a}{b}x+\frac{-c}{b}$，$-\frac{a}{b}\leqslant 0$，$\frac{-c}{b}>0$，当 $a\neq 0$ 时，直线不过第三象限，当 $a=0$ 时，直线过第一、二象限，不过第三象限，充分.

同理，条件(2)，$-\frac{a}{b}<0$，$c<0$，而$\frac{-c}{b}$不确定，不充分.

[评注] 注意遇到字母类型的题目，要对字母的取值范围进行讨论研究.

[例 12] E. 分情况讨论，当 $k=3$ 时，两直线斜率为 0，是水平线，满足平行；

当 $k\neq 3$ 时，由两直线平行，斜率相等，得$\frac{3-k}{4-k}=k-3$，解得 $k=5$.

[例 13] D. 条件(1)，当 $m=\frac{1}{2}$时，两直线的斜率分别为$-\frac{5}{3}$、$\frac{3}{5}$，有$-\frac{5}{3}\times\frac{3}{5}=-1$，故两直线互相垂直；条件(2)，当 $m=-2$ 时，两直线分别为平行于 x 轴、y 轴的直线，显然是垂直的.

[评注] 注意在求解有关直线位置关系的时候，一定不要忽略平行于 x 轴、y 轴的直线，平行于 x 轴的直线斜率为 0，平行于 y 轴的直线斜率不存在（或为∞）.

[例 14] D. 两直线垂直，则有 $mn-6=0$，解得 $mn=6$，所以就有$\begin{cases}m=2\\n=3\end{cases}$或者$\begin{cases}m=1\\n=6\end{cases}$或者$\begin{cases}m=3\\n=2\end{cases}$或者$\begin{cases}m=6\\n=1\end{cases}$这四组解.

[评注] 记住结论：若 $a_1x+b_1y=c_1$ 与 $a_2x+b_2y=c_2$ 垂直，则有 $a_1a_2+b_1b_2=0$.

[例 15] A. AB 的中点$\left(\frac{1+m}{2},0\right)$在直线 $x+2y-2=0$ 上，所以$\frac{1+m}{2}+0-2=0$，得 $m=3$.

[例 16] C. 设垂足的坐标为(x_0,y_0)，根据斜率关系，且垂足在直线 l 上，

可得$\begin{cases}\frac{y_0-7}{x_0-5}=2\\x_0+2y_0-4=0\end{cases}\Rightarrow x_0=2,\ y_0=1$.

[例 17] B. 两直线相交，则斜率不相等，$-\frac{m+1}{3}\neq-\frac{2}{m}\Rightarrow m\neq 2$ 且 $m\neq -3$，故条件(2)充分.

[例 18] D. 两直线相交，解方程组得到交点坐标$(1,-2)$，根据两点距离公式得到$(1,-2)$到原点的距离为$\sqrt{5}$.

[例 19] B. $x+2y-4=0\Rightarrow y=2-\frac{x}{2}$，点 A 的坐标为$(5-m,m)$，若 A 点在直线 l 的上方，

故 $m>2-\frac{5-m}{2}\Rightarrow m>-1$.

[例 20] A. 直线 MN 的方程为 $3x-4y+5=0$，故 C 到直线 MN 的距离为

$$d=\frac{|2\times3+(-3)\times(-4)+5|}{\sqrt{3^2+(-4)^2}}=\frac{23}{5}.$$

[例 21] D. 先将 l_2 转化为：$3x-4y+4.5=0$，再由公式得到：$d=\frac{|4.5-2|}{\sqrt{3^2+(-4)^2}}=\frac{1}{2}$.

[例22] B. 圆的标准方程 $x^2+y^2+ax+by+c=0$，要满足的条件是 $a^2+b^2-4c>0$，代入解得 $m<13$.

[例23] B. 由 $x^2+y^2=1$ 得 $x=\pm\sqrt{1-y^2}$，右半圆为 $x\geqslant 0$，则右半圆方程为 $x-\sqrt{1-y^2}=0$.

[评注] 本题考查半圆方程的求解：设圆心坐标为 (x_0, y_0)，则右半圆的方程要求取 $x\geqslant x_0$ 的部分，左半圆的方程要求取 $x\leqslant x_0$ 的部分，上半圆的方程要求取 $y\geqslant y_0$ 的部分，下半圆的方程要求取 $y\leqslant y_0$ 的部分.

[扩展] 若本题求解上半圆，则选 A；若求解下半圆，则选 C；若求解左半圆，则选 D.

[例24] D. 令 $y=0$，则 $x^2=3\Rightarrow x=\pm\sqrt{3}$.

[点睛] 求方程与 x 轴的交点只需令 $y=0$ 即可；求方程与 y 轴的交点只需令 $x=0$ 即可.

[例25] B. 因为圆与 y 轴相切，所以圆心到 y 轴的距离为半径，所以 $r=2$，故圆的方程为 $(x+2)^2+(y-3)^2=4$.

[例26] A. 点 $P(2m, m)$ 在圆 $x^2+y^2-4x+2y+1=0$ 内，

得 $4m^2+m^2-4\cdot 2m+2m+1<0\Rightarrow 5m^2-6m+1<0\Rightarrow \frac{1}{5}<m<1$.

[例27] D. 由 $d=\frac{|0-k(0+2)|}{\sqrt{1+k^2}}=r=1$，得 $k=\pm\frac{\sqrt{3}}{3}$.

[例28] B. 令 $y=0$ 代入直线方程，即可得圆 C 的圆心为 $(-1, 0)$，圆 C 与直线 $x+y+3=0$ 相切，说明圆心到该直线的距离就等于半径，即 $r=d=\frac{|-1+0+3|}{\sqrt{1+1}}=\sqrt{2}$，所以得圆 C 的方程为 $(x+1)^2+y^2=2$.

[例29] C. 圆的方程化为 $(x-1)^2+(y-2)^2=5$，圆心 $C(1, 2)$，半径 $r=\sqrt{5}$，如图7－1取弦 AB 的中点 P，连接 CP，则 CP 垂直于 AB，圆心到直线 AB 的距离 $d=CP=\frac{|1+4-5+\sqrt{5}|}{\sqrt{1^2+2^2}}=1$，在三角形 ACP 中，$|AP|=\sqrt{r^2-d^2}=2$，故直线被圆截得的弦长是4.

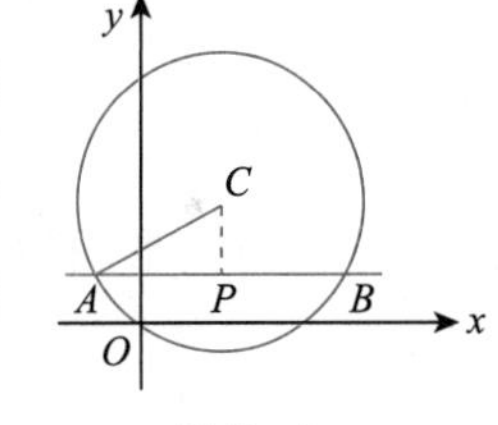

图7－1

[例30] B. 圆 $(x-a)^2+y^2=2$ 的圆心为 $(a, 0)$，半径为 $\sqrt{2}$，直线 $x-y+1=0$ 与圆 $(x-a)^2+y^2=2$ 有公共点，$\frac{|a+1|}{\sqrt{2}}\leqslant\sqrt{2}$，解得 a 的取值范围是 $[-3, 1]$.

[例31] B. 方程 $x^2-3x+2=0$ 的两根是1和2，两圆的圆心距是3，两圆的半径之和等于圆心距，所以两圆的位置关系是外切.

[例32] B. 由于两圆的半径都是 $|r|$，故两圆的位置关系只能是外切，有 $(b-a)^2+(a-b)^2=(2r)^2$，即 $(a-b)^2=2r^2$.

[例33] C. 由题 C_1：$(x+1)^2+(y+1)^2=4$，则圆心 $C_1(-1, -1)$，C_2：$(x-2)^2+(y-1)^2=4$，圆心 $C_2(2, 1)$，两圆半径均为2.

$|C_1C_2|=\sqrt{(2+1)^2+(1+1)^2}=\sqrt{13}<4$，故两圆相交，所以两圆有两条外公切线.

[例34] C. 圆 C_2 的标准方程是：$(x-3)^2+(y-4)^2=25$，圆心为 $(3, 4)$，半径为5，两圆的圆心距 $d=\sqrt{(3-2)^2+(4-1)^2}=\sqrt{10}$，两圆有交点，所以 r 的取值范围是 $5-\sqrt{10}\leqslant r\leqslant 5+\sqrt{10}$.

[例 35] C. 两圆的标准方程为$(x-2)^2+(y+1)^2=4$，$(x+2)^2+(y-2)^2=9$，所以两圆的圆心距$d=\sqrt{(2+2)^2+(-1-2)^2}=5$，因为$r_1=2$，$r_2=3$，所以$d=r_1+r_2=5$，即两圆外切，公切线有 3 条.

[例 36] D. 圆$x^2+y^2=4$的圆心为$(0, 0)$，半径为 2，圆$x^2+y^2-2ax+a^2-1=0$可以写为$(x-a)^2+y^2=1$，圆心为$(a, 0)$，半径为 1，依题意$|a|=1$，所以$a=\pm1$.

难点考向例题解析

[例 1] D. 设P'为(x_0, y_0)，根据点关于直线对称的条件，

$$\begin{cases}3\times\dfrac{x_0-3}{2}+4\times\dfrac{y_0-1}{2}-12=0\\ \dfrac{y_0+1}{x_0+3}\times\left(-\dfrac{3}{4}\right)=-1\end{cases}，解得\begin{cases}x_0=3\\ y_0=7\end{cases}，故 P' 为(3, 7).$$

[例 2] C. 由题意知$l_1 /\!/ l$，l_1与l_2关于l对称，故$l_1 /\!/ l_2$，可设l_2的方程为：$2x-y+D=0$ $(D\neq-3)$，在直线l上任取一点$\left(0, \dfrac{5}{2}\right)$. 则$l$到$l_1$的距离$d_1=\dfrac{11}{2\sqrt{5}}$，$l$到$l_2$的距离$d_2=\dfrac{\left|-\frac{5}{2}+D\right|}{\sqrt{5}}$. 由$d_1=d_2$得，$\dfrac{11}{2\sqrt{5}}=\dfrac{\left|-\frac{5}{2}+D\right|}{\sqrt{5}}$，即$D=8$. 因此直线$l_2$的方程为：$2x-y+8=0$. l_2与x轴的交点为$(-4, 0)$，与y轴的交点为$(0, 8)$，故直线l_2与两个坐标轴围成的三角形面积为$S=\dfrac{1}{2}\times4\times8=16$.

[例 3] E. **方法一**：解方程组$\begin{cases}2x+y-4=0\\ 3x+4y-1=0\end{cases}$，得$l_1$与$l$的交点$P$的坐标是$(3, -2)$，

在直线l_1上任意取一点$M(2, 0)$，点M关于直线l对称的点N的坐标是$\left(\dfrac{4}{5}, -\dfrac{8}{5}\right)$，由两点式易求得直线$l_2$的方程为$2x+11y+16=0$.

方法二：由已知易得直线l_1与l的斜率分别是-2、$-\dfrac{3}{4}$，由对称的性质知l_1到l的角等于l到l_2的角，令直线l_2的斜率为k，由到角公式得$\dfrac{-\frac{3}{4}+2}{1+(-2)\cdot\left(-\frac{3}{4}\right)}=\dfrac{k-\left(-\frac{3}{4}\right)}{1-\frac{3}{4}k}$，

解得$k=-\dfrac{2}{11}$，由解法一知l_1与l的交点P的坐标是$(3, -2)$，由点斜式易求得直线l_2的方程为$2x+11y+16=0$.

[例 4] B. 圆$x^2+y^2+4x-8y+19=0$配方得到$(x+2)^2+(y-4)^2=1$.
先找圆心$(-2, 4)$关于直线$2x-y-7=0$的对称点为$(10, -2)$，再由半径不变得到对称圆的方程为$(x-10)^2+(y+2)^2=1$，即$x^2+y^2-20x+4y+103=0$.

［例5］D. 先找点 A 关于直线 $2x-y-7=0$ 的对称点 A' 为 $(10,\ -2)$，根据对称原理，实际上光线所走的距离就是 $A'B$ 线段的长度，即 $A'B=\sqrt{(10-5)^2+(-2-8)^2}=5\sqrt{5}$.

［评注］此题是求解距离的，因此不涉及方向问题，不管找 A 的对称点还是 B 的对称点，都能求出正确的结果.

［例6］B. 根据中点坐标公式得到：$b-3=-4$，$4-2=2a$，所以解得 $b=-1$，$a=1$，$a+b=0$.

［例7］A. **方法一**：关于点 A 对称的两直线 l 与 l' 互相平行．于是可设 l' 的方程为：$3x+y+C=0$，在直线 l 上任取一点 $M(0,\ 2)$，其关于点 A 对称的点 N 的坐标为 $N(-8,\ 6)$.

因为 N 点在直线 l' 上，所以 $3\times(-8)+6+C=0$，得到 $C=18$，故直线 l' 的方程为 $3x+y+18=0$. 直线 l' 与 x 轴交点为 $(-6,\ 0)$，与 y 轴交点为 $(0,\ -18)$，故直线 l' 与两坐标轴围成的面积 $S=\frac{1}{2}\times6\times18=54$.

方法二：在直线 l：$3x+y-2=0$ 上取两点 $M(0,\ 2)$，$N(1,\ -1)$ 易得它们关于点 $A(-4,\ 4)$ 对称的点分别为 $M'(-8,\ 6)$，$N'(-9,\ 9)$. 由两点式得直线 l' 的方程为 $3x+y+18=0$.

方法三：设直线 l' 上任意一点为 $M(x,\ y)$，其关于点 $A(-4,\ 4)$ 对称的点 $M'(-8-x,\ 8-y)$ 在直线 l 上，即 $3\times(-8-x)+8-y-2=0$，整理得直线 l' 的方程为 $3x+y+18=0$.

［评注］特别地：直线 $Ax+By+C=0$ 关于原点对称的直线方程是 $Ax+By-C=0$. 如直线 $3x+y-2=0$ 关于原点对称的直线方程是 $3x+y+2=0$.

［例8］E. 直线 $2x-y+c=0$ 与两坐标轴围成的面积为 $S=\frac{1}{2}\cdot\left|\frac{c}{2}\cdot c\right|=\frac{c^2}{4}=3\Rightarrow c=\pm2\sqrt{3}$.

［例9］A. 两直线 $2x-y+3=0$ 和 $5x+y-10=0$ 与 x 轴的交点分别为 $\left(-\frac{3}{2},\ 0\right)$，$(2,\ 0)$，两直线的交点为 $(1,\ 5)$，故三角形面积 $S=\frac{1}{2}\times\left|2+\frac{3}{2}\right|\times5=\frac{35}{4}$.

［例10］D. 两直线 $2x-y+3=0$ 和 $5x+y-10=0$ 与 y 轴的交点分别为 $(0,\ 3)$，$(0,\ 10)$，两直线的交点为 $(1,\ 5)$，故三角形面积 $S=\frac{1}{2}\times|10-3|\times1=\frac{7}{2}$.

［例11］E. 直线 $2x-y+3=0$ 与 $y=x$ 交点为 $A(-3,\ -3)$，

直线 $5x+y-10=0$ 与 $y=x$ 的交点为 $B\left(\frac{5}{3},\ \frac{5}{3}\right)$，

直线 $2x-y+3=0$ 与 $5x+y-10=0$ 的交点为 $C(1,\ 5)$，

AB 的距离为 $d=\sqrt{\left(-3-\frac{5}{3}\right)^2+\left(-3-\frac{5}{3}\right)^2}=\frac{14\sqrt{2}}{3}$，$C$ 到直线 $y=x$ 的距离为 $h=\frac{|1-5|}{\sqrt{1+1}}=2\sqrt{2}$，故三角形面积 $S=\frac{1}{2}\times\frac{14\sqrt{2}}{3}\times2\sqrt{2}=\frac{28}{3}$.

［例12］D. 如图7－2，连接 ON 和 OM，故 $ON=OM=r=1$，$OA=2$，所以 $\angle OAN=\angle OAM=30^\circ$，$\angle MON=120^\circ$.

采用减法求阴影面积：

$S=(S_{\triangle OAN}-S_{扇NOB})\times2=\left(\frac{1}{2}\times1\times\sqrt{3}-\frac{1}{6}\pi\right)\times2=\sqrt{3}-\frac{\pi}{3}$.

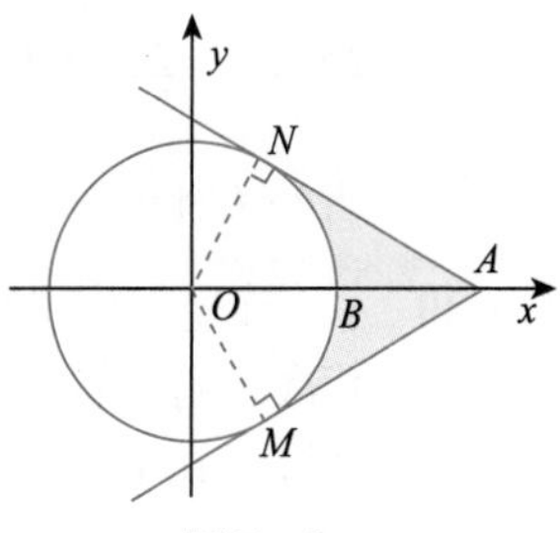

图7－2

[例 13] B. 圆 $x^2-4x+y^2+2y=20$ 配方得到 $(x-2)^2+(y+1)^2=25$，先求出圆心 $(2,\ -1)$ 到点 $(10,\ 14)$ 的距离 $d=\sqrt{(10-2)^2+(14+1)^2}=17$，所以最近距离为 $17-5=12$.

[例 14] B. 圆 $x^2-4x+y^2+2y=20$ 配方得到 $(x-2)^2+(y+1)^2=25$，先求出圆心 $(2,\ -1)$ 到直线 $4x-3y+24=0$ 的距离 $d=\dfrac{8+3+24}{\sqrt{4^2+3^2}}=7$，所以最近距离为 $7-5=2$.

[例 15] E. 圆 $x^2-4x+y^2+2y=20$ 配方得到 $(x-2)^2+(y+1)^2=25$，
圆 $x^2+6x+y^2-22y+129=0$ 配方得到 $(x+3)^2+(y-11)^2=1$，
先求出两圆心 $(2,\ -1)$ 和 $(-3,\ 11)$ 的距离 $d=\sqrt{(2+3)^2+(11+1)^2}=13$，
所以最远距离为 $13+5+1=19$.

[例 16] A. 先找 P 点关于直线 $x+y+1=0$ 的对称点 P'，坐标为 $(-4,\ -3)$，
根据对称特征：$AP+AQ=AP'+AQ\geqslant P'Q=\sqrt{7^2+1^2}=5\sqrt{2}$.

[评注] 当 A 点、P' 点、Q 点三点共线时，取最值.

[例 17] A. 根据点斜式设直线方程为 $y=k(x-4)+1$，求出两个截距分别为 $1-4k$，$4-\dfrac{1}{k}$，则三角形的面积 $S=\dfrac{1}{2}(1-4k)\left(4-\dfrac{1}{k}\right)=\dfrac{1}{2}\left(8-\dfrac{1}{k}-16k\right)=\dfrac{1}{2}\left[8+\left(-\dfrac{1}{k}\right)+(-16k)\right]\geqslant$
$\dfrac{1}{2}\left[8+2\sqrt{\left(-\dfrac{1}{k}\right)(-16k)}\right]=8$. 当 $-\dfrac{1}{k}=-16k$，即 $k=-\dfrac{1}{4}$ 时，面积最小.

[评注] 本题结合平均值定理来求最值，此外，由于两个截距均为正，故斜率为负.

[例 18] A. 如图 7－3，先求出 AB 的直线方程为 $3x+4y+10=0$，圆心 $(1,\ 1)$ 到直线的距离 $d=\dfrac{|3+4+10|}{\sqrt{3^2+4^2}}=\dfrac{17}{5}$，又 $AB=\sqrt{(2+6)^2+(-4-2)^2}=10$，故三角形面积的最小值为 $S=\dfrac{1}{2}AB\cdot h_{\min}=\dfrac{1}{2}AB\cdot(d-r)=\dfrac{1}{2}\times10\times\left(\dfrac{17}{5}-1\right)=12$.

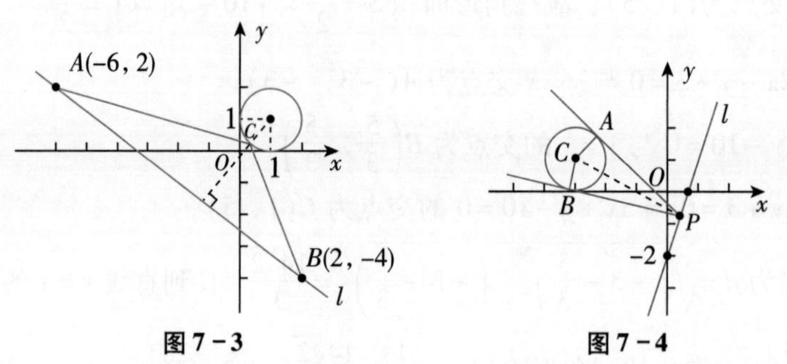

图 7－3　　　图 7－4

[例 19] D. 如图 7－4，根据对称性，得到 $\triangle PAC\cong\triangle PBC$，故四边形 $PACB$ 的面积 $S_{PACB}=2S_{\triangle PAC}=2\times\dfrac{1}{2}PA\times r=PA\times r=PA$，圆心到直线的距离 $d=\dfrac{10}{\sqrt{9+1}}=\sqrt{10}$，当 PC 垂直直线 l 时，PA 最小，故 $PA=\sqrt{d^2-r^2}=3$，所以四边形 $PACB$ 面积的最小值为 3.

[例 20] A. 首先，作出约束条件所表示的平面区域，这一区域称为可行域，如图 7－5a 所示.
其次，将目标函数 $P=2x+y$ 变形为 $y=-2x+P$ 的形式，它表示一条直线，斜率为 -2，且在 y 轴上的截距为 P.

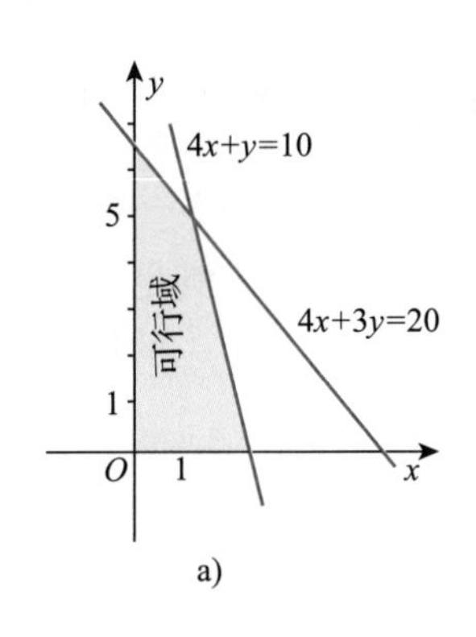

a)

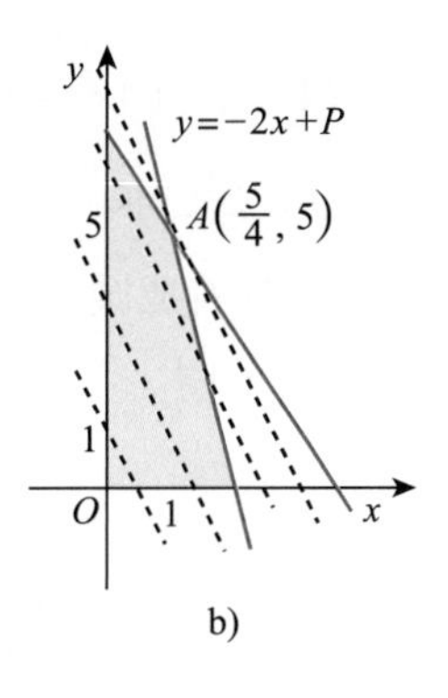

b)

图 7－5

平移直线 $y=-2x+P$，当它经过两直线 $4x+y=10$ 与 $4x+3y=20$ 的交点$A\left(\dfrac{5}{4},\ 5\right)$时，直线在 y 轴上的截距最大，如图 7－5b 所示.

因此，当 $x=\dfrac{5}{4}$，$y=5$ 时，目标函数取得最大值$\dfrac{15}{2}$.

［评注］这类求线性目标函数在线性约束条件下的最大值或最小值问题，通常称为线性规划问题. 其中$\left(\dfrac{5}{4},\ 5\right)$使目标函数取得最大值，它叫作这个问题的最优解. 对于只含有两个变量的简单线性规划问题可用图解法来解决.

［注意］平移直线 $y=-2x+P$ 时，要始终保持直线经过可行域（即直线与可行域有公共点）.

［例 21］A. 由题意，变量 x，y 所满足的每个不等式都表示一个平面区域，不等式组则表示这些平面区域的公共区域. 由图 7－6，画出直线 l：$2x+y=t$，$t\in\mathbf{R}$，而且，直线 l 往右平移时，t 随之增大.

由图像可知，当直线 l 经过点 $A(5,\ 2)$时，对应的 t 最大；当直线 l 经过点 $B(1,\ 1)$时，对应的 t 最小，所以，$z_{\max}=2\times5+2=12$，$z_{\min}=2\times1+1=3$.

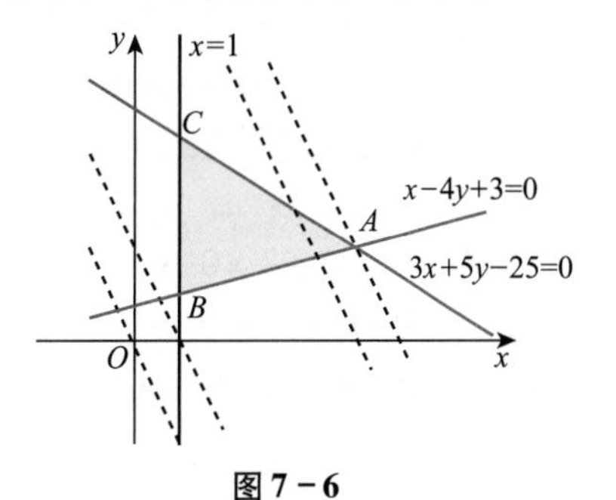

图 7－6

［例 22］D. 设直线 l 的方程为 $y=-\dfrac{3}{5}x+\dfrac{z}{10}$，如上题图，直线 l 与 AC 所在直线平行，则由题知，当 l 与 AC 所在直线 $3x+5y-25=0$ 重合时 z 最大，此时满足条件的最优解有无数多个，当 l 经过点 $B(1,\ 1)$时，对应 z 最小. 所以 $z_{\max}=6x+10y=50$，$z_{\min}=6\times1+10\times1=16$.

［评注］线性目标函数的最大值、最小值一般在可行域的顶点处取得；线性目标函数的最大值、最小值也可在可行域的边界上取得，即此时满足条件的最优解有无数多个.

［例 23］B. 设 $x-2y=c$，此代表一族斜率为$\dfrac{1}{2}$的直线，截距为$-\dfrac{c}{2}$.

根据直线与圆 $x^2+y^2-2x+4y=0$ 必须有公共交点，从而圆心$(1,\ -2)$到直线$x-2y=c$ 的距离 $d=\dfrac{|1+4-c|}{\sqrt{1^2+2^2}}\leqslant r=\sqrt{5}\Rightarrow0\leqslant c\leqslant10$.

［例 24］C. 设$\dfrac{y+1}{x+2}=k$，可得 $y=k(x+2)-1$，k 相当于$(-2,\ -1)$与圆上某点的直线的斜率，故相切则可取两个最值，$x^2+[k(x+2)-1]^2-1=0$，

即$(1+k^2)x^2+(4k^2-2k)x+4k^2-4k=0$，

$\Delta=(4k^2-2k)^2-4(1+k^2)(4k^2-4k)=0$，解得 $k=0$ 或 $k=\frac{4}{3}$，因此最大值为 $k=\frac{4}{3}$.

［评注］本题也可利用上题的方法，根据直线与圆有交点求 k 的范围.

［例 25］D. 令 $x^2+y^2=r^2$，将其看成圆，则两圆有公共交点，故需满足 $|r_1-r_2|\leqslant d\leqslant|r_1+r_2|$，代入得 $|r-1|\leqslant2\leqslant|r+1|$，可以得到 $1\leqslant r\leqslant3$，故 x^2+y^2 的最大值为 9.

基础自测题解析

一、问题求解题

1. **B**. A，B 两点所在的直线方程是 $\frac{x+9}{3+9}=\frac{y-4}{-2-4}$，与 x 轴的交点 P 为 $(-1,0)$，则点 P 分 AB 所成的比为 $\lambda=\frac{AP}{PB}=\frac{\sqrt{(-1-3)^2+(0+2)^2}}{\sqrt{(-1+9)^2+(0-4)^2}}=\frac{1}{2}$.

2. **A**. 与直线 $2x+y+3=0$ 垂直的直线其斜率必为 $\frac{1}{2}$，故设此直线为 $y=\frac{1}{2}x+b$，而它在 y 轴的截距为 -3，故 $b=-3$，故直线方程为 $y=\frac{1}{2}x-3$，即 $x-2y-6=0$.

3. **A**. 直线 $(a-1)x-y+2a+1=0$ 可以理解为两条直线 $a(x+2)=0$ 与 $x+y-1=0$ 所成的直线族，那么恒过两直线的交点 $(-2,3)$.

4. **B**. 显然直线 $ax+2y+8=0$ 过 $4x+3y=10$ 与 $2x-y=10$ 的交点 $(4,-2)$，则 $4a-2\times2+8=0\Rightarrow a=-1$.

5. **B**. 显然过点 P 的弦中，最短为垂直于过点 P 的半径，最长为圆的直径，最短的弦为 18，最长的弦为 30，但考虑到对称性，长度为 19 ~ 29 的各有两条，故长度为整数的弦有 $11\times2+2=24$ 条.

6. **D**. 圆心到直线的距离 $d=\frac{|3+4\times3-11|}{\sqrt{1+4^2}}=\frac{4}{\sqrt{17}}<1$，故距离等于 1 的点有 4 个，在直线两边各有两个.

7. **D**. 圆心到直线的距离为 $d=\frac{|1-2|}{\sqrt{1+3}}=\frac{1}{2}$，故弦长为 $2\sqrt{r^2-d^2}=\sqrt{3}$.

8. **B**. $x^2+y^2-12y+27=0\Rightarrow x^2+(y-6)^2=3^2$，显然从原点向圆引的两条切线夹角为 $\frac{\pi}{3}$，劣弧所对的圆心角为 $\frac{2\pi}{3}$，故劣弧长为 $l=\frac{2\pi}{3}r=2\pi$.

9. **A**. 因为所求直线与直线 $x-2y-2=0$ 平行，所以设直线方程为 $x-2y+c=0$，又经过 $(1,0)$，故 $c=-1$，所求直线方程为 $x-2y-1=0$. 从而与两个坐标轴围成的面积为 $S=\frac{1}{2}\times1\times\frac{1}{2}=\frac{1}{4}$.

10. **A**. 三点 $A(1,a)$、$B(5,7)$、$C(10,12)$ 无法构成三角形，说明三点共线，即任意两点构成的直线斜率相等，从而 $k_{AB}=\frac{7-a}{5-1}=k_{BC}=\frac{12-7}{10-5}\Rightarrow a=3$.

11. **E**. $|x-2y|=5$ 表示两条平行的直线 $x-2y=\pm5$，圆心为 $(0,0)$，半径为 $2\sqrt{2}$.

圆心到直线 $x-2y+5=0$ 的距离为 $d=\frac{|0+0+5|}{\sqrt{1^2+(-2)^2}}=\sqrt{5}<r$，故有4个交点.

12. D. $|x-y|=4$ 表示两条平行的直线 $x-y=\pm4$，$|x|=2$ 表示两条竖线 $x=\pm2$，所围图形为平行四边形，其面积 $S=4\times8=32$.

二、条件充分性判断题

1. D. l 恒过第一、二、三象限，必须有 $b\neq0$，从而 $ax+by+c=0\Leftrightarrow y=-\frac{a}{b}x-\frac{c}{b}$. 条件(1) $ab<0$，$bc<0$，可以得到 $-\frac{a}{b}>0$、$-\frac{c}{b}>0$，显然恒过第一、二、三象限，充分；条件(2) $ab<0$、$ac>0$，可以得到 $-\frac{a}{b}>0$，而 a、c 同号，故又有 $-\frac{c}{b}>0$，也充分.

2. A. 显然条件(1)中，直线方程为 $x-y=0$，有 $a=1$，$b=-1$，充分；条件(2)，直线方程为 $x+y+1=0$，显然不充分.

3. A. 条件(1)，根据点到直线的距离公式有 $d=\frac{|m(m-n)+n^2+mn|}{\sqrt{m^2+n^2}}=\sqrt{m^2+n^2}$，充分；条件(2)，有 $d=\frac{|n(m-n)+mn-mn|}{\sqrt{m^2+n^2}}=\frac{|mn-n^2|}{\sqrt{m^2+n^2}}$，不充分.

4. D. 直线 $(m-1)x+2my+1=0$ 与直线 $(m+3)x-(m-1)y+1=0$ 互相垂直，则需要 $(m-1)(m+3)+2m[-(m-1)]=0$，解得 $m=3$ 或 $m=1$，显然条件(1)和(2)都充分.

5. A. 由直线的斜率公式可得，$1=\frac{m-4}{-2-m}\Rightarrow m=1$.

6. A. 直线 $y=\frac{x}{k}+1$ 与两坐标轴的交点为 $(0,1)$，$(-k,0)$，故围成的面积为 $\frac{1}{2}\times|-1|\times|-k|=3\Rightarrow k=\pm6$，只有条件(1)充分.

7. C. 直线经过第一、二、三象限，应满足：斜率 $k>0$；y 轴上的截距大于0；x 轴上的截距小于0. 得 $-\frac{a}{b}>0\Rightarrow ab<0$；$\frac{c}{b}>0\Rightarrow bc>0$；$\frac{c}{a}<0\Rightarrow ac<0$. 故两个条件联合充分.

8. C. 圆与两坐标轴相切，则圆心的横坐标与纵坐标的绝对值相等，且与半径相等. 故两个条件联合充分.

9. D. 圆与直线有两个交点，$d<r$，$d=\frac{|0-0+k|}{\sqrt{4+1}}<2$，得 $-2\sqrt{5}<k<2\sqrt{5}$，条件(1)和(2)都充分.

10. D. A，B 两点到 l 的距离相等，有两种情况，一种是直线与 AB 直线平行，还有一种是直线过 AB 线段的中点，这两种情况都能满足 A，B 两点到 l 的距离相等. 故两个条件都充分.

综合提高题解析

一、问题求解题

1. C. 设此圆的圆心为 (x_0,y_0)，半径为 r，则有 $\begin{cases}|x_0|=r\\ \sqrt{(x_0-2)^2+y_0^2}=r+2\end{cases}$，化简消掉 r 后得 $y_0^2(y_0^2-8x_0)=0$，即 $y^2=8x(x>0)$ 或 $y=0(x<0)$.

2. **B**. 设 P 点为(x,y)，根据$|MP|=|NP|$有$(x-1)^2+\left(y-\frac{5}{4}\right)^2=(x+4)^2+\left(y+\frac{5}{4}\right)^2$，即$2x+y+3=0$，故只要与此直线有交点就可以，显然只有②④有交点.

3. **D**. 如图 7－7，做 B 关于 MN 对称的点 B'，连接 AB'交 MN 于点 P'，当点 P 与点 P'重合时，$PA+PB$ 最小. 此时$\angle AMN=30°$，有$\angle AON=60°$，$\angle BON=\angle B'ON=30°$，故$\angle AOB'=90°$，所以$PA+PB=AB'=\sqrt{2}r=\sqrt{2}$.

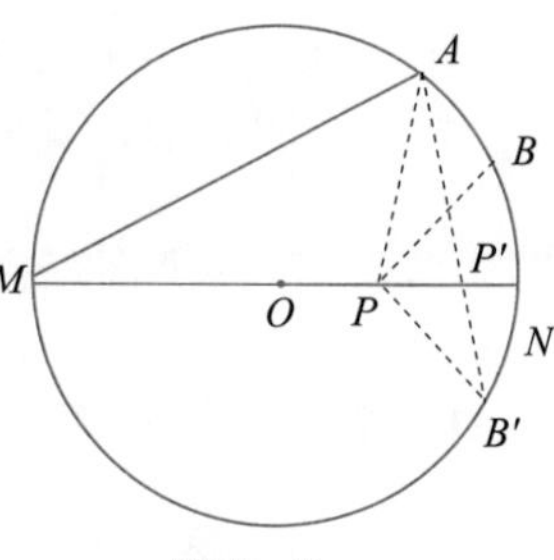

图 7－7

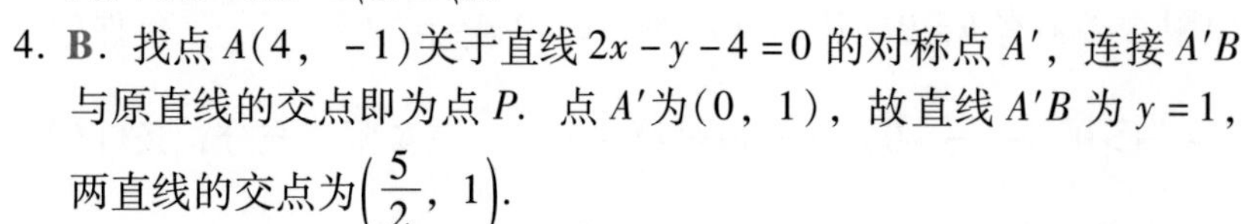

4. **B**. 找点 $A(4,-1)$关于直线 $2x-y-4=0$ 的对称点 A'，连接 $A'B$ 与原直线的交点即为点 P. 点 A'为$(0,1)$，故直线 $A'B$ 为 $y=1$，两直线的交点为$\left(\frac{5}{2},1\right)$.

5. **B**. 根据 $3x^2+2y^2=6x$ 知，$2y^2=6x-3x^2\geqslant 0$，x 的取值范围为$[0,2]$及 $y^2=3x-\frac{3}{2}x^2$，$x^2+y^2=-\frac{1}{2}x^2+3x$，转化为求函数$-\frac{1}{2}x^2+3x$ 在$[0,2]$上的最大值，显然当 $x=2$ 时，取最大值 4.

6. **B**. 直线$\frac{x}{a}+\frac{y}{b}=1$ 过点$(1,2)$，得到$\frac{1}{a}+\frac{2}{b}=1$，又根据均值不等式$\frac{1}{a}+\frac{2}{b}=1\geqslant 2\sqrt{\frac{2}{ab}}$，从而 $ab\geqslant 8$，所以面积 $S=\frac{1}{2}ab\geqslant 4$，最小值为 4.

7. **E**. 将这三个村庄放在坐标系中，坐标分别为$(0,0)$，$(4,0)$，$(0,3)$. 设中心内部有个点为(x,y)，故 $x^2+y^2+(x-4)^2+y^2+x^2+(y-3)^2=3x^2-8x+16+3y^2-6y+9=3\left(x-\frac{4}{3}\right)^2+3(y-1)^2+\frac{50}{3}$的最小值在 $x=\frac{4}{3}$，$y=1$ 时取到，最小值为$\frac{50}{3}$.

8. **C**. $|xy|+6=3|x|+2|y|\Rightarrow(|x|-2)(|y|-3)=0\Rightarrow|x|=2$，$|y|=3$，表示边长为 4 与 6 的矩形，所以面积为 24.

9. **D**. 圆心到直线的距离 $d=\frac{|2+6-3|}{\sqrt{5}}=\sqrt{5}$，从而得到弦长 $EF=2\sqrt{r^2-d^2}=2\sqrt{9-5}=4$，再求出原点到直线的距离，相当于三角形的高 $h=\frac{|-3|}{\sqrt{5}}=\frac{3}{5}\sqrt{5}$，则$\triangle EOF$ 的面积为$\frac{6\sqrt{5}}{5}$.

10. **E**. 点 A 关于 x 轴的对称点为 $A'(-3,-3)$，显然验证发现满足这个点的有 $4x-3y+3=0$ 和 $3x-4y-3=0$，又知道此题有两解，那么应该选 E.
[评注] 这类题目一般都是先求出对称点然后再求切线的.

11. **B**. 设 A'为(x_0,y_0)，则根据对称性质，有$\begin{cases}\frac{x_0-1}{2}+\frac{y_0+2}{2}+3=0\\ \frac{y_0-2}{x_0+1}=1\end{cases}$，解得$\begin{cases}x_0=-5\\ y_0=-2\end{cases}$.

12. **A**. 关于直线 $x+y=0$ 对称，只要把原方程中的 x 换成$-y$，把 y 换成$-x$ 即可，即 $2(-y)-(-x)=1\Rightarrow x-2y=1$.

13. **D**. l_1 与 l_2 的交点为$\left(-\frac{5}{2},-\frac{9}{2}\right)$，任取 l_1 上的一点$(2,0)$，其关于 l_2 的对称点为$\left(-\frac{17}{5},\frac{9}{5}\right)$，故 l_3 的方程为 $7x+y+22=0$.

14. **B.** 令 $2x-y=c$，只有直线和圆相切时 $2x-y$ 才能取到最大值，$d=\dfrac{|-2-2-c|}{\sqrt{1^2+2^2}}=r=\sqrt{5}\Rightarrow$

$c=1$ 或 $c=-9$，故 $2x-y$ 的最大值为 1.

15. **C.** 设 $\dfrac{y}{x}=k$，即 $kx-y=0$，则由圆心 $(3,\sqrt{3})$ 到直线 $kx-y=0$ 的距离为 $\sqrt{6}$ 得到 $\dfrac{|3k-\sqrt{3}|}{\sqrt{k^2+1}}$

$=\sqrt{6}$，则最大值 $k=\sqrt{3}+2$.

16. **B.** 圆的切线问题与最值问题，当三角形斜边最短时，即斜边长为 2 时，三角形面积最小，此时面积为 1.

17. **A.** 两平行线间的距离为 $d=\dfrac{|6.5-4|}{\sqrt{9+16}}=\dfrac{2.5}{5}=0.5$，圆的半径为 $r=\dfrac{1}{4}$，面积为 $\pi r^2=\pi\times$

$\left(\dfrac{1}{4}\right)^2=\dfrac{\pi}{16}$.

18. **B.** 圆 $C_1 (x-5)^2+(y-3)^2=9$ 圆心坐标为 $(5,3)$，将圆 C_2：$x^2+y^2-4x+2y=-1$ 化为标准方程，得到 $(x-2)^2+(y+1)^2=4$，圆心坐标为 $(2,-1)$，

圆心距为 $\sqrt{(5-2)^2+(3+1)^2}=\sqrt{9+16}=5=r_1+r_2$，故两圆外切，有 1 个交点.

19. **C.** 由于点 $A(1,1)$ 关于 y 轴的对称点为 $A'(-1,1)$，圆 C 的圆心 $C(5,7)$，因此，最短距离为 $A'C-r=6\sqrt{2}-2$.

二、条件充分性判断题

1. **B.** 直线移动斜率不变，在移动过程中只要满足 $\dfrac{y}{x}=k$，则移动后的直线与原直线重合. 条件(1)中，$\dfrac{y}{x}=-\dfrac{a+1}{a}$，而条件(2)中，$\dfrac{y}{x}=-\dfrac{a}{a+1}$.

2. **D.** 根据题干，有 $\dfrac{|5x-12y+13|}{\sqrt{12^2+5^2}}=\dfrac{|3x-4y+5|}{\sqrt{3^2+4^2}}$，两边平方，移项用平方差整理，化简得 $(32x-56y+65)(7x+4y)=0$，即 $32x-56y+65=0$ 或 $7x+4y=0$，条件(1)和(2)都充分.

3. **A.** 显然 l_1 的斜率为 $k_1=1$，l_2 的斜率为 $k_2=a$，则 l_1 与 l_2 的夹角为 $\tan\alpha=\left|\dfrac{1-a}{1+a}\right|$，即 $0<$

$\left|\dfrac{1-a}{1+a}\right|<\sqrt{3}$，解得 $a>-2+\sqrt{3}$ 或 $a<-2-\sqrt{3}$，且 $a\neq1$.

4. **B.** 圆心到直线的距离为 $d=\dfrac{|a^2|}{\sqrt{x_0^2+y_0^2}}$，条件(1)，$M$ 在圆内有 $x_0^2+y_0^2<a^2$，故 $d=$

$\dfrac{|a^2|}{\sqrt{x_0^2+y_0^2}}>a$，直线和圆相离，不充分；同理条件(2)，有 $d=\dfrac{|a^2|}{\sqrt{x_0^2+y_0^2}}<a$，直线和圆相交，充分.

5. **B.** 如图 7-8，直线 $y=k(x-1)$ 恒过点 $(1,0)$，当以过 $(1,0)$、$(0,3)$ 两点的直线按逆时针方向旋转到与 x 轴重合时，这样才在第二象限有两个交点. 故直线斜率应该在 $(-3,0)$ 之内，显然条件(2)充分.（当然也可以从解析法考虑：$k(x-1)=x^2+4x+3$ 有两个不等的负根，且方程 $y=\left(\dfrac{y}{k}+1\right)^2+4\left(\dfrac{y}{k}+1\right)+3$，有两个不等的正根）.

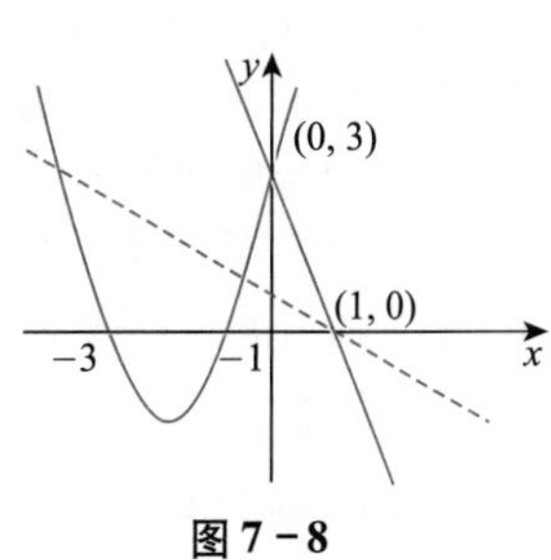

图 7-8

6. **B**．显然 R 不介于线段 PQ 之间，故要使 $|PR|+|RQ|$ 最小，应根据对称来求解.
做 $P(-2,\ -2)$ 关于直线 $x=2$ 的对称点 P'，P' 为 $(6,\ -2)$，即取 R 为 $P'Q$ 与 $x=2$ 的交点即可，得 $m=-\dfrac{4}{3}$，只有条件(2)充分.

7. **B**．$x^2+y^2+2x-4y=0$ 化为一般方程为 $(x+1)^2+(y-2)^2=5$，得到圆心坐标为 $(-1,\ 2)$，由题知，直线 $3x+y+a=0$ 过圆的圆心，代入直线方程有 $3x+y+a=-3+2+a=0$，解得 $a=1$.

8. **D**．圆心坐标为（a，b），圆心到直线的距离为 $d=\dfrac{|a-b+2|}{\sqrt{1+1}}=\sqrt{2}$，解得 $|a-b+2|=2$，故两个条件均充分.

9. **B**．两圆有 4 条公切线，圆心距大于两圆半径之和，故得到 $\sqrt{(a-2)^2+(b-1)^2}>3+4=7\Rightarrow (a-2)^2+(b-1)^2>49$. 由条件(1)得 $(a-2)^2+(b-1)^2>40$，不充分；由条件(2)得 $(a-2)^2+(b-1)^2>50$，充分.

10. **D**．由条件(1)可得 $\begin{cases}4\times\dfrac{a+2+b-4}{2}+3\times\dfrac{b+2+a-6}{2}-11=0\\ \dfrac{a-6-(b+2)}{b-4-(a+2)}\cdot\left(-\dfrac{4}{3}\right)=-1\end{cases}$，解得 $a=4$，$b=2$，充分；由条件(2)得，两直线垂直，则 $a\left(-\dfrac{1}{4}\right)=-1$，$a=4$，$y=ax+b$ 在 x 轴上的截距为 $-\dfrac{1}{2}$，故其应过点 $\left(-\dfrac{1}{2},\ 0\right)$，则 $b=2$，也充分.

11. **E**．条件(1)，$|x|+1\geqslant 1$ 及 $\sqrt{1-(y-1)^2}\leqslant 1$，故只能 $|x|+1=1$ 和 $\sqrt{1-(y-1)^2}=1$，从而得 $x=0$ 及 $y=1$，故只表示一个点 $(0,\ 1)$，不充分.
条件(2)，$|x|+|y|=1$ 表示四条直线 $\pm x\pm y=1$ 围成的正方形，不充分.

12. **A**．设 $\dfrac{y+1}{x+2}=k$，可得 $y=k(x+2)-1$，k 相当于 $(-2,\ -1)$ 与圆上某点构成的直线的斜率，故相切则可取最值，由条件(1)得到 $x^2+[k(x+2)-1]^2-1=0$，即 $(1+k^2)x^2+(4k^2-2k)x+4k^2-4k=0$，$\Delta=(4k^2-2k)^2-4(1+k^2)(4k^2-4k)=0$，解得 $k=0$，$k=\dfrac{4}{3}$，因此最大值为 $k=\dfrac{4}{3}$.

13. **C**．两个条件单独都不成立. 两个条件联立，设圆的方程为 $(x-x_0)^2+(y-y_0)^2=r^2$，则有
$\begin{cases}\dfrac{|x_0-2y_0|}{\sqrt{1^2+(-2)^2}}=\dfrac{\sqrt{5}}{5}\\ 2\sqrt{r^2-x_0^2}=2\ \text{（截 } y \text{ 轴的弦长为 2）}\\ 2\sqrt{r^2-y_0^2}=\sqrt{2}r\ \text{（截得 } x \text{ 轴分两段弧比为 3:1）}\end{cases}$，解得 $\begin{cases}x_0=-1\\ y_0=-1\\ r=\sqrt{2}\end{cases}$ 或 $\begin{cases}x_0=1\\ y_0=1\\ r=\sqrt{2}\end{cases}$，充分.

14. **B**．根据光的反射原理，先找 $Q(1,\ 1)$ 关于直线 $x+y+1=0$ 的对称点 Q'，可得 Q' 为 $(-2,\ -2)$，连接 PQ' 的直线就是入射光线，即 $5x-4y+2=0$，只有条件(2)充分.

15. **D**．本题主要考查两圆的位置关系，当两圆相交时，公切线只有 2 条. 由条件(1)，圆 $x^2+y^2-2x=0$ 和圆 $x^2+y^2+4y=0$，配方得到圆 $(x-1)^2+y^2=1$ 和圆 $x^2+(y+2)^2=4$，圆心距 $d=\sqrt{1+4}=\sqrt{5}$，由于 $2-1<d<2+1$，故相交，充分. 同理，条件(2)也充分.

16. **D**．画出图形，探究 $\triangle ABC$ 的面积的最大值即为探究 C 到线段 AB 的距离的最大值. 先求出圆心到 AB 的距离，再加半径，就是动点 C 到 AB 的最大值. 然后根据三角形面积公式计算，发现两个条件具有对称性，显然是等价条件，$\triangle ABC$ 面积的最大值是 $3+\sqrt{2}$，两个条件都充分.

第八章　立体几何

重点考向例题解析

[例1] D. 根据高∶宽∶长 $=2:3:6$，全部棱长之和为220，则高+宽+长 $=\frac{220}{4}=55$，故高为 $\frac{2}{2+3+6}\times 55=10$，宽为15，长为30，则体积为 $10\times 15\times 30=4500$ 立方厘米.

[点睛] 根据长、宽、高之比得到长方体的棱长，然后求出长方体的体积.

[例2] E. 设长方体三条棱长分别为 $3a$，$2a$，a，则 $22a^2=88\Rightarrow a=2\Rightarrow 3a=6$.

[例3] C. 设长方体的三条棱长分别为 a，b，c，则根据题意有 $\begin{cases}ab=2\\bc=6\\ac=3\end{cases}$，

解得 $\begin{cases}a=1\\b=2\\c=3\end{cases}$ 或 $\begin{cases}a=-1\\b=-2\\c=-3\end{cases}$（舍去），故体积 $V=abc=6$.

[例4] B. 设正方体的棱长为 x，故 $d=\sqrt{3}x=3\Rightarrow x=\sqrt{3}$，故 $S=6x^2=18$.

[例5] B. 由于圆柱体的体积为 $V=\pi r^2h$，故体积为原来的 $1.5^2\times 3=6.75$ 倍.

[点睛] 根据圆柱的体积公式，体积与半径的平方和高的一次方成正比，据此可求得体积增加的倍数.

[例6] C. 由题意，$h=2\pi r$，故 $\frac{S_{侧}}{S_{底}}=\frac{2\pi r\cdot h}{\pi r^2}=4\pi$.

[例7] D. 根据5个面的面积求和来计算三棱柱的表面积：$2(3+4+5)+3\times 4=36$.

[例8] B. 根据侧面展开图是边长为40的正方形，底面也是正方形，得到底边长为10，高为40，所以体积为 $10\times 10\times 40=4000$.

[例9] B. 球的表面积为 $S=4\pi r^2$，由于球体的表面积增加到原来的9倍，说明半径为原来的3倍. 又有球的体积为 $V=\frac{4}{3}\pi r^3$，故体积为原来的27倍.

[例10] D. 长方体的对角线长为 $\sqrt{1^2+2^2+3^2}=\sqrt{14}$，则球的半径 $R=\frac{1}{2}\sqrt{14}$，从而 $S_{球}=4\pi R^2=14\pi$.

[例11] C. 设球半径为 R，当球恰好内切于圆柱时，$V_{球}=\frac{4}{3}\pi R^3$，$V_{圆柱}=\pi R^2\cdot 2R=2\pi R^3$，从而 $\frac{V_{圆柱}-V_{球}}{V_{球}}=\frac{1}{2}$.

[例12] E. 设球的半径为 R，则圆柱体的高 $h=\sqrt{R^2-\left(\frac{1}{2}R\right)^2}=\frac{\sqrt{3}}{2}R$，

从而 $V_{半球}:V_{圆柱}=\frac{2}{3}\pi R^3:\left[\pi\left(\frac{1}{2}R\right)^2\cdot\frac{\sqrt{3}}{2}R\right]=16:3\sqrt{3}.$

[例 13] D. 由截面面积分别为 9π 和 16π，得到截面的半径分别为 3 和 4，再根据球的半径为 5，可以得到球心到每个截面的距离为 4 和 3，考虑到两截面有可能在球心的同侧或者两侧，所以两个截面的距离为 1 或 7.

[评注] 本题有两种情况，不要忘记讨论.

难点考向例题解析

[例 1] E. 欲求从 A 到 B 的最短路线，在立体图形中难以解决，可以考虑把正方体展开成平面图形. 如图 8-1 所示，根据实际经验，在两点之间，走直线路程最短，因而沿着从 A 到 B 的虚线走路程最短. 然后把展开图折叠起来，在正方体上，像这样的最短路线一共有 6 条.

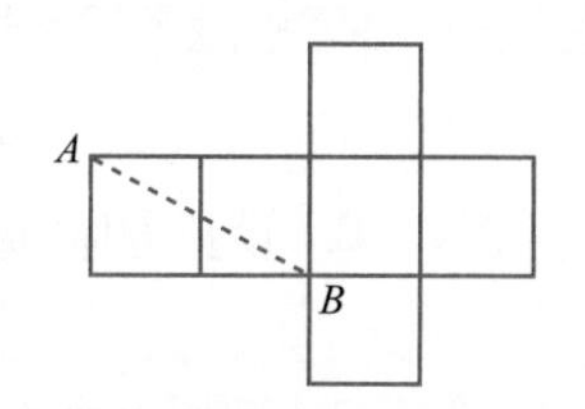

图 8-1

[评注] 对于立体图形的表面两点求最短距离，其思路是将立体图形展开，变成平面图形，再根据两点之间直线最短原则，就可以找到路线了，最后将平面图形折叠回去即可.

[例 2] C. 如题图所示，将四边形 $A'ADD'$ 和四边形 $DD'C'C$ 展开到同一个平面上，连接 EF，则最短距离为 $EF=\sqrt{2^2+2^2}=2\sqrt{2}$.

[评注] 本题将上底面与左侧面展开到同一个平面上，然后连接 EF，根据直角三角形利用勾股定理求出 EF 的长度.

[例 3] D. 由于水的体积没有变化，故水深为 $30\times20\times6\div(20\times10)=18$ 厘米.

[评注] 水的体积没有变化，采用体积除以底面积得到水深即可.

[例 4] E. 假设小球的体积是 1，则第一次溢出的水的体积也是 1，根据第二次溢出的水是第一次的 3 倍，可知第二次溢出水的体积是 3，因为取出了小球，则中球的体积为 4. 根据第三次溢出的水是第一次的 2.5 倍，可知第三次溢出的水为 2.5，因为取出了中球，则大球的体积为 $2.5+4-1=5.5$. 不难计算大球的体积是小球的 5.5 倍.

[评注] 本题主要借助溢出水的体积来找到球的体积关系，由于原来水是满的，所以第一次溢出水的体积为小球的体积.

[例 5] D. 如题图所示，左图中 20 厘米高的饮料以上至瓶口部分的容积相当于右图中上面 5 厘米高的那部分的容积，所以饮料瓶中饮料的体积占饮料瓶容积的 $20\div(20+5)=\frac{4}{5}$，故瓶内有饮料 $300\times\frac{4}{5}=240$ 毫升.

[评注] 本题解答的关键是理解“左图中 20 厘米高的饮料以上至瓶口部分的容积相当于右图中上面 5 厘米高的那部分的容积”，进而求出瓶中的饮料的体积占瓶子容积的比例，然后用乘法解答即可.

[例 6] A. 我们把上面的小正方体想象成是可以向下“压缩”的，“压缩”后我们发现：小正方体的上面与大正方体上面中的阴影部分合在一起，正好是大正方体的上面.

这样这个立体图形的表面积就可以分成这样两部分. 上下方向：大正方体的两个底面；四周方向（左右、前后方向）：小正方体的四个侧面，大正方体的四个侧面. 上下方向：$5 \times 5 \times 2 = 50$；四周方向：$5 \times 5 \times 4 = 100$，$4 \times 4 \times 4 = 64$. 这个立体图形的表面积为：$50 + 100 + 64 = 214$.

［例 7］C. 要使大正方体的表面上白色部分最多，相当于要使大正方体表面上黑色部分最少，那么就要使得黑色小正方体尽可能不露出来. 在整个大正方体中，没有露在表面的小正方体有$(4-2)^3 = 8$ 个，用黑色的；在面上但不在边上的小正方体有$(4-2)^2 \times 6 = 24$ 个，其中 $30 - 8 = 22$ 个用黑色.

这样，在表面的 $4 \times 4 \times 6 = 96$ 个 1×1 的正方形中，有 22 个是黑色的，$96 - 22 = 74$ 个是白色的，所以在大正方体的表面上白色部分最多可以是 74 平方厘米.

［例 8］E. 这是一个由 30 个正方体组成的立体图形，求它的表面积，如果按照每个正方体表面积的求法相当困难，我们可以把它看成是相对面相等的长方体，从题图中不难发现，它们的相对面是相等的. 可以数出每个大面是由几个小正方形组成的，前后两个面 $10 \times 2 = 20$；左右两个面 $10 \times 2 = 20$；上下两个面$16 \times 2 = 32$；总面积：$20 + 20 + 32 = 72$.

［例 9］D. 把棱长为 6 的正方体锯成棱长为 2 的正方体，每锯一次的表面积可增加 $6 \times 6 \times 2 = 72$，一共要锯 6 次，则表面积增加 $72 \times 6 = 432$.

［评注］本题根据每次增加的面积进行计算，由于共锯 6 次，即可得到答案.

［例 10］B. 这个长方体的原表面积为 148，每切割一次，增加两个面，切成三个体积相等的小长方体要切 2 次，一共增加 4 个面. 要求增加面积最大，应增加 4 个面积为 30 的面. 所以三个小长方体的表面积和最大是 $148 + 6 \times 5 \times 4 = 268$.

［评注］对于立体图形的切割问题，每切割一次，表面积增加两个切割的截面面积. 要使表面积最大，转化为切割的截面面积最大即可.

［例 11］A. 锯一次增加两个面，将锯的总次数转化为增加的面数的公式：锯的总次数 $\times 2 =$ 增加的面数. 原正方体表面积：$1 \times 1 \times 6 = 6$，一共锯了$(2-1)+(3-1)+(4-1)=6$ 次，$6 + 1 \times 1 \times 2 \times 6 = 18$.

［例 12］E. 我们从三个方向（前后、左右、上下）考虑，新几何体的表面积仍为原立方体的表面积：$10 \times 10 \times 6 = 600$.

［例 13］A. 原正方体的表面积是 $4 \times 4 \times 6 = 96$. 每一个面被挖去一个边长是 1 的正方形，同时又增加了 5 个边长是 1 的正方形作为玩具的表面积的组成部分. 总的来看，每一个面都增加了 4 个边长是 1 的正方形，从而，它的表面积是 $96 + 4 \times 6 = 120$.

［例 14］A. 我们仍然从 3 个方向考虑. 平行于上下表面的各面面积之和：$2 \times 2 \times 2 = 8$. 左右方向、前后方向：$2 \times 2 \times 4 = 16$，$1 \times 1 \times 4 = 4$，$\frac{1}{2} \times \frac{1}{2} \times 4 = 1$，$\frac{1}{4} \times \frac{1}{4} \times 4 = \frac{1}{4}$. 这个立体图形的表面积为 $8 + 16 + 4 + 1 + \frac{1}{4} = 29\frac{1}{4}$.

基础自测题解析

一、问题求解题

1. **D**. 因为长方体一共有 12 条棱且互相平行的棱的长度是相等的，所以长度为 8 的棱有 4 条，宽为 $8\times\frac{3}{4}$ 的棱有 4 条，高为 $8\times\frac{3}{4}\times\frac{1}{2}$ 的棱有 4 条．因此棱长的总和为 $L=8\times4+8\times\frac{3}{4}\times4+8\times\frac{3}{4}\times\frac{1}{2}\times4=68$，棱长的总和为 68.
2. **E**. 设长方体的长、宽、高分别是 $3x$、$2x$、x，则 $48=4(3x+2x+x)=24x$，得 $x=2$，故长方体的表面积为 $2(6\times4+2\times4+6\times2)=88$.
3. **A**. 长方体不同的三个面的面积分别为长×宽、长×高和宽×高．因此，$15\times10\times6=$(长×宽×高)×(长×宽×高)，所以这个长方体的体积是 30.
4. **C**. 铁块的体积为 27，沉入水中后，水上升的体积就是 27，用这个体积除以水箱底面积就能得到水上升的高度．则水深为 $3\times3\times3\div(15\times12)+10=10.15$.
5. **B**. 这里告诉的铁块高度是一个无用的条件，首先计算使水面升高的铁块的体积是 $15\times15\times(0.5\times100)=11250$(立方厘米)，这时可计算铁块使水面升高的高度为 $11250\div(60\times60)=3.125$(厘米)，则取出铁块后水的高度为 $50-3.125=46.875$(厘米).
6. **A**. 水的形状在变化，而水的体积没有变化. $30\times20\times6\div(20\times10)=18$.
7. **E**. 因为正方体的每一个面的面积相等，所以三个正方体的每一个面的面积是 9、16、25．故三个正方体的棱长分别是 3、4、5．则求大正方体的体积只需将三个正方体的体积相加即可，从而体积为 $27+64+125=216$.
8. **A**. 设棱长分别为 $2x$、$3x$、$4x$，则有 $4(2x+3x+4x)=108\Rightarrow x=3$，所以棱长分别为 6、9、12，体积为 $V=6\times9\times12=648$.
9. **D**. 球的体积与下降水的体积相等，设水面高度为 h，则有 $\frac{4}{3}\pi r_{球}^3=\pi r_{柱}^2(10-h)\Rightarrow h=8\frac{1}{3}$.
10. **C**. 把 60 升水倒进水箱内正好倒满，说明这个长方体水箱的容积是 60 升．求水箱深多少分米，就是求这个长方体的高是多少分米. 60 升 =60 立方分米，$60\div6\div2.5=4$(分米).
11. **A**. 锯成长度都是 50 厘米的两段，增加的两个长方形的长和宽应该是原来长方体的宽和高. $8\times5\times2=80$(平方厘米)，所以表面积比原来增加 80 平方厘米.
12. **E**. 最多增加的面积 $m=4\times1.2\times2=9.6$(平方米)，最少增加的面积 $n=1.2\times0.6\times2=1.44$(平方米).
13. **A**. 在长方体的六个面中，有三组对面分别全等，题设中所给出的三个面恰好是这三组面的代表．现要求出底面(阴影长方形)的面积．由长方体的概念可知，底面的面积是长方体的长和宽的乘积，两个侧面的面积是长和高的乘积与宽和高的乘积．设长方体的长、宽、高分别为 a、b、h．则由题意，$ah=32$，$bh=20$，$abh=160$．那么 $160=abh=20a$，$160=abh=32b$，所以 $a=8$，$b=5$，故所求底面面积为 $ab=8\times5=40$.
14. **B**. 首先要知道这个游泳池共有五个面要铺瓷砖，要先求出铺白瓷砖的面积总和，有了面积和，再求需要多少块白瓷砖．需铺白瓷砖的总面积设为 S，则 $S=40\times20+2\times20\times1.2+2\times40\times1.2=800+48+96=944$，所需白瓷砖为 $944\div0.4^2=5900$(块).
15. **D**. 原正方体的高增加，则它的面积扩大，而扩大的这部分面积只有 4 个侧面的面积，上下底面积并没有变化．设正方体棱长为 x，则 $96=4\times3x=12x$，故 $x=8$，得到原正方体的表面积为 $6\times8^2=384$.

16. D. 由题意剪去四个角后，长为 $24-4\times2=16$，宽为 $14-4\times2=6$，故容积为 $16\times6\times4=384$.

17. A. 由题意可知长方体油桶的体积与正方体油桶的体积正好相等，设正方体容器的棱长为 x，则 $0.64\times0.8\times1=x^3$，故 $x=0.8$.

二、条件充分性判断题

1. B. 采用总面积减去粘合的面积来计算．总表面积为 $S=(5\times4+4\times3+5\times3)\times2=94$，若以最大的5、4为粘合面，则 $S=94\times2-(5\times4)\times2=148$；若以最小的4、3为粘合面，则 $S=94\times2-(4\times3)\times2=164$.

2. D. 先求这个长方体游泳池的表面积．要计算前、后、左、右、下这5个面的面积之和．再根据每平方米用水泥的千克数，算出这个游泳池共用水泥多少千克．
表面积为 $50\times30+50\times3\times2+30\times3\times2=1500+300+180=1980$（平方米）.
由条件(1)得 $11\times1980=21780$（千克）$=21.78$（吨），所以22吨水泥够用．同理条件(2)也充分.

3. B. 设长方体长、宽、高分别为 x、y、z，体对角线长 $a=\sqrt{x^2+y^2+z^2}$，表面积 $S=2xy+2xz+2yz=2a^2\Rightarrow xy+yz+xz=x^2+y^2+z^2\Rightarrow x=y=z$，即长方体各边相等，为正方体，故条件(1)不充分，条件(2)充分.

4. C. 两个条件单独都不充分，设长方体棱长分别为 a、b、c，联合条件(1)与条件(2)得 $\begin{cases}a^2+b^2+c^2=24\\2(ab+bc+ac)=25\end{cases}\Rightarrow(a+b+c)^2=a^2+b^2+c^2+2(ab+bc+ac)=49\Rightarrow a+b+c=7$，则棱长之和为 $4(a+b+c)=28$，充分.

5. D. 设两圆柱体底面半径分别为 R、r，高分别为 H、h，侧面积相等，即 $2\pi RH=2\pi rh\Rightarrow RH=rh$，得体积比为 $\pi R^2H:\pi r^2h=\dfrac{R^2H}{r^2h}=\dfrac{R}{r}=\dfrac{3}{2}$，条件(1)与条件(2)都充分.

6. A. 圆柱体展开图为长方形，边长分别为圆柱体高 $h=2$ 和底面周长 $2\pi r=2\sqrt{3}$，根据直角三角形三边之比为 $1:\sqrt{3}:2$，则展开图母线与对角线夹角为 60°.

7. A. 令球的半径为 r，则表面积 $S=4\pi r^2$，体积 $V=\dfrac{4}{3}\pi r^3=\dfrac{S}{6}\sqrt{\dfrac{S}{\pi}}=\dfrac{S^{\frac{3}{2}}}{6\sqrt{\pi}}$.
由条件(1)体积为原来的9倍，则 S 为原来的 $3\sqrt[3]{3}$ 倍，充分；由条件(2)半径为原来的3倍，表面积为原来的9倍，不充分.

8. D. 内切球直径为正方体边长 a，外接球直径为正方体的体对角线长 $\sqrt{3}a$，可知 $r_{内}=\dfrac{a}{2}$，$r_{外}=\dfrac{\sqrt{3}}{2}a$，表面积之比等于半径之比的平方，故比值与正方体的棱长没有关系.

9. A. 球的内接正方体的体对角线就是球的直径，由此得出正方体的棱长，即可求出表面积．正方体的棱长为 $\dfrac{2}{\sqrt{3}}R$，表面积为 $6\left(\dfrac{2}{\sqrt{3}}R\right)^2=8R^2=72\Rightarrow R=3$，条件(1)充分.

10. A. 由条件(1) $S=2\pi\times1\times3=6\pi$；条件(2) $S=2\pi\times1\times4=8\pi$.

综合提高题解析

一、问题求解题

1. **D.** 把棱长为6的正方体锯成棱长为2的正方体，每锯一次表面积可增加$6\times6\times2=72$，一共要锯6次，则表面积增加$72\times6=432$.

2. **C.** 由题意，$r_甲=2r_乙$，$h_甲=\frac{1}{2}h_乙$，所以$\frac{V_甲}{V_乙}=\frac{\pi r_甲^2\cdot h_甲}{\pi r_乙^2\cdot h_乙}=2$.

3. **D.** 由题意，对角线所在长方形面积为15，故高$CG=15\div5=3$. 又因为横截面是正方形，故$BC=CG=3$. 而其体积为$18\times2=36$，故其边$AB=36\div3^2=4$；原来这块长方体木料的表面积$S=(4\times3+4\times3+3\times3)\times2=66$.

4. **D.** 若使长方体包装盒的表面积最小，应该两个最大的面重合在一起，因此表面积为$(9\times4+6.5\times4+9\times6.5)\times2=241$.

5. **B.** 设切去正方形边长为x，则焊接成的长方体的底面边长为$4-2x$，高为x，故$V=(4-2x)^2x=\frac{1}{4}(4-2x)(4-2x)4x\quad(0<x<2)$. 根据平均值定理，当$x=\frac{2}{3}$时，$V$取最大值$\frac{128}{27}$.

6. **E.** $4\times4+(1\times1+2\times2+4\times4)\times4=100$.

7. **C.** 图形的表面积等于$(9+7+7)\times2=46$个小正方形的面积，所以该图形表面积是46.

8. **E.** 三面涂红色的只有8个顶点处的8个立方体；两面涂红色的在棱长处，共$(5-2)\times4+(6-2)\times4+(7-2)\times4=48$块；一面涂红的在表面中间部分，共$(5-2)\times(6-2)\times2+(5-2)\times(7-2)\times2+(6-2)\times(7-2)\times2=94$块，从而$m=94$，$n=48$，$k=8$.

9. **D.** 由于正方体棱长为4，从六个面的中心位置各挖去一个棱长为1的正方体，这样得到的玩具中心部分是实体（即没有挖透）. 原正方体的表面积为$4^2\times6=96$. 在它的六个面各挖去一个棱长为1的正方体后增加的面积为$1^2\times4\times6=24$，这个玩具的表面积为$96+24=120$.

10. **D.** 因为切开后，表面积是原来的2倍，故没有涂颜色的面积相当于原来正方体的表面积，$10\times10\times6=600$.

11. **B.** 当木块放入水中时，水面升高了1，即体积增加了$25\times20\times1=500$，这就是木块浸入水中部分的体积. 而这部分体积是木块体积的一半，故木块的体积为$500\times2=1000$，则木块的棱长为10.

12. **C.** 设大正方体的棱长为a，先求出切下来的8个正方体体积占原来的比例，则有$\frac{8\cdot V_{小正方体}}{V_{大正方体}}=\frac{8\cdot\left(\frac{1}{3}a\right)^3}{a^3}=\frac{8}{27}$，故剩余图形的体积为大正方体体积的$1-\frac{8}{27}=\frac{19}{27}$.

13. **D.** 大立方体的表面积是$20\times20\times6=2400$. 挖掉了三个小正方体，反而多出了6个面（角上面积不变，棱边多2个面，面上多4个面），可以计算出每个面的面积为$(2454-2400)\div6=9$，说明小正方体的棱长是3.

14. **C.** 从三个方向（前后、左右、上下）考虑，新几何体的表面积仍为原立方体的表面积，$10\times10\times6=600$.

15. **B.** 每切一刀，多出的表面积恰好是原正方体的2个面的面积. 现在一共切了$(3-1)+(4-1)$

$+(5-1)=9$ 刀，而原正方体一个面的面积为 $1\times1=1$，所以表面积增加了 $9\times2\times1=18$. 原来正方体的表面积为 $6\times1=6$，所以现在的这些小长方体的表面积之和为 $6+18=24$.

16. **A**. 最下面一层在每条边中间的3个有3面是红色的，共有12个，中间一层在4个顶点处有3个面是红色的，共有4个，所以共有16块.

17. **A**. 如图8-2，当重合的面越多越好，因此拼成棱长分别为3，3，4的大正方体时，表面积最小，此时表面积 $m=2\times(3\times3+3\times4+3\times4)=66$；当最小的面重合在一起时，所得长方体的表面积最大，此时大长方体的棱长分别为18，1，2，表面积为 $n=2\times(1\times18+1\times2+2\times18)=112$.

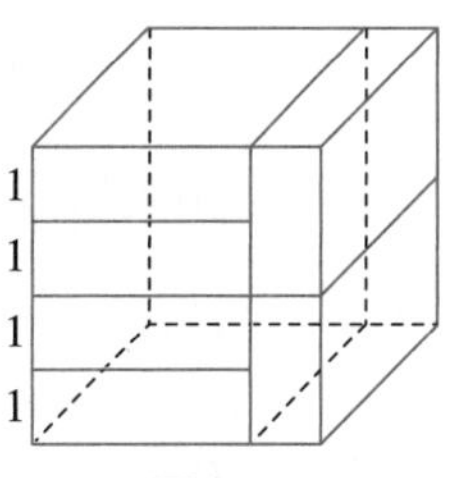

图 8-2

18. **E**. 将其切成三段后，表面积比原来增加了4个圆的面积，从而得到圆的面积为2.4，故圆柱的体积为 $2.4\times5=12$.

19. **D**. 设宽和高为 x，长为 $2x$，大长方体左(右)面面积为 x^2，则大长方体表面积为 $10x^2$. 切成12个小长方体后，新增加的表面积为 $6x^2+2x^2\times4=14x^2$，12个小长方体表面积之和为 $10x^2+14x^2=600$，解得 $x=5$，$V=5\times5\times10=250$.

20. **D**. 设被剪去的小正方形边长（纸盒的高）为 h，那么纸盒底面边长为 $24-2h$. 容积 $V=(24-2h)(24-2h)h=\frac{1}{4}(24-2h)(24-2h)4h$，因为 $24-2h+24-2h+4h=48$(定值)，根据平均值定理，当 $24-2h=4h$ 时，即当 $h=4$ 时，V 最大.

21. **D**. 令长、宽、高分别为 x，y，z，则可得 $a^2=x^2+y^2$，$b^2=x^2+z^2$，$c^2=y^2+z^2$，体对角线为 $\sqrt{x^2+y^2+z^2}=\sqrt{\frac{a^2+b^2+c^2}{2}}$.

22. **B**. 高 h 等于底面直径 d，圆柱体轴截面面积 $S=hd=d^2=32$，则侧面积 $S_{侧}=\pi d^2=32\pi$.

23. **A**. 内切球半径为 R，故正三棱柱高为 $2R$，由于底面等边三角形的内切圆半径为 R，从而得到底面边长为 $2\sqrt{3}R$，底面高为 $3R$，所以正三棱柱的体积为 $\frac{1}{2}\times2\sqrt{3}R\times3R\times2R=6\sqrt{3}R^3$.

24. **C**. 如图8-3可知，侧棱长 DK 为 $2\sqrt{6}$，则 $CD=\sqrt{6}$，

$OC=\frac{2}{3}\sqrt{3^2-\left(\frac{3}{2}\right)^2}=\frac{2}{3}\times\frac{3}{2}\sqrt{3}=\sqrt{3}$，

所以 $R=\sqrt{CD^2+OC^2}=3$，$V=\frac{4}{3}\pi R^3=36\pi$.

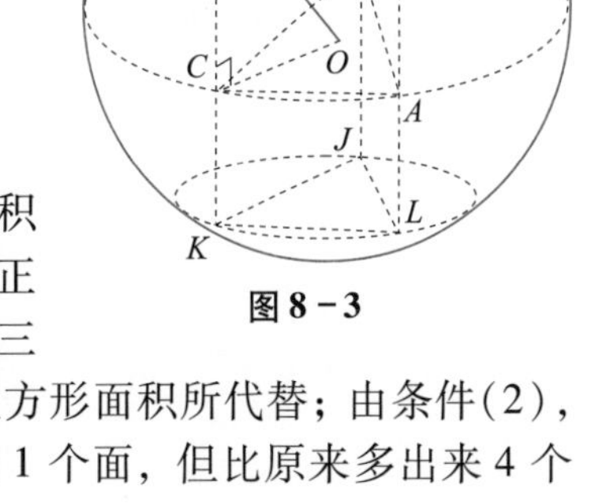

图 8-3

二、条件充分性判断题

1. **A**. 由条件(1)，大正方体的角上割去一个小正方体后，表面积并没有发生变化，这是因为割去一个小正方体后只影响到大正方体的三个面，其余的面没受到影响，而这三个面所去掉的三个小正方形面积被“因割去小正方体后”多出来的三个小正方形面积所代替；由条件(2)，在正方体的一个面上割去一个小正方体后，影响了正方体的1个面，但比原来多出来4个面，所以表面积发生变化.

2. **B**. 圆柱的侧面积与下底面积之比为 $\frac{2\pi rh}{\pi r^2}=\frac{2h}{r}$，由条件(1) $h=2r$，故 $\frac{2\pi rh}{\pi r^2}=\frac{2h}{r}=4$，不

充分；由条件(2) $h=2\pi r$，故$\frac{2\pi rh}{\pi r^2}=\frac{2h}{r}=4\pi$，充分.

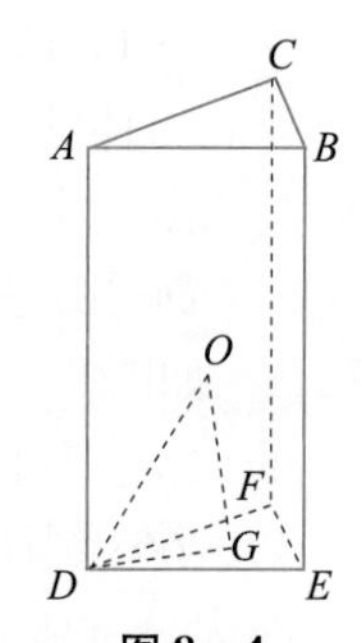

图 8－4

3. **A**. 如图 8－4，由已知球的表面积 $S=4\pi r^2=28\pi$，故 $r=\sqrt{7}$，由条件(1)知 $DE=3$，因为$\triangle DFE$ 为等边三角形，$DG=\sqrt{3}$，$OG=2$，由勾股定理知 $OD=\sqrt{7}$，充分. 由条件(2)知 $DE=4$，因为$\triangle DFE$ 为等边三角形，$DG=\frac{4\sqrt{3}}{3}$，$OG=2$，由勾股定理知 OD 不等于$\sqrt{7}$，不充分.

4. **B**. 条件(1)$R=2\sqrt{2}$，$V=\frac{1}{2}\times\frac{4}{3}\pi(2\sqrt{2})^3=\frac{32}{3}\sqrt{2}\pi$，不充分；

条件(2)$R=\sqrt{1^2+\left(\frac{\sqrt{2}}{2}\right)^2}=\frac{\sqrt{6}}{2}$，$V=\frac{1}{2}\times\frac{4}{3}\pi\left(\frac{\sqrt{6}}{2}\right)^3=\frac{\sqrt{6}}{2}\pi$，充分.

5. **D**. 由条件(1)得到外接球的直径为圆柱轴截面的对角线，内切球的直径等于圆柱底面圆的直径. 故半径之比为$\sqrt{2}:1$，所以体积之比为 $2\sqrt{2}:1$，充分；由条件(2)可以得到高等于直径，也说明是等边圆柱，故也充分.

6. **C**. 利用公式$(a+b+c)^2=a^2+b^2+c^2+2(ab+bc+ac)$得：$\left(\frac{\text{棱长之和}}{4}\right)^2=(\text{体对角线长})^2+$全面积，可知$\left(\frac{48}{4}\right)^2=(\text{体对角线长})^2+94\Rightarrow$体对角线$=5\sqrt{2}$.

7. **A**. $S_{\text{增加}}=2(2r\cdot h)=80\Rightarrow r=2$.
条件(1)，$V=\pi r^2h=40\pi\Rightarrow r=2$，充分.
条件(2)，$V=\pi r^2h=200\pi\Rightarrow r=2\sqrt{5}$，不充分.

8. **E**. $V_{\text{柱体}}=\pi r^2h=\pi\cdot4^2\cdot15=240\pi$，$V_{\text{长方体}}=m\cdot n\cdot5\pi$.
由 $m\cdot n\cdot5\pi=240\pi\Rightarrow m\cdot n=48$，显然条件(1)、条件(2)均不充分.

第九章　排列组合

重点考向例题解析

[例1] D. 从南京到重庆有三类方法：第一类乘坐火车，有 3 种方法；第二类乘坐轮船，有 2 种方法；第三类乘坐飞机，有 5 种方法；所以甲同学一共有 $3+2+5=10$ 种走法. 只涉及分类计数原理.

[例2] D. 一个数各个数位上的数字，最大只能是 9，24 可分拆为：$24=9+9+6$；$24=9+8+7$；$24=8+8+8$. 运用加法原理，把组成的三位数分为三大类：

①由 9、9、6 三个数字可组成 3 个三位数：996、969、699；

②由 9、8、7 三个数字可组成 6 个三位数：987、978、897、879、798、789；

③由 8、8、8 三个数字可组成 1 个三位数：888.

所以组成的三位数共有 $3+6+1=10$ 个.

[例3] E. 要完成接力跑一共需要 4 名选手：能跑第一棒的有 2 人，能跑第二棒的有 3 人，能跑第三棒的有 2 人，能跑第四棒的只有 1 人，因此一班的接力出场顺序共有 $2\times3\times2\times1=12$ 种可能.

[例4] D. 在三种不同类型的画里选择两种不同类型画有 3 种不同的选法，因此先把所有的选法分为三大类：

第一类：选 1 幅国画、1 幅油画.

分两步完成，第一步选 1 幅国画有 5 种选法，第二步选 1 幅油画有 3 种选法. 对于前面国画的每一种选法，油画都有 3 种选法，共有选法：$5\times3=15$ 种.

第二类：选 1 幅国画、1 幅水彩画. 与第一类同理，共有选法：$5\times2=10$ 种.

第三类：选 1 幅油画、1 幅水彩画. 与第一类同理，共有选法：$3\times2=6$ 种.

所以，共有不同的选法：$15+10+6=31$ 种.

[例5] E. $C_8^4-C_7^3=\dfrac{8\times7\times6\times5}{4!}-\dfrac{7\times6\times5}{3!}=70-35=35$.

[例6] D. $C_{m-1}^{m-2}=C_{m-1}^1=m-1$，而$\dfrac{3}{n-1}C_{n+1}^{n-2}=\dfrac{3}{n-1}C_{n+1}^3=\dfrac{3}{n-1}\cdot\dfrac{(n+1)n(n-1)}{3!}=\dfrac{n(n+1)}{2}$，

故 $m-1=\dfrac{n(n+1)}{2}$，得 $m=1+\dfrac{n(n+1)}{2}=1+\sum\limits_{k=1}^{n}k$.

[点睛] 本题主要用 $C_n^k=C_n^{n-k}$ 和组合数的计算公式化简求解.

[例7] E. 列举如下：AB；BA；AC；CA；AD；DA；BC；CB；BD；DB；CD；DC，共 12 个.

[例8] B. 列举如下：AB；AC；AD；BC；BD；CD，共 6 个.

[例9] A. 分析：213 组合和 312 组合，代表同一个组合，只要有三个号码球在一起即可，即不要求顺序，属于“组合 C”的计算. 所以共有 $C_9^3=\dfrac{9\times8\times7}{3!}=84$ 种.

[例 10] E. 分析：123 和 213 是两个不同的三位数，即对排列顺序有要求，属于“排列 P”的计算. 所以共有 $P_9^3 = A_9^3 = 9 \times 8 \times 7 = 504$ 种. 或者换一个思路，任何一个号码只能用一次，显然不会出现 988，997 之类的组合，我们可以这么看，百位数有 9 种可能，十位数则应该有 $9-1=8$ 种可能，个位数则应该只有 $9-1-1=7$ 种可能，最终共有 $9\times8\times7$ 个三位数.

[例 11] D. 利用乘法原理分步求解. 第一步：将 3 个一家人利用捆绑法捆在一起有 $(3!)^3$ 种，第二步：对 3 个家庭进行全排列有 3！种，所以一共有 $(3!)^4$ 种.

[点睛] 本题涉及每个家庭内部人员的排序和家庭之间的排序.

[例 12] A. 可先将甲乙两个元素捆绑成整体并看成一个复合元素，同时丙丁也看成一个复合元素，再与其他元素进行排列，同时对相邻元素内部进行自排. 由分步计数原理可得共有 $2!\cdot2!\cdot5!=480$ 种不同的排法.

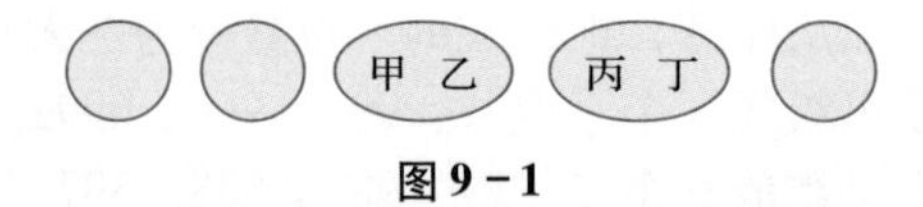

图 9－1

[例 13] A. 把 1，5，2，4 当作一个小集团与 3 排列共有 2！种排法，再排小集团内部共有 $2!\cdot2!$ 种排法，由分步计数原理共有 $2!\cdot2!\cdot2!=8$ 种排法.

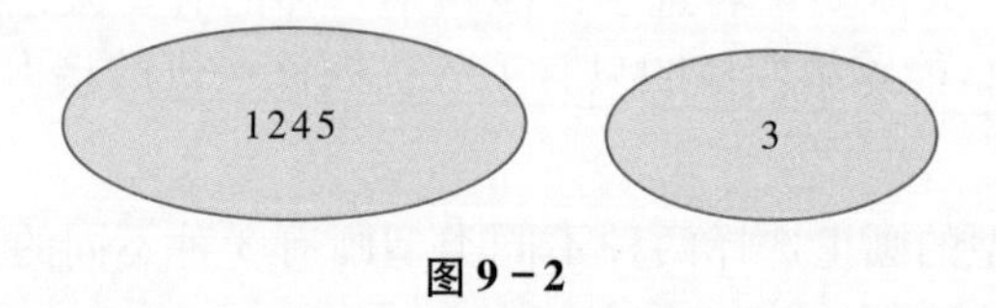

图 9－2

[例 14] E. 先将其余四人排好有 4！种排法，然后在这四人之间及两端的 5 个“空”中选 3 个位置让甲乙丙插入，则有 $C_5^3 3!$ 种方法，这样共有 $4!\cdot C_5^3 3!=1440$ 种不同排法.

[例 15] E. 分两步进行，第一步排 2 个相声和 2 个独唱共有 4！种方法，第二步将 3 个舞蹈插入第一步排好的 4 个元素中间及首尾两个空位共有 $C_5^3 3!$ 种不同的方法，由分步计数原理，节目的不同顺序共有 $4!\cdot C_5^3 3!=1440$ 种.

[例 16] C. 假定 8 盏灯中 5 盏灯是亮着的，3 盏灯不亮. 这样原问题就等价于将 5 盏亮着的灯与 3 盏不亮的灯排成一排，使 3 盏不亮的灯不相邻（灯是相同的）. 5 盏亮着的灯之间产生 6 个间隔（包括两边），从中插入 3 个作为熄灭的灯有 $C_6^3=20$ 种. 这就是我们经常解决的“不相邻”问题，采用“插空法”.

[评注] 本题是典型的关灯模型，注意灯泡是相同的，所以无需排序. 此外，可以总结公式：若一排有 n 盏灯，需要关掉 k 盏灯，相邻的灯不能关，则关灯的方法有 C_{n-k+1}^k 种.

[例 17] B. 先让甲、乙、丙之外的 4 人排成一行，有 4！种排法，再让甲、乙两人捆绑打包，有 2！种，最后将这个包与丙进行插空，共有 $C_5^2 2!$ 种方法. 根据乘法原理，故共有 $4!\cdot2!\cdot C_5^2 2!=960$ 种排法.

[例 18] C. 先让 3 个男生站好，有 3！种排法，再选两个女生打包，有 $C_3^2 2!$ 种，最后将这个包和另一位女生进行插空，共有 $C_4^2 2!$ 种方法. 根据乘法原理，故共有 $3!\cdot C_3^2 2!\cdot C_4^2 2!=432$ 种排法.

[例 19] C. 先让 3 个男生站好，有 3！种排法，产生 4 个空位，注意女生必须站前 3 个空位或后3 个空位，所以共有 $3!\cdot3!\cdot2=72$ 种排法.

[例 20] E. 先让 4 个男生站好，有 4！种排法，产生 5 个空位，注意女生必须站中间 3 个空位，所以共有 $4!\cdot3!=144$ 种排法.

[评注] 总结公式：n 男 n 女交错站有 $n!\cdot n!\cdot2$ 种，$n+1$ 男 n 女交错站有 $(n+1)!\cdot n!$ 种.

[例 21] A. 因为 10 个名额没有差别，把它们排成一排. 相邻名额之间形成 9 个空隙. 在 9 个空档中选 6 个位置插隔板，可把名额分成 7 份，对应地分给 7 个班级，每一种插板方法对应一种分法，共有 $C_9^6=84$ 种分法.

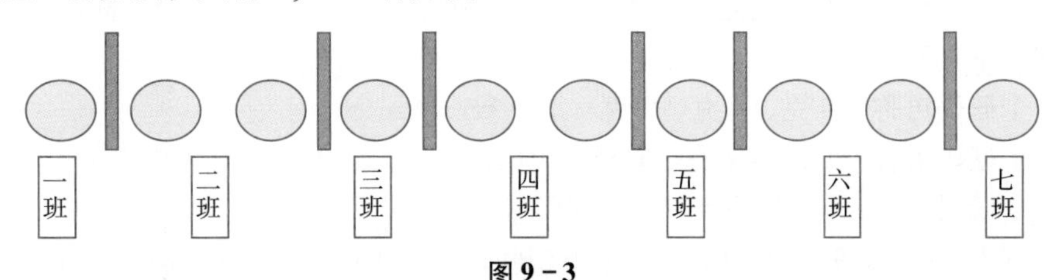

图 9－3

[例 22] D. 由于要求每班至少 2 个，不能直接用隔板法，故先给每个班分一个名额，这样还剩下 11 个名额，这 11 个名额每个班至少再分一个就可以了，此时用隔板法公式计算得到有 C_{10}^6种分法.

[评注] 当分配数量超过一个时，要先将数量处理一下，再套隔板法公式.

[例 23] B. 求 $x_1+x_2+x_3+x_4=12$ 的正整数解的组数就可建立组合模型，将 12 个完全相同的球排成一列，在它们之间形成的 11 个空隙中任选 3 个插入 3 块隔板，把球分成 4 个组. 每一种方法所得球的数目依次为 x_1，x_2，x_3，x_4，显然满足 $x_1+x_2+x_3+x_4=12$，故(x_1,x_2,x_3,x_4)是方程的一组解.
反之，方程的任何一组解对应着唯一的一种在 12 个球之间插入隔板的方式，故方程的解和插板的方法一一对应. 即方程的解的组数等于插隔板的方法数 $C_{11}^3=165$.

[评注] 本题若改为非负数解的个数，则将 $x_1+x_2+x_3+x_4=12$ 转化为 $(x_1+1)+(x_2+1)+(x_3+1)+(x_4+1)=12+4=16$，变为 $y_1+y_2+y_3+y_4=16$ 分析正整数解的情况，故有 C_{15}^3种，这样就巧妙推导了隔板法中分配对象允许空的公式了.

[例 24] E. 直接套用公式可得：如果每人至少分 1 块糖，有 $C_{10-1}^{4-1}=C_9^3=84$ 种分法；
如果允许有人没有分到，则有 $C_{10+4-1}^{4-1}=C_{13}^3=286$ 种分法，从而 $m-n=286-84=202$.

[例 25] A. 每人有 3 种选择，故 $3^5=243$.

[点睛] 可重复的排列问题，记忆秘诀为“每 A 只一个 B”，答案形式为 B 的数量$^{A\text{的数量}}$.

[陷阱] 这种问题要注意结果是 3^5 还是 5^3，不要误选 B.

[例 26] B. 每个项目都有 5 种冠军的可能选择，故 $5^3=125$.

[例 27] A. 完成此事共分六步：把第一名实习生分配到车间有 7 种分法，把第二名实习生分配到车间也有 7 种分法，依此类推，由分步计数原理共有 7^6 种不同的分法.

[例 28] C. 要求恰好有 1 个球的编号与盒子的编号相同，用分步原理：
先从 5 个球里面选 1 个球使它的编号与盒子的编号相同，有 C_5^1 种；剩下 4 个球的编号与盒子的编号不同，有 9 种，故共有 45 种.

[例 29] C. 要求恰好有 2 个老师监考自己教的班，用分步原理：先从 6 个老师中选 2 个对号，有 C_6^2 种；剩下 4 个老师不对号，有 9 种，故共有 135 种.

［例 30］**D**．至少有 2 个老师监考自己教的班，分类如下：

恰有 2 个老师监考自己教的班：$C_6^2\times 9=135$.

恰有 3 个老师监考自己教的班：$C_6^3\times 2=40$.

恰有 4 个老师监考自己教的班：$C_6^4\times 1=15$.

恰有 5 个老师监考自己教的班：1 种．共 191 种.

［评注］注意恰有 5 个老师监考自己教的班相当于 6 个老师都监考自己的班.

［例 31］**B**．$1+2+6=9$，$1+3+5=9$，$2+3+4=9$，所以共有 3 种取法.

［例 32］**D**．共有三个重量不同的砝码，可以取出其中的一个、两个、三个来称量.

分别列举这三种情况：

取一个砝码可称：1 克、3 克、9 克．有 3 种.

取两个砝码可称：$1+3=4$ 克、$1+9=10$ 克、$3+9=12$ 克，有 3 种.

取三个砝码可称：$1+3+9=13$ 克，有 1 种.

注意到 1、3、9、4、10、12、13 各不相同，所以可以称出 $3+3+1=7$ 种重量.

［例 33］**D**．$8=5+2+1=5+1+1+1=2+2+2+2=2+2+2+1+1=2+2+1+1+1+1$

$=2+1+1+1+1+1+1=1+1+1+1+1+1+1+1$，一共 7 种.

［例 34］**E**．运用加法原理，把组成方法分成三大类：

① 只取一种人民币组成 1 元，有 3 种方法：10 张 1 角；5 张 2 角；2 张 5 角.

② 取两种人民币组成 1 元，有 5 种方法：1 张 5 角和 5 张 1 角；一张 2 角和 8 张 1 角；2 张 2 角和 6 张 1 角；3 张 2 角和 4 张 1 角；4 张 2 角和 2 张 1 角.

③ 取三种人民币组成 1 元，有 2 种方法：1 张 5 角、1 张 2 角和 3 张 1 角；1 张 5 角、2 张 2 角和 1 张 1 角.

所以共有组成方法为 $3+5+2=10$ 种.

难点考向例题解析

［例 1］**C**．由题意可先安排甲，并按其分类讨论：①若甲在末尾，剩下四人可自由排，有 4！种排法；②若甲在第二、三、四位上，则有 $C_3^1C_3^1 3!$ 种排法，由分类计数原理，排法共有 $4!+C_3^1C_3^1 3!=78$ 种.

［例 2］**A**．8 人排前后两排，相当于 8 人坐 8 把椅子，可以把椅子排成一排．前排 2 个特殊元素有 $C_4^2 2!$ 种，再排后 4 个位置上的特殊元素丙丁有 $C_4^2 2!$ 种，其余的 4 人在 4 个位置上任意排列有 4！种，则共有 $C_4^2 2!\cdot C_4^2 2!\cdot 4!=3456$ 种.

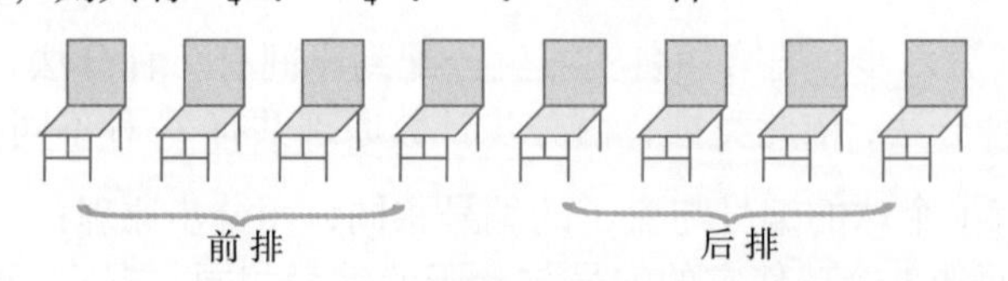

图 9－4

一般地，元素分成多排的排列问题，可归结为一排考虑，再分段研究.

[例 3] C. 围桌而坐与坐成一排的不同点在于，坐成圆形没有首尾之分，所以固定一人，并从此位置把圆形展成直线，其余 7 人共有(8 − 1)! 种排法，即 7!.

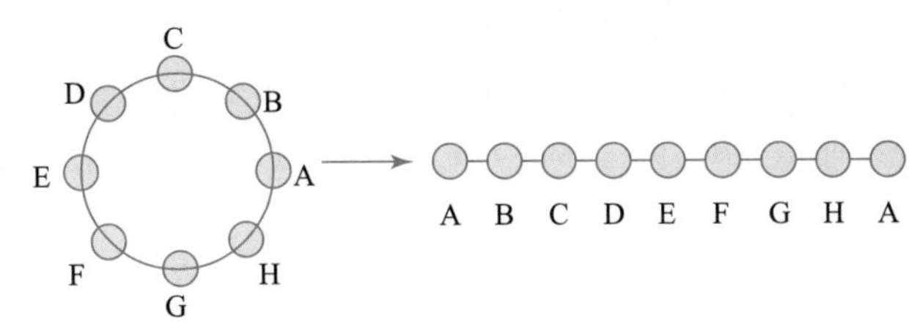

图 9 − 5

[例 4] E. **方法一**：从正面计算，以全能的人是否被选中分为两类：

①全能人被选中，只需从其他 7 人中选 2 人即可：$C_7^2=21$；②全能人没有被选中，那么 3 人中有可能是 2 英 1 法或者 1 英 2 法：$C_4^2C_3^1+C_4^1C_3^2=30$. 故选法共有 51 种.

方法二：从反面计算，反面情况表示全是英语或全是法语.

故 $C_8^3-C_4^3-C_3^3=56-4-1=51$.

[例 5] B. 以是否含 6 为标准可分为两类：不含 6 的三位数有 $C_6^1C_6^2 2!=180$ 个.

含 6 的三位数按是否有 0 分类，含 6 不含 0 的有 $2C_6^2 3!$ 个；含 6 同时又含 0 的有 $2C_6^1C_2^1 2!$ 个. 符合条件的三位数有 $180+180+48=408$ 个.

[例 6] E. 以是否含 0 为标准可分为两类：不含 0 卡片的三位数有 $C_4^3C_2^1C_2^1C_2^1 3!=192$ 个.

含 0 卡片按照是否显示 0 来分类：不显示 0 的三位数有 $C_4^2C_2^1C_2^1 3!=144$ 个；

显示 0 的三位数（0 不能在百位）有 $C_4^2C_2^1C_2^1C_2^1 2!=96$ 个；

符合条件的三位数有 $192+144+96=432$ 个.

[例 7] D. 由于末位和首位有特殊要求，应该优先安排，以免不合要求的元素占了这两个位置.

先排末位共有 C_3^1 种方法；然后排首位共有 C_4^1 种方法；

最后排其他位置共有 $C_4^3 3!$ 种方法；

由分步计数原理得 $C_3^1C_4^1C_4^3 3!=288$.

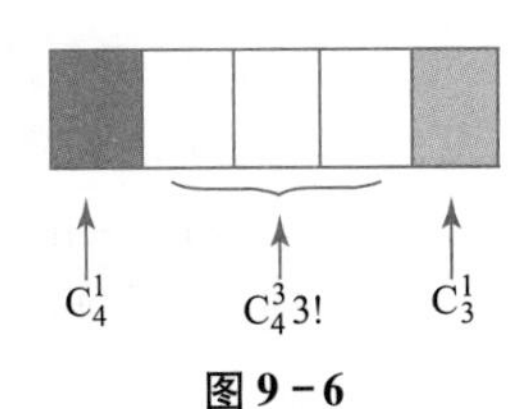

图 9 − 6

[例 8] B. 由于该三位数为偶数，故末尾数字必为偶数，又因为 0 不能排首位，故 0 就是其中的“特殊”元素，应该优先安排，按 0 排在末尾和 0 不排在末尾分两类：

① 0 排末尾时，有 $C_4^2 2!$ 个；② 0 不排在末尾时，则有 $C_2^1C_3^1C_3^1$ 个.

由分类计数原理，共有偶数 $C_4^2 2!+C_2^1C_3^1C_3^1=30$ 个.

[例 9] A. 能被 5 整除，需要个位为 0 或 5. 按 0 排在末尾和 5 排在末尾分两类：①0 排末尾时，有 $C_4^2 2!$ 个. ②5 排在末尾时，则有 $C_3^1C_3^1$ 个. 由分类计数原理，共有 21 个.

[例 10] A. 能被 3 整除，需要各位之和为 3 的倍数，先挑选满足要求的三个数：

① 0，2，4：可以组成 4 个三位数.

② 0，4，5：可以组成 4 个三位数.

③ 2，3，4：可以组成 6 个三位数.

④ 3，4，5：可以组成 6 个三位数.

由分类计数原理，共有 20 个.

[例 11] (1) D. 从 10 双鞋子中选取 2 双，有 C_{10}^2 种取法.

(2) D. 从 10 双鞋子中选取 4 双，有 C_{10}^4 种取法，每双鞋中各取一只，分别有 2 种取法，所以共有 $C_{10}^{4}2^{4}=3360$ 种.

(3) **A**. 从10双鞋子中选取1双，有 C_{10}^{1} 种取法；再选两双，从每双鞋中各取一只，分别有2种取法，所以共有 $C_{10}^{1}\cdot C_{9}^{2}2^{2}=1440$ 种.

[例12] **A**. 分三步取书得 $C_{6}^{2}C_{4}^{2}C_{2}^{2}$ 种方法，但这里出现重复计数的现象，不妨记6本书为 $ABCDEF$，若第一步取 AB，第二步取 CD，第三步取 EF，该分法记为 (AB, CD, EF)，则 $C_{6}^{2}C_{4}^{2}C_{2}^{2}$ 中还有 (AB, EF, CD)，(CD, AB, EF)，(CD, EF, AB)，(EF, CD, AB)，(EF, AB, CD) 共有3! 种取法，而这些分法仅是 (AB, CD, EF) 一种分法，故共有 $\frac{C_{6}^{2}C_{4}^{2}C_{2}^{2}}{3!}=15$ 种分法.

[例13] **A**. 分三步取书得 $C_{6}^{4}C_{2}^{1}C_{1}^{1}$ 种方法，但这里出现重复计数的现象，有两堆数量相同，要除以2!，故共有 $\frac{C_{6}^{4}C_{2}^{1}C_{1}^{1}}{2!}=15$ 种分法.

[评注] 当数量为1时，可以省略，本题可以直接写为 C_{6}^{4}.

[例14] **C**. 根据题目先分类：

①两组为2人，6人，故 $C_{8}^{2}C_{6}^{6}=28$；②两组为3人，5人，故 $C_{8}^{3}C_{5}^{5}=56$；

③两组为4人，4人，故 $\frac{C_{8}^{4}C_{4}^{4}}{2!}=35$；故共有 $28+56+35=119$ 种分法.

[例15] (1) **B**. 先考虑甲乙在一组，则再选一个人给甲乙组，有 C_{7}^{1} 种，剩下6人再等分为两组，有 $\frac{C_{6}^{3}C_{3}^{3}}{2!}=10$ 种，根据乘法原理，共有70种.

(2) **A**. 先考虑甲乙丙在一组，只有1种方法，剩下6人再等分为两组，有 $\frac{C_{6}^{3}C_{3}^{3}}{2!}=10$ 种，根据乘法原理，共有10种.

(3) **D**. 先考虑甲乙在一组，则再选一个人给甲乙组（此人不能是丙），有 C_{6}^{1} 种；再考虑丙在一组，还要再选2人给丙，有 C_{5}^{2} 种；剩下3人在一组，有 C_{3}^{3} 种，根据乘法原理，共有60种.

[例16] **E**. 先将三个男生分成三组，每组1人，只有1种分法；再给每组男生依次各选一个女生，共有 $C_{3}^{1}C_{2}^{1}C_{1}^{1}=6$ 种.

[例17] **B**. 先将6个班按照4，1，1分成三堆，共有 C_{6}^{4} 种方法；再将分好的三堆分配给三位老师，有3! 种，根据乘法原理，共有 $C_{6}^{4}3!=90$ 种.

[例18] **C**. 由于每个邮筒至少投入一封信，故有两封信放在同一个邮筒里面，先对4封信按照2，1，1进行分堆，然后再投入邮筒中，故有 $C_{4}^{2}3!=36$ 种.

[陷阱] 容易做错的思路：先选出3封信，每个邮筒投一封，剩下那一封信随便投入3个邮筒中，故 $C_{4}^{3}3!\cdot C_{3}^{1}=72$. 错因是出现了重复.

[例19] **E**. 先将6名志愿者分成4堆，有两种情况：

①按照3，1，1，1分堆，有 C_{6}^{3} 种方法；②按照2，2，1，1分堆，有 $\frac{C_{6}^{2}C_{4}^{2}}{2!}$ 种方法；

然后再配送给4所学校，乘以4! 即可. 所以总共有 $\left(C_{6}^{3}+\frac{C_{6}^{2}C_{4}^{2}}{2!}\right)\cdot 4!=1560$ 种.

[评注] 当数量为1时，可以省略.

[例 20] A. 先给①号区域涂色有 5 种方法，再给②号涂色有 4 种方法，接着给③号涂色有 3 种方法，由于④号与①、②不相邻，因此④号有 4 种涂法，根据分步计数原理，不同的涂色方法有 $5\times4\times3\times4=240$.

[例 21] D. 依题意至少要用 3 种颜色.
当用三种颜色时，区域 2 与 4 必须同色，区域 3 与 5 必须同色，故有 $\mathrm{C}_4^3 3!$ 种；
当用四种颜色时，若区域 2 与 4 同色，则区域 3 与 5 不同色，有 $4!$ 种；若区域 3 与 5 同色，则区域 2 与 4 不同色，有 $4!$ 种，故用四种颜色时共有 48 种.
由加法原理可知满足题意的着色方法共有 $24+2\times24=72$ 种.

[例 22] A. **方法一**：①使用四种颜色涂色共有 $4!$ 种；
②使用三种颜色涂色，则必须将一组对边染成同色，故有 $\mathrm{C}_4^1\mathrm{C}_2^1\mathrm{C}_3^2 2!$ 种；
③使用两种颜色时，则两组对边必须分别同色，有 $\mathrm{C}_4^2 2!$ 种.
因此，所求的染色方法数为 $4!+\mathrm{C}_4^1\mathrm{C}_2^1\mathrm{C}_3^2 2!+\mathrm{C}_4^2 2!=84$ 种.
方法二：涂色按 $AB-BC-CD-DA$ 的顺序进行，对 AB、BC 涂色有 $4\times3=12$ 种涂色方法. 由于 CD 的颜色可能与 AB 同色或不同色，这影响到 DA 颜色的选取方法数，故分类讨论：当 CD 与 AB 同色时，这时 CD 对颜色的选取方法唯一，则 DA 有 3 种颜色可供选择. 当 CD 与 AB 不同色时，CD 有两种可供选择的颜色，DA 也有两种可供选择的颜色，从而对 CD、DA 涂色有 $1\times3+2\times2=7$ 种涂色方法. 由乘法原理，总的涂色方法数为 $12\times7=84$ 种.

[例 23] D. **方法一**：先让 7 个人全排列，有 $7!$ 种方法，再除以女生定序数 $3!$ 即可.
从而有 $\frac{7!}{3!}=840$ 种.
方法二：采用元素位置法. 先在 7 个位置上任取 3 个位置排女生，有 C_7^3 种排法（女生从矮到高，不用排序），剩余的 4 个位置排男生，有 $4!$ 种排法，故共有 $\mathrm{C}_7^3 4!=840$ 种.

[评注] 如果本题再要求男生也从矮到高站，那么答案就为 $\frac{7!}{3!\cdot4!}=35$ 或者 $\mathrm{C}_7^4=35$.

[例 24] A. 本题直接选好三个数字即可，在组成三位数时，自动按照大小顺序排，无需人为排序，故 $\mathrm{C}_6^3=20$ 个.

[例 25] D. 由于最高位不能为 0，所以只能从非零的数字选取 3 个，自动按照大小顺序排在千位、百位和十位，最后再从剩余的 4 个数字选一个排在个位，所以共有 $\mathrm{C}_6^3\mathrm{C}_4^1=80$ 个.

[例 26] A. **方法一**：5 面旗全排列有 $5!$ 种挂法，由于 3 面红旗与 2 面白旗分别全排列均只能算作一次的挂法，故共有不同的信号种数是 $\frac{5!}{3!\cdot2!}=10$.
方法二：看成 5 个位置，先选 3 个位置放红旗，剩下 2 个位置放白旗，共有 $\mathrm{C}_5^3\mathrm{C}_2^2=10$ 种.

[例 27] E. 可先将字母看成不同的，进行全排列，共有 $9!$ 种，再除以相同字母的排序，从而可以得到 $\frac{9!}{2!\cdot3!\cdot4!}=1260$ 种.

[评注] 也可以采用元素位置分析. 若将字母作为元素，1 ~ 9 号位置作为位子，那么这是一个“不尽相异元素的全排列”问题，若转换角色，将 1 ~ 9 号位置作为元素，字母作为位子，那么问题便转化成一个相异元素不许重复的组合问题，即共有 $\mathrm{C}_9^2\mathrm{C}_7^3\mathrm{C}_4^4=1260$ 种不同的排法.

[例 28] D. 从这 10 个数中取出 3 个不同的偶数的取法有 C_5^3 种；取 1 个偶数和 2 个奇数的取法有 $C_5^1C_5^2$ 种. 另外，从这 10 个数中取出 3 个数，使其和为小于 10 的偶数，采用列举法，有 9 种不同取法. 因此，符合题设条件的不同取法有 $C_5^3+C_5^1C_5^2-9=51$ 种.

[例 29] E. 从反面思考，甲不站在排头或乙不站在排尾的反面是甲站在排头且乙站在排尾，故所求的情况数为 $5!-3!=114$.

[例 30] A. 从反面思考，不完全相同的反面是完全相同，故所求的情况数为 $C_{12}^3-C_3^3-C_4^3-C_5^3=205$.

基础自测题解析

一、问题求解题

1. A. 5 个学生有 6 个空，共有两种插法：①两个老师不相邻，有 $C_6^2\cdot 2!$ 种；②两个老师相邻,有 $C_6^1\cdot 2!$ 种，共 $C_6^2\cdot 2!+C_6^1\cdot 2!=42$.
2. D. 第一步，从 7 个人中选 5 个人为 C_7^5；第二步，从 10 个岗位选 5 个进行排列为 $C_{10}^5\cdot 5!$，共有 $C_7^5\cdot C_{10}^5\cdot 5!$ 种.
3. A. 由于 4 张票一样，所以只要 5 个人选 4 个人就行了，为 $C_5^4=5$.
4. E. 分两种情况，两个人都被邀请为 C_8^4，两个人都没有被邀请为 C_8^6，共有 $C_8^4+C_8^6=98$.
5. C. 要构成平行四边形，只需要两组平行线就可以了，所以分别从两组平行线中各取两条平行线，取法为 $C_m^2C_n^2$.
6. E. (1，1)，(1，2)，(1，3)，(2，2)，(2，1)，(3，1)，共 6 个.
7. A. 设女生有 n 人，则男生有 $8-n$ 人，则根据题意，有 $C_n^1C_{8-n}^2=30$，解得 $n=2$ 或 $n=3$.
8. D. (1)第一步，4 个男生中选 2 个为 C_4^2；第二步，由于女生甲必在，则只需要在剩下 4 个女生中选 2 个为 C_4^2，故共有 $m=C_4^2C_4^2=36$ 种；

   (2) 共有两种情况，① 1 个女生 4 个男生，为 $C_5^1C_4^4$；② 2 个女生 3 个男生，为 $C_5^2C_4^3$，故共有 $n=C_5^1C_4^4+C_5^2C_4^3=45$ 种；

   (3) 先从 9 个人中选 3 个为 C_9^3，再从剩下的 6 个人中选 3 个为 C_6^3，最后剩下 3 个人为一组为 C_3^3；又由于前三步选入的过程中使选出的 3 组有了顺序，而题目本身要求这 3 组是没有顺序的平均分配，所以要除去 3 组的顺序，故共有 $k=\dfrac{C_9^3C_6^3C_3^3}{3!}=280$ 种.
9. C. 若末位为 0，则有 $C_4^3\cdot 3!=24$ 个偶数；末位不是 0 的偶数有 $C_2^1C_3^1C_3^2\cdot 2!=36$ 个，所以共有 $24+36=60$ 个数.
10. A. 插空法，将 a，b 捆绑成一个元素，与除 c，d 外的元素进行排列，然后将 c 和 d 插空，共有 $2!\cdot 2!\cdot C_3^2\cdot 2!=24$ 种.
11. E. 甲乙丙三人捆绑在一起看成一个元素，按要求共有 2! 种，与其他元素一起全排列共有 $2!\cdot 4!=48$ 种.
12. C. 符合题意的数字个数为 $C_2^1\cdot 5!+4!+C_2^1\cdot 2!+1=269$.
13. D. 分三步完成，从 24 名男生中选出 3 人，从 20 名女生中选出 2 人，最后进行全排列，则不同的班委会组织方案有 $C_{24}^3\cdot C_{20}^2\cdot 5!$.
14. D. 分两步完成，先从小组中选出 4 人，按要求方法数为 $C_3^2\cdot C_4^2+C_3^3\cdot C_4^1$，选派方法为 $C_4^2\cdot 3!$，则总共的选派数为$(C_3^2\cdot C_4^2+C_3^3\cdot C_4^1)\cdot C_4^2\cdot 3!=792$.

15. C．根据题意，前4次测试包括3只次品和1只正品，符合情况的测试情况数为 $C_4^3 \cdot C_6^1 \cdot 4! = 576$.
16. E．不含3的数字分类求解：一位数不含3的有8个，两位数不含3的有 $C_8^1C_9^1 = 72$ 个，三位数不含3的有 $C_8^1C_9^1C_9^1 = 648$ 个，四位数不含3的有1个(1000)，共有 $8 + 72 + 648 + 1 = 729$.

二、条件充分性判断题

1. A．由条件(1)，显然满足条件的有(3，3，3)，(1，4，4)，(2，2，5)，(1，3，5)，(2，3，4)这五组，再考虑顺序，则有 $1 + 2 \times 3 + 2 \times 3! = 19$；由条件(2)，满足条件的有(1，3，3)，(2，2，3)，(1，1，5)，(1，2，4)，故有 $3 \times 3 + 3! = 15$.
2. D．由条件(1)，男生5人，女生3人，有 $C_5^2C_3^1 3! = 180$，充分；由条件(2)，男生6人，女生2人，有 $C_6^2C_2^1 3! = 180$，充分.
3. B．根据题意，先从剩下的6个不同的字母中选出3个，然后进行排序，"*bc*"看成一个整体，共有 $C_6^3 4! = 480$ 种.
4. B．条件（1）：$n = 2$ 时分两种情况，第一种：2个团体节目相邻，有 $2! \cdot C_7^1$ 种；第二种：2个团体节目不相邻，有 $C_7^2 \cdot 2!$ 种，$2! \cdot C_7^1 + C_7^2 \cdot 2! = 56$，不充分.
   条件（2）：$n = 3$ 时分三种情况，第一种：3个节目两两都不相邻，有 $C_7^3 \cdot 3!$ 种；第二种：3个团体节目中只有两个相邻，有 $3 \cdot 2! \cdot C_7^2 \cdot 2!$ 种；第三种：3个团体节目排在一起，有 $3! \cdot C_7^1$ 种，最后将三种情况相加，得504种，充分.
5. A．由题干及所给的条件(1)和(2)可知，两个条件不可能同时充分，先考虑条件(1)，
   当0在末尾时，把1，2看作一个整体，然后乘以2，即 $2C_3^1C_2^1 = 12$；
   当2在末尾时，1肯定在十位，0不在首位，即 $C_2^1C_2^1 = 4$；
   当4在末尾时，把1，2看作一整体，然后乘以2，即 $2C_2^1C_2^1 = 8$；
   所以共有 $12 + 4 + 8 = 24$，则充分，于是可知条件(2)不充分.
6. D．由条件(1)，当 $n = 2$ 时，男生有 $8 - 2 = 6$ 人，共有 $C_6^2C_2^1 = 30$ 种选法，充分；
   由条件(2)，当 $n = 3$ 时，男生有 $8 - 3 = 5$ 人，共有 $C_5^2C_3^1 = 30$ 种选法，充分.

综合提高题解析

一、问题求解题

1. C．要求3个空位连在一起，有5种，不同的汽车又有顺序，采用排列，故结果为 $5 \times 4! = 5!$.
2. D．假设编号为1，2，3，4，5，6，则奇数坐教师、偶数坐学生或者奇数坐学生、偶数坐教师，则结果为 $2 \cdot 3! \cdot 3!$.
3. D．连中在前3发的有4种不同的方法，同理连中在后3发的也是4种方法. 连中发生在中间的，共有4种情况，每种情况有3种不同的方法，故总共有 $4 + 3 + 3 + 3 + 3 + 4 = 20$ 种.
4. A．(1)先排剩下的6个人，再把甲插到5个空位中的一个位置即可，$m = 6! \cdot C_5^1 = 3600$；
   （2）乙站排头有6!，甲站排尾有6!，甲、乙均不在排头和排尾，有 $C_5^2 \cdot 2! \cdot 5!$，故共有 $n = 6! + 6! - 5! + C_5^2 \cdot 2! \cdot 5! = 3720$（多加了一种甲在排尾乙在排头的情况，得减去）.
5. D．3个放映点放映有顺序为3!，有5个城市轮放为 $(3!)^5$，5个城市有顺序，故结果为 $5! \cdot (3!)^5$.
6. D．将文理科插空排列，结果为 $m = 2 \cdot 3! \cdot 3! = 72$ 种；采用插空法，先排3门文科，再把数学、物理（作为一整体）和化学插到里面，数学、物理本身还有顺序，结果为 $n = 3! \cdot C_4^2 \cdot 2! \cdot 2! = 144$ 种，故 $|m - n| = 144 - 72 = 72$.
7. D．不同厂家的电视机内部有顺序，并且甲厂的一定在中间，故总数为 $2! \cdot 5! \cdot 3! \cdot 2! = 2880$ 种.

8. **A.** 若千位为奇数，先从3个奇数中选1个C_3^1，再排序，有$C_3^1\cdot 3!=18$个；同理若千位为偶数，有$C_3^1\cdot 3!-C_3^1\cdot 2!=12$个，则共有$18+12=30$个.
9. **D.** 显然，一旦4个同学的分数选出，成绩由小到大顺序就固定了. 有两种情况：①4个人成绩不一样，有C_5^4种；②如果1，2同学成绩一样，有C_5^3种，共有$C_5^4+C_5^3=15$种.
10. **E.** 一共可以组成$C_6^4\cdot 4!-C_5^3\cdot 3!=300$个四位数，由于数字不重复，则十位数字要么比个位大要么比个位小，各占一半，故十位数字比个位数字大的有150个.
11. **A.** 若另外两个数不含0，先对选出的两个数排序，然后把2、3插到3个空中，有$C_3^2\cdot 2!\cdot C_3^2\cdot 2!=36$种. 若另外两个数含0，比如1，0这样的顺序，再把2、3插到3个空中，有$C_3^1C_3^2\cdot 2!=18$种；比如0，1这样的顺序，0前面必须有数字，故有$2\cdot 2!\cdot C_3^1=12$种；从而共有$36+18+12=66$种.
12. **A.** 从7个旅游城市选5个游览，A、B必选，则有$C_5^3\cdot 5!$种方式，按先A后B的顺序，则有$\frac{1}{2}C_5^3\cdot 5!=600$种.
13. **B.** 假设组成的等差数列公差为d，当$d=1$时，有18个；$d=2$时，有16个；……；$d=9$，有2个. 考虑到公差d的正负，故共有$2\times(18+16+\cdots+2)=180$个.
14. **B.** 属于局部元素定序问题，先让6辆车全排列，然后除以3辆车的顺序，故$\frac{6!}{3!}=120$.
15. **C.** 当这个偶数在千位时，有$C_3^1\cdot 2!\cdot 2!=12$；当这个偶数在百位时，若偶数为0，有$2!\cdot 2!=4$，若偶数不为0，0只能在个位，$C_2^1\cdot 2!=4$；当这个偶数在十位时，同百位，$4+4=8$，故结果为$12+4+4+8=28$.
16. **D.** a_1，a_2同时使用，共有4种选法；选a_3，共有$C_2^1C_3^1=6$种选法；选a_4，a_5，共有4种选法，共有$4+6+4=14$种.
17. **D.** 分为4种情况：①C船坐1成人，A船坐1成人、1儿童，B船坐1成人、1儿童，有$C_3^1C_2^1C_2^1=12$种；②C船坐1成人，A船坐1成人、2儿童，B船坐1成人，有$C_3^1C_2^1=6$种；③C船不坐人，A船坐1成人、2儿童，B船坐2成人，有$C_3^1=3$种；④C船不坐人，A船坐2成人、1儿童，B船坐1成人、1儿童，有$C_3^2C_2^1=6$种，共$12+6+3+6=27$种.
18. **C.** 涂4种颜色，有$A_5^4=120$种；涂3种颜色，有$2A_5^3=120$种；涂2种颜色，有$A_5^2=20$种方法，共$120+120+20=260$种.
19. **B.** 先从剩下的6个不同的字母中选3个出来，然后进行排序，排序时，"qu"要看成一个整体，共有$C_6^3\cdot 4!=480$种.
20. **A.** 把5拆成$0+5$，$1+4$，…，$5+0$，共6种；同样8可以拆成$0+8$，…，$8+0$，共9种；拆出来的数，每组中加数表示给第一个人的礼物，被加数表示给第二个人的礼物，则共有$6\times 9-2=52$种（有2种其中一个人是没礼物的，得减去）.
21. **A.** 只能有两个球的编号与盒子的编号是一样的，所以$C_5^2=10$. 如果定1、2两个编号的球与盒子是一样的，那么3、4、5中的任何一个球都不能与盒子相同，即$C_2^1=2$. 因为若定了4号球在3号盒子，必须是5号球在4号盒子，3号球在5号盒子. 又3号球不能定在3号盒子，所以只能4和5的其中一个，即$C_2^1=2$，所以就有$10\times 2=20$种.
22. **D.** 第一步，从12个同学中选3个让其座位变化，为C_{12}^3；第二步，假如选出的是甲、乙、丙三个同学，他们调座位只有甲—乙，乙—丙，丙—甲，或甲—丙，乙—甲，丙—乙这两种情况，故共有$2C_{12}^3=440$种.

二、条件充分性判断题

1. **A.** 直线过原点，显然$C=0$，故结果为$C_6^2\cdot 2!=30$条.

2. **E**. 条件(1)，50 张 3 元的，可以组成 50 种不同的邮资，显然不充分；条件(2)，选 3 个偶数，结果为 $C_4^3=4$ 种，选 1 个偶数 2 个奇数，结果为 $C_4^1C_5^2=40$，故 $m=44$，不充分.
3. **D**. 由题干和条件(1)可知男生 6 人，则可得 $C_6^2C_2^1=30$，所以充分；再考虑条件(2)，则可知男生 5 人，进而得 $C_5^2C_3^1=30$，可知也充分.
4. **B**. 由题意知 1，2 为一组，现只需把 3，4，5，6 均分两组，即 $\frac{C_4^2C_2^2}{2!}$，于是共三组，再把它们安排到三个信封里，有 3!种方法，于是共可得 $\frac{C_4^2C_2^2}{2!}\times3!=18$，再结合所给条件(1)和条件(2)，可知条件(2)充分.
5. **A**. 由条件(1)可知是不平均分组，即得 $C_9^1C_8^3C_5^5=504$，可知充分；由条件(2)可知是平均分组问题，则得 $\frac{C_9^3C_6^3C_3^3}{3!}=280$，可知不充分.
6. **C**. 由条件(1)，1 与 5 不相邻的六位数，偶数的个数有 $C_3^1\cdot3!\cdot C_4^2\cdot2!=216$ 个，不充分；同理，由条件(2)，3 与 5 不相邻的六位数，偶数的个数有 $C_3^1\cdot3!\cdot C_4^2\cdot2!=216$ 个，不充分.
条件(1)与(2)联合起来即 5 与 1、3 不相邻的六位数，偶数的个数有 $3!\cdot3!+3!\cdot C_3^2\cdot2!\cdot2!=36+72=108$.
7. **D**. 由条件(1)，因为共 10 个人，根据排列的定义得 10!；又知 3 个人顺序一定，所以需要除以他们之间的排序，即 3!，可得 $\frac{10!}{3!}=720\times840$，由此可知充分；由条件(2)可知，先把无限制的男生全排列，即 6!，这时有 7 个空，再任选 4 个来安排女生，即 $C_7^4\cdot4!$，于是得 $6!\cdot C_7^4\cdot4!=720\times840$，可知充分.
8. **B**. 由条件(1)可知，因为只有 5 本书，所以得 $A_5^3=5\times4\times3=60$；由条件(2)可知，因为每种书的数量不受限制，所以每个同学都可能有 5 种书的任何一种，从而共有 $5\times5\times5=125$ 种.
9. **E**. 显然要联合条件(1)和条件(2)分析：由条件(1)得 $m=C_7^2=21$（从 7 个白球中取出 2 个白球），由条件(2)得 $n=C_7^3=35$(从 7 个白球中取出 3 个白球)，$m+n=56$.
10. **A**. 由条件(1)可知，1 ~8 这 8 个自然数中，含有 4 个奇数，4 个偶数. 从 4 个奇数中取出两个：C_4^2，从 4 个偶数中取出两个：C_4^2，再对 4 个数字进行全排列：4!，由乘法原理，得 $N=C_4^2\cdot C_4^2\cdot4!=864$；由条件(2)可知，从 4 个奇数中取出两个作为千位和百位：$C_4^2\cdot2!$，从 4 个偶数中取出两个作为十位和个位：$C_4^2\cdot2!$，由乘法原理，得 $N=C_4^2\cdot2!\cdot C_4^2\cdot2!=144$.
11. **E**. **方法一**：有 8 个小球时，分两步完成；第一步，在第一个箱子放入 1 个小球，第二个箱子放入 3 个小球，还余下 4 个小球；第二步，将余下的 4 个小球随意放入 3 个箱子中，有四种情况. 情况一：4 个球在一起放入一个箱子，有 3 种；情况二：4 个球分别放入两个箱子，一个箱子里 3 个，一个箱子里 1 个，有 6 种；情况三：4 个球分别放入两个箱子，一个箱子里2 个，另一个箱子里 2 个，有 3 种；情况四：4 个球分别放入三个箱子，一个箱子里 2 个，另两个箱子分别 1 个，有 3 种；共有 $3+6+3+3=15$ 种情况，条件(1)不充分；对于条件(2)，同理可以计算有 9 个小球时有 21 种，条件(2)也不充分.
方法二：可以在第二个箱子先放入 8 个小球中的 2 个，小球剩 6 个放 3 个箱子，然后在第三个箱子放入 6 个小球之外的 1 个小球，则问题转化为把 7 个相同小球放 3 个不同箱子，每箱至少 1 个，即 $C_6^2=15$ 种；同理可以计算有 9 个小球时，有 $C_7^2=21$ 种，因此条件(1)和条件(2)均不充分，也无法联合.
12. **A**. 条件(1)相当于把这 6 个数放在排好顺序的 6 个方格中，首先从这 6 个方格中选出 3 个方格放 3，共有 $C_6^3=20$ 种放法；再从剩下的 2 个方格中选出 2 个方格放 2，共有 $C_3^2=3$ 种放法；最后一个放 1. 这样根据分布计数原理共有 $C_6^3\cdot C_3^2\cdot1=60$，所以可以组成 60 个不同的数，所以条件(1)充分；同理可以计算条件(2)为 $C_6^2\cdot C_4^2\cdot C_2^2=90$，所以条件(2)不充分.

第十章　概率初步

重点考向例题解析

［例 1］D. 只有 D 选项是必然事件，其他发生的可能性不确定.

［例 2］C. 只有 C 选项是不可能事件，因为点数之和必然大于 1，其他发生的可能性不确定.

［例 3］设 $A=\{$取出的两个球都是黑球$\}$，$B=\{$取出的两个球是白球$\}$，$C=\{$取出的两个球至少有一个是黑球$\}$.

（1）从 8 个球中取出两个，不同的取法有 C_8^2 种，从而 $P(A)=\dfrac{\mathrm{C}_5^2}{\mathrm{C}_8^2}=\dfrac{5}{14}$；

（2）由于是不放回地取球，球的数量在减少，所以必须逐次分析，

从而 $P(A)=\dfrac{\mathrm{C}_5^1}{\mathrm{C}_8^1}\cdot\dfrac{\mathrm{C}_4^1}{\mathrm{C}_7^1}=\dfrac{5}{14}$；

（3）从反面计算概率：$P(C)=1-P(B)=1-\dfrac{\mathrm{C}_3^1}{\mathrm{C}_8^1}\cdot\dfrac{\mathrm{C}_3^1}{\mathrm{C}_8^1}=\dfrac{55}{64}$.

［例 4］A. 得分不大于 6，则取到的球可以为：两红两黑、三黑一红、四黑，故得分不大于 6 的概率为 $\dfrac{\mathrm{C}_6^2\mathrm{C}_4^2+\mathrm{C}_6^1\mathrm{C}_4^3+\mathrm{C}_6^0\mathrm{C}_4^4}{\mathrm{C}_{10}^4}=\dfrac{23}{42}$.

［点睛］*要注意得分应该介于 4 和 6 之间，取法有多种，分类讨论，采用加法原理求解.*

［例 5］D. 从中有放回地取 2 次，所取号码共有 $8\times8=64$ 种，其中和不小于 15 的有 3 种，分别是(7，8)，(8，7)，(8，8)，故所求概率为 $p=\dfrac{3}{64}$.

［例 6］D. 从 10 个大小相同的球中任取 4 个有 C_{10}^4 种方法，若所取 4 个球的最大号码是 6，则有一个球号码是 6，另外三个球要从 1、2、3、4、5 号球中取 3 个，有 C_5^3 种方法.

故 $p=\dfrac{\mathrm{C}_5^3}{\mathrm{C}_{10}^4}=\dfrac{1}{21}$.

［例 7］B. 事件独立性问题，$p=0.6\times0.25+0.4\times0.75=0.45$.

［例 8］B. 从反面思考：$p=1-0.9\times0.8\times0.7=0.496$.

［例 9］记甲、乙破译出密码分别为事件 A、B. 则 $P(A)=\dfrac{1}{3}$，$P(B)=\dfrac{1}{4}$.

（1）D. $P(\bar{A}B+A\bar{B})=P(\bar{A})P(B)+P(A)P(\bar{B})=\dfrac{2}{3}\times\dfrac{1}{4}+\dfrac{1}{3}\times\dfrac{3}{4}=\dfrac{5}{12}$.

（2）C. 他们破译出该密码的概率为：$1-P(\bar{A})P(\bar{B})=1-\dfrac{2}{3}\times\dfrac{3}{4}=\dfrac{1}{2}$.

［例 10］C. $p=1-(1-0.9)(1-0.8)(1-0.7)=1-0.006=0.994$.

［例 11］(1) D. $p=0.6\times0.6+0.6\times0.4+0.6\times0.4=0.84$.

（2）C. 不妨设至少需要 x 门高射炮才能完成任务，则 $1-(0.4)^x\geqslant 0.99$，即 $(0.4)^x\leqslant 0.01$，由 $2^{10}=4^5=1024$，得 $0.4^5=0.01024>0.01$，x 取整数且取最小值，所以 $x=6$.

［例 12］E. 一共分为以下几种闯关成功的可能性，如下表所示：

A B C D E	
√ √	$\frac{1}{4}$
× √ √	$\frac{1}{8}$
× × √ √	$\frac{1}{16}\times 2$
√ × √ √	
× × × √ √	$\frac{1}{32}\times 3$
√ × × √ √	
× √ × √ √	

从而概率为上述概率之和，即 $p=\frac{1}{4}+\frac{1}{8}+\frac{1}{16}\times 2+\frac{1}{32}\times 3=\frac{19}{32}$.

［点睛］此题需要注意两点：（1）根据"连续通过 2 关"出现的可能性，进行分类讨论，借助画图的方法进行讨论比较直观；（2）一旦成功，后面的关就不用再去闯了，也就是说 5 关不一定都要参加才确定结果.

［例 13］（1）C. 只进行两局比赛，甲就取得胜利的概率为：$p_1=\frac{3}{5}\times\frac{4}{5}=\frac{12}{25}$.

（2）D. 只进行两局比赛，比赛就结束的概率为：$p_2=\frac{3}{5}\times\frac{4}{5}+\frac{2}{5}\times\frac{3}{5}=\frac{18}{25}$.

（3）E. 甲取得比赛胜利共有三种情形：

若甲胜乙，甲胜丙，则概率为 $\frac{3}{5}\times\frac{4}{5}=\frac{12}{25}$；

若甲胜乙，甲负丙，丙负乙，甲胜乙，则概率为 $\frac{3}{5}\times\frac{1}{5}\times\frac{3}{5}\times\frac{3}{5}=\frac{27}{625}$；

若甲负乙，乙负丙，甲胜丙，甲胜乙，则概率为 $\frac{2}{5}\times\frac{2}{5}\times\frac{4}{5}\times\frac{3}{5}=\frac{48}{625}$.

所以，甲获胜的概率为 $\frac{12}{25}+\frac{27}{625}+\frac{48}{625}=\frac{3}{5}$.

［例 14］E. 根据电路串联和并联常识，若使整个系统正常工作：两个 D 元件一定要正常工作，A、B、C 至少有一个正常工作. 故概率 $P=s^2[1-(1-p)(1-q)(1-r)]$.

［点睛］在电路中，若使整个系统正常工作，串联元件都要正常工作，其概率为每个元件正常工作的概率相乘；对于并联元件，若使整个系统正常工作，至少有一个元件正常工作，可以从反面思考，其概率等于 1 − 每一个元件都不正常工作的概率相乘.

难点考向例题解析

［例 1］D. 先将 3 人在第一、二、三号房中全排列有 3! 种情况，总情况数为 4^3.

所以得到概率为 $p=\frac{3!}{4^3}=\frac{3}{32}$.

[例 2] C. 由于每人可以进住任一房间，进住哪一个房间都有 6 种等可能的方法，根据乘法原理，4 个人进住 6 个房间有 6^4 种方法，则

(1)指定的 4 个房间中各有 1 人有 4! 种方法，$P(A)=\frac{4!}{6^4}=\frac{1}{54}$.

(2) 恰有 4 个房间各有 1 人有 $C_6^4 4!$ 种方法，$P(B)=\frac{C_6^4 4!}{6^4}=\frac{5}{18}$.

(3) 从 4 人中选 2 人的方法有 C_4^2 种，余下的 2 人每人都可以去另外的 5 个房间中的任一间，有 5^2 种方法，$P(C)=\frac{C_4^2\cdot 5^2}{6^4}=\frac{25}{216}$.

(4) 从 4 人中选 1 人去一号房间的方法有 C_4^1 种，从余下 3 人中选 2 人去二号房间的方法有 C_3^2 种，余下的 1 人可去 4 个房间中的任一间，$P(D)=\frac{C_4^1C_3^2\cdot 4}{6^4}=\frac{1}{27}$.

(5) 从正面考虑情形较复杂，正难则反，“至少有 2 人在同一个房间”的反面是“没有 2 人在同一个房间，即恰有 4 个房间各有 1 人”，$P(E)=P(\overline{B})=1-P(B)=\frac{13}{18}$.

[评注] 本题系统地考查了带有约束条件的分房古典概型，通过本题能够掌握分房问题的各种考法.

[例 3] D. 将 3 个球随机放入 3 个盒子中，总情况数为 3^3.

方法一：从正面思考，乙盒中至少有 1 个红球包括：恰有一个红球，恰有两个红球. 故概率 $p=\frac{C_2^1C_2^1C_3^1+C_2^2C_3^1}{3^3}=\frac{5}{9}$. 其中 $C_2^1C_2^1C_3^1$ 表示：先从 2 个红球选一个放入乙盒，另一个红球放入甲、丙盒子，白球三个盒子都可以放；$C_2^2C_3^1$ 表示：将 2 个红球放入乙盒，白球三个盒子都可以放.

方法二：从反面入手：“乙盒中至少有 1 个红球”的反面为“乙盒中一个红球都没有”，故概率 $p=1-\frac{C_3^1\times 2^2}{3^3}=\frac{5}{9}$. 其中 C_3^1 表示白球三个盒子都可以放，2^2 表示两个红球随机放入甲、丙两个盒子.

[例 4] C. 由于房间非空，所以先将 6 个人分成 4 堆：

按 2、2、1、1 分：$\frac{C_6^2C_4^2C_2^1C_1^1}{2!\cdot 2!}=45$ 种；按 3、1、1、1 分：$\frac{C_6^3C_3^1C_2^1C_1^1}{3!}=20$ 种；

再把分好的 4 堆安排到房间，有 4! 种，故总共有 $(45+20)\times 4!=1560$ 种.

(1) 甲乙在同一个房间：甲乙有可能在两人间，有可能在三人间.

有 $(C_4^2+C_4^1)\cdot 4!=240$ 种方法，$P(A)=\frac{240}{1560}=\frac{2}{13}$.

(2) 甲乙丙在同一个房间，有 $4!=24$ 种方法，$P(B)=\frac{24}{1560}=\frac{1}{65}$.

(3) 从 6 人中选 2 人的方法有 C_6^2 种，余下的 4 人每人都可以去另外的 3 个房间中的任一间，有 $C_4^2 3!=36$ 种方法，$P(C)=\frac{C_6^2C_4^2 3!}{1560}=\frac{9}{26}$.

(4) 从 6 人中选 1 人去一号房间的方法有 C_6^1 种，从余下 5 人中选 2 人去二号房间的方法有 C_5^2 种，余下的 3 人可去 2 个房间中的任一间，$P(D)=\frac{C_6^1C_5^2C_3^2\cdot 2!}{1560}=\frac{3}{13}$.

（5）至多有 2 人在同一个房间，按 2、2、1、1 分堆：$\frac{C_6^2C_4^2C_2^1C_1^1}{2!\cdot 2!}=45$ 种；

$P(E)=\frac{45\cdot 4!}{1560}=\frac{9}{13}$.

[例 5]（1）A. 任取 3 个数组成没有重复数字的三位数有 $5\times 4\times 3=60$ 个，而 5 的倍数需要个位是 5，有 $4\times 3=12$ 个，所以所求的概率为 $p_1=\frac{12}{60}=\frac{1}{5}$.

（2）C. 这个三位数是偶数，则个位数是 2 或 4，所求概率为 $p_2=\frac{2}{5}$.

（3）C. 这个三位数大于 400，则首位上是 4 或 5，所求概率为 $p_3=\frac{2}{5}$.

[扩展] 本题加一个数字 0，又如何思考？

[例 6] B. 一骰子连续抛掷三次得到的数列共有 6^3 个，其中为等差数列的有三类：（1）公差为 0 的有 6 个；（2）公差为 1 或 -1 的有 8 个；（3）公差为 2 或 -2 的有 4 个，共有 18 个，所求概率为$\frac{18}{6^3}=\frac{1}{12}$.

[评注] 本题采用列举法求出成等差数列的情况数，在求解时，注意考虑公差可以为负. 如果改成等比数列，则选 E.

[例 7] D. 第 4 次将锁打开，那么前 3 次没打开，所以概率为$\frac{9}{10}\times\frac{8}{9}\times\frac{7}{8}\times\frac{1}{7}=\frac{1}{10}$.

[评注] 通过本题可得重要结论，每次打开锁的概率相同，都为$\frac{1}{10}$.

[例 8]（1）D. 储蓄卡每位上的数字有从 0 到 9 共 10 种取法，这种号码共有10^4 个，又由于是随意按下一个四位数字号码，按下其中哪一个号码的可能性都相等，可得正好按对这张储蓄卡的密码的概率是 $p=\frac{1}{10^4}$.

（2）D. 无论第几次试成功的概率都相同，均为 $p=\frac{1}{10^4}$.

（3）E. 若连续输错 3 次，银行卡将被锁定，说明有三种成功的情况：第一次尝试成功，第二次尝试成功，第三次尝试成功，由于每次尝试成功的概率相同，所以最后成功的概率为 $p=\frac{3}{10^4}$.

[例 9] E. 总情况数为 $6^2=36$ 种，落入三角形内的点数有(1，1)，(1，2)，(1，3)，(1，4)，(2，1)，(2，2)，(2，3)，(3，1)，(3，2)，(4，1)，共 10 个，概率为 $p=\frac{10}{36}=\frac{5}{18}$.

[例 10] C. 根据伯努利公式，所求概率为 $C_n^kp^kq^{n-k}=C_4^3\left(\frac{2}{3}\right)^3\frac{1}{3}=\frac{32}{81}$.

[点睛] 4 次出现 3 次，直接套伯努利公式求解即可.

[例 11] B. $p=C_4^2\times 0.9^2\times 0.1^2=0.0486$.

[例 12] A. 甲选手以 4:1 战胜乙表示：总共比赛 5 局，前 4 局甲胜 3 局，第 5 局甲胜，所以概率 $p=C_4^3\times 0.7^4\times 0.3=0.84\times 0.7^3$. 应注意到最后一局一定是甲胜，所以前 4 局是甲胜 3 局.

[点睛] 对于比赛问题，掌握两个特点：无论采用什么赛制，局数不一定都打完才分胜负；获胜

方最后一局一定是获胜的.

[扩展] 若求“甲选手获胜的概率”，则分为4局、5局、6局、7局甲胜的情况，故概率 $p=\underbrace{0.7^4}_{4局}+\underbrace{C_4^3\times0.7^4\times0.3}_{5局}+\underbrace{C_5^3\times0.7^4\times0.3^2}_{6局}+\underbrace{C_6^3\times0.7^4\times0.3^3}_{7局}$.

[例13] (1) **D**. 设“甲恰好击中目标2次且乙恰好击中目标3次”为事件 A，

则 $P(A)=C_4^2\cdot\left(\frac{2}{3}\right)^2\cdot\left(\frac{1}{3}\right)^2\cdot C_4^3\cdot\left(\frac{3}{4}\right)^3\cdot\frac{1}{4}=\frac{1}{8}$.

(2) **A**. 设“乙恰好射击5次后，被中止射击”为事件 B，由于乙恰好射击5次后被中止射击，故必然是最后两次未击中目标，第三次击中目标，第一次及第二次至多有一次未击中目标.

故 $P(B)=\left[\left(\frac{3}{4}\right)^2+C_2^1\cdot\frac{3}{4}\cdot\frac{1}{4}\right]\cdot\frac{3}{4}\cdot\left(\frac{1}{4}\right)^2=\frac{45}{1024}$.

[例14] **A**. $P=C_4^1p^2(1-p)^3=4p^2(1-p)^3$.

[评注] 本题可归纳为：进行一系列独立的试验，每次试验成功的概率为 p，则(1) n 次试验中，成功 k 次的概率为 $C_n^kp^kq^{n-k}$；(2)直到首次成功，发现共做 n 次试验的概率为 $q^{n-1}p$；(3)直到成功 k 次为止，发现共做 n 次试验的概率为 $C_{n-1}^{k-1}p^kq^{n-k}$；(4)在成功 m 次之前已经失败 k 次的概率为 $C_{m+k-1}^{m-1}p^mq^k$；(5)在第 n 次试验之前已经失败 k 次的概率为 $C_{n-1}^{n-k-1}p^{n-k-1}q^k$.

基础自测题解析

一、问题求解题

1. **C**. 正方形的4个顶点可以确定6条直线，甲乙各自任选一条，共有36个基本事件. 两条直线相互垂直的情况共有5种（4组邻边和对角线），共10个基本事件，所以概率为 $\frac{5}{18}$.

2. **A**. 连续两次掷骰子，共包含 $6\times6=36$ 个基本事件，事件 P 点在 $x+y=5$ 下方，共包含 $(1,1)$，$(1,2)$，$(1,3)$，$(2,1)$，$(2,2)$，$(3,1)$ 6个基本事件，故 $P=\frac{6}{36}=\frac{1}{6}$.

3. **D**. 从反面求解，即摸到的球都是黑球或白球，则 $P=1-\frac{C_5^4+C_4^4}{C_9^4}=1-\frac{1}{21}=\frac{20}{21}$.

4. **C**. 三种奖各有1人抽到的情况是先在每种奖券中各抽1张，然后再给每个人去选择，即 $C_2^1C_3^1C_5^13!$，则概率为 $P=\frac{C_2^1C_3^1C_5^13!}{C_{10}^1C_9^1C_8^1}=\frac{1}{4}$.

   [评注] 当然此题也可将逐次无放回取样转化为一次取样来分析，即 $P=\frac{C_2^1C_3^1C_5^1}{C_{10}^3}=\frac{1}{4}$.

5. **C**. 最大点数与最小点数之差等于2的情况有：第一种：最小点数为1，最大点数为3，列举有：$(1,3)$，$(3,1)$，共有2种情况，同理第二种：最小点数为2，最大点数为4；第三种：最小点数为3，最大点数为5；第四种：最小点数为4，最大点数为6；合计为8种. 则概率 $P=\frac{8}{6\times6}=\frac{2}{9}$.

6. **C**. 最大点数与最小点数之差等于2的情况有：第一种：最小点数为1，最大点数为3，列举有：(1，1，3)，(1，3，1)，(3，1，1)，(1，2，3)，(1，3，2)，(2，3，1)，(2，1，3)，(3，1，2)，(3，2，1)，(1，3，3)，(3，1，3)，(3，3，1)，共有12种情况，同理第二种：最小点数为2，最大点数为4；第三种：最小点数为3，最大点数为5；第四种：最小点数为4，最大点数为6；合计为48种．则概率$P=\frac{48}{6\times6\times6}=\frac{2}{9}$.

7. **B.** 记两个零件中恰好有一个一等品的事件为A，
则$P(A)=P(A_1)+P(A_2)=\frac{2}{3}\times\frac{1}{4}+\frac{1}{3}\times\frac{3}{4}=\frac{5}{12}$.

8. **E.** 题中三张卡片随机地排成一行，共有三种情况：BEE，EBE，EEB，故恰好排成英文单词BEE的概率为$\frac{1}{3}$.

9. **C.** 每道题答对的概率为$\frac{1}{4}$，而答对每道题是相互独立的，为三重伯努利试验，故答对3道题的概率为$\frac{1}{4}\times\frac{1}{4}\times\frac{1}{4}=\frac{1}{64}$.

10. **A.** 由于4次试验相互独立，所以恰好发生一次的概率为$C_4^1p(1-p)^3$，恰好发生两次的概率为$C_4^2p^2(1-p)^2$，则$C_4^1p(1-p)^3\leqslant C_4^2p^2(1-p)^2\Rightarrow0.4\leqslant p<1$.

11. **C.** 由于3次测量相互独立，为三重伯努利试验，则恰好出现两次正误差为$C_3^2\left(\frac{1}{2}\right)^2\times\frac{1}{2}=\frac{3}{8}$；同理，恰好出现两次负误差为$C_3^2\left(\frac{1}{2}\right)^2\times\frac{1}{2}=\frac{3}{8}$，则$P_1=P_2$.

12. **B.** 显然只有(3，5，7)，(3，7，9)，(5，7，9)这3组可以构成三角形，则$\frac{3}{C_5^3}=0.3$.

13. (1) **A.** 5台发电机各自停机维修是相互独立的，只有5台都停机维修才会造成停电，故为$\left(\frac{1}{4}\right)^5=\frac{1}{1024}$.

(2) **D.** 城市缺电有三种情况，分别为3，4，5台发电机停机维修，则为$C_5^3\left(\frac{1}{4}\right)^3\left(\frac{3}{4}\right)^2+C_5^4\left(\frac{1}{4}\right)^4\left(\frac{3}{4}\right)^1+C_5^5\left(\frac{1}{4}\right)^5\left(\frac{3}{4}\right)^0=\frac{53}{512}$.

14. **D.** 每次出现正面和反面的概率都为$\frac{1}{2}$，并且每次抛掷相互独立，则
(1) $P_1=\left(\frac{1}{2}\right)^2\left(\frac{1}{2}\right)^3=\frac{1}{32}$；(2) $P_2=C_5^2\left(\frac{1}{2}\right)^2\left(\frac{1}{2}\right)^3=\frac{5}{16}$，故$P_2=10P_1$.

15. **A.** 由于每个信息员提供的信息相互独立，故可能有4个提供正确信息，概率为$C_6^4(0.6)^4\cdot(0.4)^2$；可能有5个提供正确信息，概率为$C_6^5(0.6)^5(0.4)$；也有可能是6个都提供正确信息，概率为$C_6^6(0.6)^6$，故做出正确决策的概率为$C_6^4(0.6)^4(0.4)^2+C_6^5(0.6)^5(0.4)+C_6^6(0.6)^6=7\times0.6^5$.

16. **B.** 由于三项标准互不影响，故将每项合格的概率相乘即可，则$P=\frac{1}{3}\times\frac{1}{6}\times\frac{1}{5}=\frac{1}{90}$.

17. **E.** $P=\frac{1}{2}\times\frac{2}{3}\times\frac{3}{4}+\frac{1}{2}\times\frac{1}{3}\times\frac{3}{4}+\frac{1}{2}\times\frac{2}{3}\times\frac{1}{4}=\frac{11}{24}$.

18. **A.** 因为这位司机在第一、二个交通岗未遇到红灯，在第三个交通岗遇到红灯，所以$P=\left(1-\frac{1}{3}\right)\left(1-\frac{1}{3}\right)\times\frac{1}{3}=\frac{4}{27}$.

19. C. 设 A 发生的概率为 p，则有 $1-(1-p)^3=\frac{19}{27}\Rightarrow p=\frac{1}{3}$.

20. B. 显然正面朝上的概率为$\frac{1}{2}$，则有 $C_5^k\left(\frac{1}{2}\right)^k\left(\frac{1}{2}\right)^{5-k}=C_5^{k+1}\left(\frac{1}{2}\right)^{k+1}\left(\frac{1}{2}\right)^{5-(k+1)}\Rightarrow C_5^k=C_5^{k+1}\Rightarrow k=2$.

21. D. 至少有一名女生的对立事件为：一名女生也没有，即全为男生，所求概率为 $1-\frac{C_{45}^3}{C_{50}^3}\approx0.28$.

22. C. $A=\{$甲能解出题$\}$，$B=\{$乙能解出题$\}$，$P(A+B)=1-P(\overline{A})P(\overline{B})=1-\frac{1}{2}\times\frac{2}{3}=\frac{2}{3}$.

23. A. 所求概率为 $0.9^3\times(1-0.9)=0.0729$.

二、条件充分性判断题

1. B. 由条件(1)，$C_4^1\left(\frac{2}{3}\right)\left(\frac{1}{3}\right)^3+C_4^2\left(\frac{2}{3}\right)^2\left(\frac{1}{3}\right)^2+C_4^3\left(\frac{2}{3}\right)^3\left(\frac{1}{3}\right)+C_4^4\left(\frac{2}{3}\right)^4>\frac{1}{2}$；

   条件(2)，$C_4^4\left(\frac{2}{3}\right)^4<\frac{1}{2}$.

2. E. **方法一**：可以分为甲译出乙未译出，乙译出甲未译出或甲乙均译出，故由条件(1)，译出概率为 $\frac{1}{3}\times\frac{3}{4}+\frac{2}{3}\times\frac{1}{4}+\frac{1}{3}\times\frac{1}{4}=\frac{1}{2}$；由条件(2)，译出概率为 $\frac{1}{2}\times\frac{2}{3}+\frac{1}{2}\times\frac{1}{3}+\frac{1}{2}\times\frac{1}{3}=\frac{2}{3}$.

   方法二：密码能被破译，其反面为甲乙两人均未译出，故由条件(1)，概率为 $1-\frac{2}{3}\times\frac{3}{4}=\frac{1}{2}$；由条件(2)，概率为 $1-\frac{1}{2}\times\frac{2}{3}=\frac{2}{3}$.

3. A. 由条件(1)，$m=5$，$n=8$，概率为$\frac{C_6^1}{C_8^5}=\frac{3}{28}$；由条件(2)，$m=4$，$n=7$，$\frac{C_5^1}{C_7^4}=\frac{1}{7}$.

4. D. 条件(1)，显然 $P(A)=P(B)=\frac{2}{5}\Rightarrow p_1=p_2$；条件(2)，$P(A)=\frac{2}{5}$，由于乙是后取，所以分两种情况，甲取白球时乙取白球或甲取黑球时乙取白球，故概率为 $P(B)=\frac{C_3^1C_2^1+C_2^1}{C_5^1C_4^1}=\frac{2}{5}$，从而 $p_1=p_2$.

5. E. 小于10的质数：2、3、5、7，小于10的合数：4、6、8、9；先从4个数里选两个，这两个数 a，b 组成的符合条件的有 aab，aba，baa，abb，bab，bba 六种情况，所以符合题干的概率 $p=\frac{C_4^2\times6}{4^3}=\frac{9}{16}$.

6. A. 由条件(1)杯子中球数最大值为1，说明从4个杯子中选出3个杯子，每个杯子各放一个球，概率为 $P=\frac{C_4^3\cdot3!}{4^3}=\frac{3}{8}$，充分；由条件(2)杯子中球数最大值为2，说明有一个杯子放两个球，还有一个杯子放一个球，概率为 $P=\frac{C_3^2\cdot C_4^2\cdot2!}{4^3}=\frac{9}{16}$，不充分.

7. E. 由条件(1)，若有6个白球，则至少有一个红球的概率是 $P=1-\frac{C_6^3}{C_{10}^3}=1-\frac{1}{6}=\frac{5}{6}$；由条

件(2)，若有 7 个白球，则至少有一个为红球的概率是 $P=1-\frac{C_7^3}{C_{10}^3}=1-\frac{7}{24}=\frac{17}{24}$.

8. **B.** 由条件(1)因为每个球不同，所以摸出 2 个黑球的概率为$\frac{C_3^2\cdot 2!}{C_5^2\cdot 2!}=\frac{6}{20}=\frac{3}{10}$；

由条件(2)因为每个球不相同，所以摸出 2 个黑球的概率为$\frac{C_3^2\cdot 2!}{C_4^2\cdot 2!}=\frac{6}{12}=\frac{1}{2}$.

9. **D.** 由条件(1)点数之和为 5 包括{一个 1 点，一个 4 点}和{一个 2 点，一个 3 点}，$P=2\times\left(\frac{1}{6}\times\frac{1}{6}+\frac{1}{6}\times\frac{1}{6}\right)=\frac{1}{9}$；由条件(2)点数之和为 9 包括{一个 6 点，一个 3 点}和{一个 5 点，一个 4 点}，$P=2\times\left(\frac{1}{6}\times\frac{1}{6}+\frac{1}{6}\times\frac{1}{6}\right)=\frac{1}{9}$.

10. **A.** 由条件(1)$P=C_3^2\left(\frac{1}{2}\right)^2\cdot\frac{1}{2}=\frac{3}{8}$；由条件(2)得 $P=\frac{3}{3\times 3}=\frac{1}{3}$.

11. **C.** 3 件产品至少有一件次品的对立事件为一件次品也没有，即 3 件产品均为正品，联合条件(1)和(2)分析：$P=1-\frac{C_{15}^3}{C_{20}^3}=\frac{137}{228}$，充分.

12. **C.** 设 X 表示射中的环数，则 $p(x<9)=1-p(x\geqslant 9)=1-p(x=9)-p(x=10)$，联合条件(1)和(2)，代入上式，得 $p(x<9)=1-0.24-0.28=0.48$.

13. **B.** 设 $A=\{$至少有 1 人击中目标$\}$，$\bar{A}=\{$两人都没击中目标$\}$，则 $P(A)=1-P(\bar{A})$.
由条件(1)$P(A)=1-P(\bar{A})=1-(1-0.6)(1-0.5)=0.8$，
由条件(2)$P(A)=1-P(\bar{A})=1-(1-0.6)^2=0.84$.

综合提高题解析

一、问题求解题

1. **C.** 任取两数有 $C_4^2=6$ 种，一个数是另一个数的 2 倍的有(1，2)、(2，4)两种，故概率为$\frac{2}{6}=\frac{1}{3}$.

2. **E.** (1)能被 2 整除的，末尾一定是偶数，则概率 $P_1=\frac{C_2^1 4!}{5!}=\frac{2}{5}$；
(2) 能被 3 整除，各个数位数字之和是 3 的倍数即可，显然不管这 5 个数怎么排，始终能被 3 整除，故概率 $P_2=1$.

3. **D.** **方法一**：显然车牌照的总数为 $C_{26-2}^1\times 10^3$，满足有且仅有两个连续“8”的总数为$C_{26-2}^1\cdot C_9^1\cdot 2$. 故概率为 $p=\frac{C_{26-2}^1 C_9^1\cdot 2}{C_{26-2}^1\times 10^3}=0.018$.
方法二：字母并不影响其概率，那么只要后三位数字一个是非 8 且有连续的两个是 8，显然概率为$\left(1-\frac{1}{10}\right)\times\frac{1}{10}\times\frac{1}{10}\times 2=0.018$.

4. **A.** 8 位数字每位有 10 种情况，所以共有 10^8 种情况，再由 8 个互不相同的数字有 $C_{10}^8\cdot 8!$ 种情况，所以概率为$\frac{C_{10}^8\cdot 8!}{10^8}$.

5. **B.** 根据题干所给的表格，分别计算概率：

$P(10\leqslant m<16)=P(10\leqslant m<12)+P(12\leqslant m<14)+P(14\leqslant m<16)$
$=0.28+0.38+0.16=0.82$；
$P(m<12)=P(m<10)+P(10\leqslant m<12)=0.10+0.28=0.38$；
$P(m\geqslant 14)=P(14\leqslant m<16)+P(m\geqslant 16)=0.16+0.08=0.24$；
$P(m<14)=1-P(m\geqslant 14)=0.76$.

6. **B**. 4 粒种子恰有 2 粒发芽的概率 $P(k=2)=C_4^2\left(\frac{4}{5}\right)^2\left(\frac{1}{5}\right)^2=\frac{96}{625}$.

7. **B**. 先将 4 封信分为三堆，然后放入 3 个信箱，故概率 $P=\frac{C_4^2 3!}{3^4}=\frac{4}{9}$.

8. **A**. 不需停车说明每个路口都遇到绿灯，故概率 $P=\frac{25}{60}\times\frac{35}{60}\times\frac{45}{60}=\frac{35}{192}$.

9. **D**. 分为三类讨论，概率 $P=\frac{1}{2}\times\frac{2}{3}\times\frac{1}{4}+\frac{1}{2}\times\frac{1}{3}\times\frac{3}{4}+\frac{1}{2}\times\frac{2}{3}\times\frac{3}{4}=\frac{11}{24}$.

10. **E**. 以 x，y 分别表示甲、乙二人到达的时刻，则 $8\leqslant x\leqslant 12$，$8\leqslant y\leqslant 12$；
若以（x，y）表示平面上的点的坐标，则所有基本事件可以用这平面上的边长为 4 的一个正方形：$8\leqslant x\leqslant 12$，$8\leqslant y\leqslant 12$ 内所有点表示出来. 二人能会面的充要条件是 $|x-y|\leqslant\frac{1}{2}$；如图 10－1，所以概率为

$$P=\frac{\text{阴影部分的面积}}{\text{正方形}ABCD\text{的面积}}=\frac{16-2\times\frac{1}{2}\times\left(4-\frac{1}{2}\right)^2}{16}=\frac{15}{64}.$$

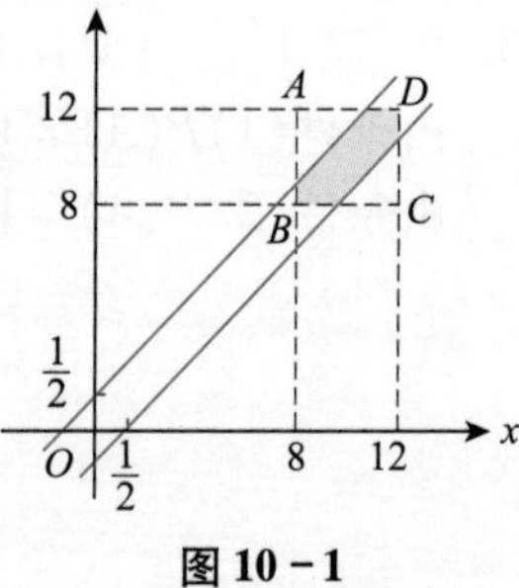

图 10－1

11. **A**. 等价于前 5 次甲胜了 3 次，最后一次甲必须胜，
$P=C_5^3\left(\frac{1}{2}\right)^3\left(\frac{1}{2}\right)^2\left(\frac{1}{2}\right)=\frac{5}{32}$.
[评注] 此题学生很容易当成前 6 次甲胜 4 次的概率来做，产生错误.

12. **B**. 先分堆，再排序. 先求满足条件的分房方案种数，第一步选 2 人放入指定房间，有 C_6^2 种，再将剩下 4 人分为 2，1，1 三堆，有 C_4^2 种，最后将其排序，根据乘法原理，共有 $C_6^2C_4^2 3!=540$. 再求出总情况数：第一类，按照 2，2，1，1 分成四堆，再排序，有 $\frac{C_6^2C_4^2}{2!}\cdot 4!=1080$ 种，第二类，按照 3，1，1，1 分成四堆，再排序，有 $C_6^3 4!=480$ 种. 根据加法原理可得：$n=1080+480=1560$，从而概率 $P=\frac{540}{1560}=\frac{9}{26}$.

13. **E**. 先求满足条件的分房方案种数，第一步选 2 人放入指定房间，有 C_6^2 种，再将剩下 4 人任意放到三个房间中，有 3^4 种，根据乘法原理，共有 $C_6^2 3^4$ 种. 再求出总情况数：6 个人任意去 4 个房间，有 4^6 种. 从而概率 $P=\frac{C_6^2 3^4}{4^6}=\frac{1215}{4096}$.

14. **B**. 基本常识，开锁是无放回的随机抽样，设 B_n 表示第 n 次首次打开了房门，$\overline{B_n}$ 表示第 n 次没有打开房门，则 $P(B_k)=P(\overline{B_1}\,\overline{B_2}\cdots\overline{B_{k-1}}B_k)=\frac{n-1}{n}\times\frac{n-2}{n-1}\times\cdots\times\frac{n-(k-1)}{n-(k-2)}\times\frac{1}{n-(k-1)}=\frac{1}{n}$，即每次试开的概率都相同，均为 $\frac{1}{10}$.

15. (1) **D**. $P=\frac{9}{10}\times\frac{8}{9}\times\frac{7}{8}=\frac{7}{10}$；

(2) C. 该种零件的合格品率为$\frac{7}{10}$，由独立重复试验的概率公式得：

恰好取到一件合格品的概率为 $C_3^1 \cdot \frac{7}{10} \cdot \left(\frac{3}{10}\right)^2 = 0.189$，

(3) E. **方法一**：至少取到一件合格品的概率为 $1-\left(\frac{3}{10}\right)^3 = 0.973$.

方法二：至少取到一件合格品的概率为

$C_3^1 \cdot \frac{7}{10} \cdot \left(\frac{3}{10}\right)^2 + C_3^2\left(\frac{7}{10}\right)^2 \cdot \frac{3}{10} + C_3^3\left(\frac{7}{10}\right)^3 = 0.973$.

16. (1) E. 由题设知，$P(X=10)=0.8\times0.9=0.72$，$P(X=5)=0.2\times0.9=0.18$，$P(X=2)=0.8\times0.1=0.08$，$P(X=-3)=0.2\times0.1=0.02$.

(2) B. 设生产的 4 件甲产品中一等品有 n 件，则二等品有 $4-n$ 件.

由题设知 $4n-(4-n)\geqslant10$，解得 $n\geqslant\frac{14}{5}$，又 $n\leqslant4$ 且 $n\in\mathbf{N}$，得 $n=3$ 或 $n=4$. 所求概率为

$P=C_4^3\times0.8^3\times0.2+0.8^4=0.8192$.

二、条件充分性判断题

1. **D.** 首先要正确理解题意，每批无论损坏的是正品还是次品，都将损坏的扔掉.

方法一：按最后总样品情况来讨论，当两批都到达后，从剩余的 $(20-2k)$ 件总产品中取 1 件，根据最后的 $(20-2k)$ 件产品的情况分类讨论. 由条件 (1) $k=1$ 可得下表：

第一批损坏（损坏的扔掉）		第二批损坏（损坏的扔掉）		最后总产品（18 件）	最后取正品的概率
正品$\frac{9}{10}$	剩余 8 正 1 次	正品$\frac{8}{10}$	剩余 7 正 2 次	15 正 3 次	$P_1=\frac{9}{10}\times\frac{8}{10}\times\frac{8+7}{9+9}$
正品$\frac{9}{10}$	剩余 8 正 1 次	次品$\frac{2}{10}$	剩余 8 正 1 次	16 正 2 次	$P_2=\frac{9}{10}\times\frac{2}{10}\times\frac{8+8}{9+9}$
次品$\frac{1}{10}$	剩余 9 正 0 次	正品$\frac{8}{10}$	剩余 7 正 2 次	16 正 2 次	$P_3=\frac{1}{10}\times\frac{8}{10}\times\frac{9+7}{9+9}$
次品$\frac{1}{10}$	剩余 9 正 0 次	次品$\frac{2}{10}$	剩余 8 正 1 次	17 正 1 次	$P_4=\frac{1}{10}\times\frac{2}{10}\times\frac{9+8}{9+9}$

故概率 $P=P_1+P_2+P_3+P_4=0.85$. 充分. 条件 (2) 分类方法同上，此处略去，也充分.

方法二：按每批取到正品情况讨论，先对每批产品最后的情况分类讨论，求出每批产品最后取到正品的概率，然后求出总概率. 由条件(1)$k=1$ 可得：

第一批最后取到正品的概率

第一批损坏（损坏的扔掉）		第一批损坏（损坏的扔掉）		最后取正品的概率
正品$\frac{9}{10}$	剩余 8 正 1 次	次品$\frac{1}{10}$	剩余 9 正 0 次	$P_1=\frac{9}{10}\times\frac{8}{9}+\frac{1}{10}\times\frac{9}{9}=0.9$

第二批最后取到正品的概率

第二批损坏（损坏的扔掉）		第二批损坏（损坏的扔掉）		最后取正品的概率
正品$\frac{8}{10}$	剩余 7 正 2 次	次品$\frac{2}{10}$	剩余 8 正 1 次	$P_2=\frac{8}{10}\times\frac{7}{9}+\frac{2}{10}\times\frac{8}{9}=0.8$

故概率 $P=\frac{1}{2}P_1+\frac{1}{2}P_2=0.85$，充分. 注意，两批中每批被取到的概率均为$\frac{1}{2}$，所以要乘以

$\frac{1}{2}$. 条件(2)分类方法同上，此处略去，也充分.

方法二根据等可能特征简化如下：

每件产品损坏的概率相同，均为$\frac{k}{10}$；若从第一批货物未损坏的产品里取正品，概率为$\frac{(10-k)\times 0.9}{10-k}=0.9$，若从第二批货物未损坏的产品里取正品，概率为$\frac{(10-k)\times 0.8}{10-k}=0.8$，故该产品是正品的概率为$\frac{1}{2}\times\frac{(10-k)\times 0.9}{10-k}+\frac{1}{2}\times\frac{(10-k)\times 0.8}{10-k}=0.85$，与$k$的取值无关.

[评注] 本题可以用抽签原理解释，因为损坏的有可能为正品，也有可能为次品，所以正品率与k值没有关系，故概率为$\frac{0.9+0.8}{2}=0.85$.

2. **A**. 正整数有无限多个，考虑样本1~10共10种情况即可. 条件(1)，平方后末位数字为4，这个数可以是2或8，故概率为$\frac{2}{10}=0.2$，充分；条件(2)，平方后末位数字为5，这个数只能是5，故概率为$\frac{1}{10}=0.1$，不充分.

3. **A**. 由条件(1)$P=\frac{5^2+4^2+3^2}{12^2}=\frac{25}{72}$，充分；由条件(2)$P=\frac{5\times 4+4\times 3+3\times 2}{12\times 11}=\frac{19}{66}$，不充分.

4. **A**. 由条件(1)，穷举$x+y\geqslant 10$共有9种可能. 故概率$P=\frac{9}{5\times 5}=\frac{9}{25}$，充分. 同理可知条件(2)不充分.

5. **C**. 由题干和所给条件知，条件(1)和(2)单独都不充分，现联合可得，所求事件的概率为$1-0.25-0.22=0.53$，则充分.

6. **A**. 由题干及所给条件(1)和(2)知，两条件不可能同时充分，现考虑条件(1)可得这个篮球运动员投篮至少有一次投中的概率为$1-\left(\frac{2}{5}\right)^3=0.936$，则充分，于是知条件(2)不充分.

7. **B**. 由于甲不输即为甲获胜或甲、乙两人下成和棋，根据题干可知，要求甲、乙两人下成和棋的概率，需要知道甲获胜的概率，再结合所给条件知(2)充分.

8. **E**. 由题干及所给条件知，条件(1)和(2)单独都不充分，现联合可得到3名同学中既有男同学又有女同学的概率为$\frac{C_5^1C_2^2+C_5^2C_2^1}{C_7^3}=\frac{5}{7}$，于是知联合不充分.

9. **A**. 根据题干，然后观察所给条件，可知条件(1)和(2)不可能同时充分，而由条件(1)得概率为$\frac{3!\cdot 8!}{10!}=\frac{1}{15}$，可知充分；从而知条件(2)不充分.

第十一章 数据描述

重点考向例题解析

[例 1] D. (1)错误，有可能存在两个数出现的次数最多；(2)错误；中位数和众数有可能相等；(3) 错误；一组数据的平均数和中位数有可能相等；(4) 正确；平均数、众数、中位数三者有可能相等.

[例 2] (1) C. 因为 9.5 出现了 3 次，是最多的，所以众数是 9.5.

(2) C. 先将数据由小到大排列：9.3，9.4，9.5，9.5，9.5，9.6，9.6，9.7，中位数为中间两个数 9.5 和 9.5 的平均值 9.5.

(3) B. 去掉 9.3 和 9.7 后，剩下 6 个数的平均数为

$\bar{x}=9.4+\frac{0.1+0+0.2+0.1+0.2+0.1}{6}\approx 9.52.$

[例 3] D. 混合糖的价格为$\frac{3}{6}\times 18+\frac{2}{6}\times 24+\frac{1}{6}\times 36=23.$

[例 4] C. “两个机关参加竞赛的人的平均分”等于两个机关所得的总分数与总人数之商.
甲总分：$20\times 80=1600$；乙总分：$30\times 70=2100$；两个机关参加竞赛的人的平均分为：$(20\times 80+30\times 70)\div(20+30)=74$ 分.

[例 5] E. 根据平均分的定义可以计算出：

甲的平均分 $=\frac{6\times 10+7\times 10+8\times 10+9\times 10}{40}=7.5$,

乙的平均分 $=\frac{6\times 15+7\times 15+8\times 10+9\times 20}{60}\approx 7.6$

丙的平均分 $=\frac{6\times 10+7\times 10+8\times 15+9\times 15}{50}=7.7$，故丙 > 乙 > 甲.

[点睛] 根据高分区域对应的人数所占的比重，可以看出丙最大，甲最小. 这样不用计算就可以观察出答案.

难点考向例题解析

[例 1] C. (A) 错误；方差看不出平均水平；(B) 错误，方差看不出极差大小；(C) 正确，方差表示数据的波动大小；(D) 错误，方差有可能等于标准差，比如都等于 1；(E) 错误，方差必须是非负的.

[例 2] A. 如果方差为 0，说明每个数据都是相同的，再根据中位数为 a，得到每个数均为 a，所以平均值也为 a.

[例 3] A. 根据计算公式，平均数改变，方差不变.

[例 4] C. 先求出平均值为 100，然后计算方差 $S^2=\frac{1}{5}[1+4+4+0+1]=2.$

[例 5] C. 因为众数为3，表示3的个数最多，因为2出现的次数为二，所以3的个数最少为三个，则可设 a，b，c 中有两个数值为3. 另一个未知数利用平均数定义求得，从而根据方差公式求方差. 因为众数为3，可设 $a=3$，$b=3$，c 未知，再由平均数为 $\frac{1}{7}(1+3+2+2+3+3+c)=2$，解得 $c=0$. 根据方差公式 $S^2=\frac{1}{7}[(1-2)^2+(3-2)^2+(2-2)^2+(2-2)^2+(3-2)^2+(3-2)^2+(0-2)^2]=\frac{8}{7}$.

[例 6] D. 由中位数为12可得 $\frac{a+b}{2}=12$，所以 $a+b=24$，

所以总体的平均数为 $\frac{3+7+a+b+15+17}{6}=11$，要使该总体的标准差最小，

需要 $(a-11)^2+(b-11)^2$ 最小，而 $(a-11)^2+(b-11)^2=(a-11)^2+(24-a-11)^2=(a-11)^2+(a-13)^2=2(a-12)^2+2$，由于要求各数互不相等且为整数，但 a 无法取12，只能当 $a=11$ 时总体的标准差最小.

[评注] 本题也可以采用标准差的意义分析，各数越接近平均数，标准差越小，所以可以看出 $a=11$ 时，方差较小. 另外，本题若改为求标准差最大，又如何分析？($a=10$)

[例 7] B. $\bar{x}=\frac{x_1+x_2+\cdots+x_n}{n}$，$S^2=\frac{(x_1-\bar{x})^2+(x_2-\bar{x})^2+\cdots+(x_n-\bar{x})^2}{n}$，则

$\frac{3x_1+3x_2+\cdots+3x_n}{n}=3\bar{x}$，$\frac{(3x_1-3\bar{x})^2+(3x_2-3\bar{x})^2+\cdots+(3x_n-3\bar{x})^2}{n}=$

$9\times\frac{(x_1-\bar{x})^2+(x_2-\bar{x})^2+\cdots+(x_n-\bar{x})^2}{n}=9S^2=18$.

[例 8] E. 先求方差：$S^2=\frac{a^2+b^2+c^2+d^2}{4}-\left(\frac{a+b+c+d}{4}\right)^2=7-4=3$，

故标准差为 $S=\sqrt{3}$.

[例 9] A. $\bar{x}_{甲}=9.3$，$\bar{x}_{乙}=9.3$，$\bar{x}_{丙}=9.1$，根据平均成绩，丙应淘汰. 再比较方差

$S_{甲}^2=\frac{1}{10}[(10-9.3)^2+(10-9.3)^2+\cdots+(9-9.3)^2]=0.21$，

$S_{乙}^2=\frac{1}{10}[(10-9.3)^2+(10-9.3)^2+\cdots+(8-9.3)^2]=0.81$，

因为 $0.21<0.81$，即 $S_{甲}^2<S_{乙}^2$，选甲参加比赛.

[评注] 本题也可以采用极差快速求解，显然甲的极差较小，所以更加稳定.

[例 10] (1) A. 根据替代品戒烟20人占总体的10%，即可求得总人数；这次调查中同学们调查的总人数为 $20\div10\%=200$（人）.

(2) C. 根据求得的总人数，结合扇形统计图可以求得：

药物戒烟：$200\times15\%=30$ 人；警示戒烟：$200\times30\%=60$ 人，强制戒烟：70人；替代品戒烟20人，其他戒烟：20人. 以上五种戒烟方式人数的众数是20.

[例 11] (1) C. 先求出乙县中得8分的占几人，然后求出它占总人数的百分比，然后再乘以360°即可求出圆心角的度数.

因为两县参赛人数相等，故乙县人数为20人，则8分的有 $20-8-3-5=4$ 人，占总人数的百分比为 $4\div20\times100\%=20\%$，所以扇形图中“8分”所在扇形的圆心角度数为 $360°\times20\%=72°$.

（2）B. 根据平均数公式求出甲县的平均数，再由中位数的定义求出中位数.
甲县的平均分为$(11\times7+8\times1+10\times8)\div20=8.25$分，中位数是$(7+7)\div2=7$，$8.25-7=1.25$.

［例 12］（1）D. 先设样本容量为 x，则得到 $x\times\frac{120}{360}=5$，所以 $x=15$，
得到创造 7 万元利润的有 $15-5-3-3=4$ 人.
（2）D. 由图可知，样本的众数为 4 万元；中位数为 6 万元；
平均数为$\frac{4\times5+6\times3+7\times4+15\times3}{15}=7.4$ 万元，$4+6+7.4=17.4$ 万元.

［例 13］（1）B. 设甲学校学生获得 100 分的人数为 x，由于甲、乙两学校参加数学竞赛的学生人数相等，且获得 100 分的人数也相等，则由甲、乙学校学生成绩的统计图得 $\frac{x}{2+3+5+x}=\frac{1}{6}$，得 $x=2$，所以甲学校学生获得 100 分的人数为 2 人.
（2）C. 由（1）可知：甲学校的学生得分与相应人数为：

分数	70	80	90	100
人数	2	3	5	2

乙学校的学生得分与相应人数为：

分数	70	80	90	100
人数	3	4	3	2

从而甲学校学生得分的平均数为：$\bar{x}_{甲}=\frac{2\times70+3\times80+5\times90+2\times100}{2+3+5+2}=\frac{515}{6}$分，

乙学校学生得分的平均数为：$\bar{x}_{乙}=\frac{3\times70+4\times80+3\times90+2\times100}{3+4+3+2}=\frac{500}{6}$分，

$\frac{515}{6}-\frac{500}{6}=\frac{5}{2}$.

［例 14］E. 从统计图中可以看出：根据中位数的定义，再结合统计图得出它们的平均数和中位数即可求出答案. 甲组：中位数 7；乙组：平均数 7，中位数 7.

［例 15］C. 根据统计图可得出最大值和最小值，即可求得极差；出现次数最多的数据是众数；将这 8 个数按大小顺序排列，中间两个数的平均数为中位数.
极差为：$83-28=55$，故 A 错误；
众数为：58，故 B 错误；
中位数为：$(58+58)\div2=58$，故 C 正确；
每月阅读数量超过 40 本的有 2 月、3 月、4 月、5 月、7 月、8 月，共 6 个月，故 D 错误；
平均数为$\frac{225}{4}$，故 E 错误.

［例 16］C. 设第一组至第六组数据的频率分别为 $2x$，$3x$，$4x$，$6x$，$4x$，x，则 $2x+3x+4x+6x+4x+x=1$，解得 $x=\frac{1}{20}$，所以前三组数据的频率分别是$\frac{2}{20}$，$\frac{3}{20}$，$\frac{4}{20}$，
故前三组数据的频数之和等于$\frac{2n}{20}+\frac{3n}{20}+\frac{4n}{20}=27$，解得 $n=60$.

［例 17］（1）E. 依题意 $a=50-6-25-3-2=14$，故 a 的值为 14.

（2）D. 根据图中数据可以知道上网时间在6~8小时的人数有3人，上网时间在8~10小时的有2人，所求概率为$1-\frac{C_3^2}{C_5^2}=0.7$.

［例18］（1）C. 根据频率分布直方图可知：重量超过505克的产品数量是$(0.05+0.01)\times 5\times 40=12$件.

（2）E. n的可能取值是0、1、2.

$P(n=0)=\frac{C_{28}^2}{C_{40}^2}=\frac{63}{130}$，$P(n=1)=\frac{C_{28}^1C_{12}^1}{C_{40}^2}=\frac{56}{130}=\frac{28}{65}$，$P(n=2)=\frac{C_{12}^2}{C_{40}^2}=\frac{11}{130}$.

［例19］（1）E. 根据频率、频数、总数的关系可求解.

$a=1-0.05-0.40-0.35=0.2$，$b=3\div 0.05\times 0.40=24$，$c=3\div 0.05=60$.

（2）C. 数据按照从小到大排列在中间位置的数即为中位数. 从频率分布表可看出中位数在79.5~89.5内.

（3）D. 求出89.5~100.5所占的百分比乘以360°即可求出结果. $360°\times 0.35=126°$.

（4）A. 求出优秀率，总数乘以优秀率即可得到结果. $1800\times(0.40+0.35)=1350$.

基础自测题解析

一、问题求解题

1. D. $\bar{x}=\frac{ax_1+bx_2+cx_3}{a+b+c}$.

2. B. 由题意，$\bar{x}=\frac{1}{5}(90+90+93+93+94)=92$，

故$S^2=\frac{1}{5}[(90-92)^2+(90-92)^2+(93-92)^2+(93-92)^2+(94-92)^2]=2.8$.

3. D. 由题意，$\begin{cases}\frac{1}{5}(x+y+30)=10\\ \frac{1}{5}[(x-10)^2+(y-10)^2+0+1+1]=2\end{cases}$，所以$|x-y|=4$.

4. E. $\bar{x}_{甲}=\frac{1}{5}(8+5+7+8+7)=7$，

$S_{甲}^2=\frac{1}{5}[(8-7)^2+(5-7)^2+(7-7)^2+(8-7)^2+(7-7)^2]=1.2$.

5. E. $90\times 10\%+92\times 30\%+73\times 60\%=80.4$.

6. B. $\bar{x}=\frac{5\times 8+6\times 7+7\times 5}{8+7+5}=5.85$.

7. B. 由题意，$\begin{cases}2x+4y=14\\ 4x+6y=24\end{cases}\Rightarrow\begin{cases}x=3\\ y=2\end{cases}\Rightarrow x^2+y^2=13$.

8. B. B选项中众数、中位数、平均值均为8.

9. D. $S_2^2=9S_1^2=18$.

10. C. $S^2=\frac{1}{10}[(-2)^2+4^2+(-4)^2+5^2+(-1)^2+(-2)^2+0^2+2^2+3^2+(-5)^2]=10.4$.

11. B. 由方差的定义可知方差反映稳定性.

二、条件充分性判断题

1. **D**. 由条件(1)得 $x=0\Rightarrow S^2=\frac{1}{5}[(0-2)^2+(1-2)^2+(2-2)^2+(3-2)^2+(4-2)^2]=2$，充分；同理条件(2)也充分.
2. **D**. 由条件(1)得 $\bar{x}=\frac{1}{8}(10+9+11+12+13+8+10+7)=10$，

   $S^2=\frac{1}{8}[(10-10)^2+(9-10)^2+(11-10)^2+(12-10)^2+(13-10)^2+(8-10)^2+(10-10)^2+(7-10)^2]=3.5$，故充分；由条件(2)可以看出每个数据相当于在条件(1)的数据上加 100，不影响数据的方差，故也充分.
3. **E**. 显然联合分析，分别计算出平均值和方差：$\bar{x}_甲=74$，$\bar{x}_乙=74$，$S_甲^2=104$，$S_乙^2=70.4$，故 $S_甲^2>S_乙^2$，说明乙比较稳定，不充分.
4. **D**. 由题干三种水果的平均价格为 10 元/千克，得到三种水果的价格之和为 30 元/千克. 由条件(1)最低为 6 元/千克，则其他两种价格和为 24 元/千克，若其中一种水果也为 6 元/千克，则另一种价格为最高价 $24-6=18$ 元/千克，未超过 18 元/千克，条件(1)充分. 由条件(2)设三种水果价格分别为 x，y，z，则有 $x+y+z=30$；$x+y+2z=46$，两式相减得到，$z=16$，$x+y=14$，显然不会超过 18，也充分.

综合提高题解析

一、问题求解题

1. **D**. $\frac{x_1+y_1+\cdots+x_n+y_n}{n}=\frac{x_1+\cdots+x_n}{n}+\frac{y_1+\cdots+y_n}{n}=\bar{x}+\bar{y}$.
2. **A**. $\bar{x}=88+\frac{1}{10}(2+0-1-5-6+10+8+12+3-3)=90$.
3. **D**. $\bar{x}=80+\frac{1}{9}(5+4)=81$.
4. **D**. 直接代入第 2 行的第 2 个数为 2 即可得到结果.
5. **D**. $P=\frac{2+3+4+5}{20}=0.7$.
6. **A**. $X=1-(0.06+0.04)=0.9$，$Y=(0.36+0.34)\times50=35$.
7. **E**. $100\times(0.01+0.01+0.04)\times5=30$.
8. **B**. 由图可知，一天生产该产品数量在[55，75)的频率是 $(0.040+0.025)\times10=0.65$，所以这 20 名工人中一天生产该产品数量在[55，75)的人数是 $20\times0.65=13$.

二、条件充分性判断题

1. **A**. $m=(5\times0.028+10\times0.01)\times200=48$.
2. **B**. $m=(10\times0.03+10\times0.02+5\times0.01)\times100=55$.
3. **D**. 由条件(1)知喜欢太极拳的人数为 30，喜欢其他的人数为 5(因为喜欢其他和羽毛球的人共 15 人，而两者的比为 1:2)，所以极差为 25，可知条件(1)充分；由条件(2)根据扇形的圆心角，可得喜欢羽毛球的人数为喜欢太极拳人数的$\frac{1}{3}$，故有 25 人.

附录　全真模拟过关检测题解析

一、问题求解题

1. **D**．设一共用了 x 天，则 $\frac{x-2}{20}+\frac{x-3}{30}+\frac{x}{60}=1$，解得 $x=12$.

2. **E**．甲公司每小时运送 $\frac{1}{14}$，乙公司每小时运送 $\frac{1}{8}-\frac{1}{14}=\frac{3}{56}$，那么甲公司每小时运费为 300 元，乙公司每小时运费为 225 元．设甲公司运送 x 小时，则 $300x+225\times(18-x)=4200$，解得 $x=2$；那么甲公司应得 $300\times 2=600$ 元，乙公司应得 $225\times 16=3600$ 元.

3. **A**．设参加 1 次的人数为 $5x$ 人，则参加 2 次的为 $4x$ 人，参加 3 次的为 x 人，则 $5x+4x\times 2+x\times 3=112$，解得 $x=7$，所以参加 1 次的人数为 35 人，参加 2 次的人数为 28 人，参加 3 次的人数为 7 人，参加的总人数为 $35+28+7=70$ 人.

4. **B**．设总路程为 l，则 $l-32\times 4+8=\frac{l}{2}\Rightarrow l=240$，还需 $\frac{240-128}{56}=2$ 小时.

5. **C**．六年级学生占总数的 $\frac{1}{2}$，五年级学生占总数的 $\frac{1}{4}$，四年级学生占总数的 $\frac{1}{6}$，老师占总数的 $1-\frac{1}{2}-\frac{1}{4}-\frac{1}{6}=\frac{1}{12}$，一共有 $5\div\frac{1}{12}=60$ 人.

6. **B**．连接 AC，$S_{弓形AC}=S_{弓形BC}$，$S_{阴影}=S_{扇形ABD}-S_{\triangle ACB}=\frac{1}{8}\pi\times 10^2-\frac{1}{2}\times 10\times 5=25\left(\frac{\pi}{2}-1\right)$.

7. **A**．设 x_1，x_2 为方程的两根，由韦达定理得，$S_1=x_1+x_2=-\frac{b}{a}$，$S_2=x_1^2+x_2^2=(x_1+x_2)^2-2x_1x_2=S_1^2-2\cdot\frac{c}{a}$．$\frac{a}{c}(S_2-S_1^2)=\frac{a}{c}\left(-2\cdot\frac{c}{a}\right)=-2$.

8. **C**．$\frac{1}{b^2+c^2-a^2}=\frac{1}{b^2+c^2-(b+c)^2}=\frac{1}{-2bc}=-\frac{a}{2abc}$，$\frac{1}{c^2+a^2-b^2}=-\frac{b}{2abc}$，$\frac{1}{a^2+b^2-c^2}=-\frac{c}{2abc}$．原式 $=-\frac{a}{2abc}+\left(-\frac{b}{2abc}\right)+\left(-\frac{c}{2abc}\right)=-\frac{a+b+c}{2abc}=0$.

9. **E**．由题意知，圆方程为 $(x-1)^2+(y+2)^2=c+5$，圆心点 A 到直线 $x+y-3=0$ 的距离为 $\frac{|1-2-3|}{\sqrt{2}}=2\sqrt{2}$，由勾股定理知 $c+5=2\times(2\sqrt{2})^2$，解得 $c=11$.

10. **E**．已知方程 $x^2-2x-m=0$ 没有实数根，所以 $\Delta=4+4m<0$，即 $m<-1$．$x^2+2mx+m(m+1)=0$，$\Delta=4m^2-4m(m+1)=-4m>0$，所以有两个不等实数根．又由韦达定理得，$x_1\cdot x_2=m(m+1)>0$，$x_1$，$x_2$ 同号，故有两个不等的同号根.

11. **C**．设球的半径为 r，则 $3V_{球}+V_{水}=V_{柱}$，得 $3\times\frac{4}{3}\pi r^3+8\pi r^2=\pi r^2\times 6r$，解得 $r=4$．若投入一个球，设水面高度为 h，$V_{球}+V_{水}=V_{柱}$，$\frac{4}{3}\pi r^3+8\pi r^2=h\cdot\pi r^2$，解得 $h=\frac{40}{3}$.

12. **B**．设数列首项为 a_1，公差为 d，那么 $a_1+(m-1)d=\frac{1}{n}$，$a_1+(n-1)d=\frac{1}{m}$，相减可得：

$(m-n)d=\frac{1}{n}-\frac{1}{m}=\frac{m-n}{mn}$，因此 $d=\frac{1}{mn}$，代入可得 $a_1=\frac{1}{mn}$，所以 $S_{mn}=mna_1+\frac{mn(mn-1)}{2}d=\frac{mn+1}{2}$.

13. **D**. 因为 a，b 为函数 $f(x)=x^2-px+q(p, q>0)$ 的两个不同零点，所以 $\begin{cases}p^2-4q>0\\a+b=p\\ab=q\end{cases}$，得 $a>0$，$b>0$，$(p, q>0)$，所以数列 a，-2，b 不可能成等差数列，数列 a，b，-2 不可能成等比数列，数列 -2，a，b 不可能成等比数列. 取 $a>b$，只需研究数列 a，b，-2 成等差数列，数列 a，-2，b 成等比数列，则有 $\begin{cases}a-2=2b\\ab=4\end{cases}$，解得 $\begin{cases}a=4\\b=1\end{cases}$ 或 $\begin{cases}a=-2\\b=-2\end{cases}$（舍去），所以 $\begin{cases}p=5\\q=4\end{cases}$，$p+q=9$.

14. **B**. 由题意可知，5 名同学每人有 10 次投篮机会，其命中率分别为 $\frac{3}{5}$、$\frac{1}{2}$、$\frac{2}{3}$、$\frac{3}{4}$、$\frac{1}{3}$，则 10 次中每人投中的次数依次为 6、5、$\frac{20}{3}$、$\frac{15}{2}$、$\frac{10}{3}$，其中大于等于 6 次的有 3 人，则晋级人数为 3 人.

15. **A**. 甲 4 中选 2、乙 4 中选 3、丙 4 中选 3，此时满足甲与乙至少一门课程相同，即 $C_4^2C_4^3C_4^3=96$.

二、条件充分性判断题

16. **C**. $S^2=\frac{a^2+b^2+c^2+d^2}{4}-\left(\frac{a+b+c+d}{4}\right)^2$，可知条件（1）和条件(2）单独均不充分. 两个条件联合，可得 $S^2=7-1=6$，故联合充分.

17. **D**. 直线 l：$mx-y+1=0$ 恒过定点 $(0, 1)$，此点存在于圆内，故不论 m 取何值，直线与圆均有两个交点.

18. **A**. 设圆柱高度为 x，则 $\pi\left(\frac{15}{2}\right)^2x=450\pi$，$x=8$. 条件(1)、条件(2)不同时成立. 分析条件(1)，如图 1 所示，当筷子的底端在 D 点时，筷子露在杯子外面的长度最长，$h=24-8=16$；当筷子的底端在 A 点时，筷子露在杯子外面的长度最短，在 $Rt\triangle ABD$ 中，$AD=15$，$BD=8$，所以 $AB=\sqrt{AD^2+BD^2}=17$，此时 $h=24-17=7$，所以当筷子的长度为 24 时，h 的取值范围是 $[7, 16]$.

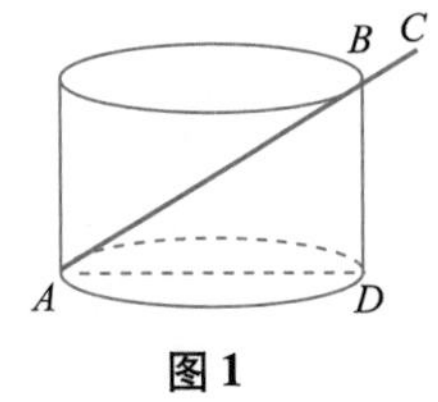

图 1

19. **A**. 条件(1)，每校至多 2 人的分配方案有 $C_4^3\cdot 3!+C_3^2C_4^2\cdot 2!=60$ 种，充分.
条件(2)，每校至多 1 人的分配方案有 $C_4^3\cdot 3!=24$ 种，不充分.

20. **A**. 得分大于 0 的情况有两种：投中 4 次为 p^4，投中 3 次为 $C_4^3p^3(1-p)$，概率为 $p^4+C_4^3p^3(1-p)$.
条件(1)，将 $p=\frac{1}{2}$ 代入得，$\left(\frac{1}{2}\right)^4+C_4^3\left(\frac{1}{2}\right)^3\left(\frac{1}{2}\right)=\frac{5}{16}$，充分.
条件(2)，将 $p=\frac{1}{4}$ 代入得，$\left(\frac{1}{4}\right)^4+C_4^3\left(\frac{1}{4}\right)^3\left(\frac{3}{4}\right)\neq\frac{5}{16}$，不充分.

21. **B**. 条件(1)显然不充分.

条件(2)，$a_1a_2a_3=80$，a_1，a_2，$a_3\in$正整数，只有2，5，8这组数满足条件，$a_1=2$，$d=3$，解得$S_8=100$，充分.

22. **D**. 条件(1)，$x+y=2$，$y=2-x$，则$xy=x(2-x)$，令$f(x)=x(2-x)$，其为开口向下的抛物线，当$x=1$时，$f(x)$取到最大值为1，即xy最大值为1，充分.

条件(2)，$x^2+y^2=6$，$x^2+y^2\geqslant 2xy$，$xy\leqslant 3$，最大值为3，充分.

23. **E**. 条件(1)，甲获胜概率为：$(0.6)^2+C_2^1\times 0.4\times(0.6)^2=0.648<0.8$，不充分.

条件(2)，甲获胜概率为：$(0.7)^2+C_2^1\times 0.3\times(0.7)^2=0.784<0.8$，不充分.

24. **B**. 条件(1)，上式化简为$(x-1)+(x-2)+(x-3)+(x-4)+(x-5)+(x-6)+(x-7)+(x-8)+(x-9)+(10-x)+(11-x)+(12-x)+(13-x)+(14-x)+(15-x)+(16-x)+(17-x)+(18-x)+(19-x)+(20-x)=120-2x$，与$x$有关，不充分.

条件(2)，上式化简为$(x-1)+(x-2)+(x-3)+(x-4)+(x-5)+(x-6)+(x-7)+(x-8)+(x-9)+(x-10)+(11-x)+(12-x)+(13-x)+(14-x)+(15-x)+(16-x)+(17-x)+(18-x)+(19-x)+(20-x)=100$，与$x$无关，充分.

25. **D**. 由题意可知，$x=x^2-ax+1$，即$x^2-(a+1)x+1=0$无解，那么$\Delta=(a+1)^2-4<0$，解得$-3<a<1$，两个条件均充分.